智能系统与技术丛书

U0158283

Hands-On Computer Vision
with TensorFlow 2

计算机视觉实战

基于TensorFlow 2

[法] 本杰明·普朗什 (Benjamin Planche) 著
艾略特·安德烈斯 (Eliot Andres)

闫龙川 李君婷 高德荃 译

机械工业出版社
China Machine Press

图书在版编目（CIP）数据

计算机视觉实战：基于 TensorFlow 2 /（法）本杰明·普朗什，（法）艾略特·安德烈斯著；
闫龙川，李君婷，高德荃译 . -- 北京：机械工业出版社，2021.7
（智能系统与技术丛书）
书名原文：Hands-On Computer Vision with TensorFlow 2
ISBN 978-7-111-68847-1

I. ①计… II. ①本… ②艾… ③闫… ④李… ⑤高… III. ①计算机视觉 - 软件工具 - 程序
设计 IV. ①TP311.561

中国版本图书馆 CIP 数据核字（2021）第 155802 号

本书版权登记号：图字 01-2020-1939

计算机视觉实战：基于 TensorFlow 2

出版发行：机械工业出版社（北京市西城区百万庄大街 22 号 邮政编码：100037）
责任编辑：王春华 李忠明   责任校对：殷 虹
印   刷：三河市东方印刷有限公司   版   次：2021 年 8 月第 1 版第 1 次印刷
开   本：186mm×240mm 1/16   印   张：15.75
书   号：ISBN 978-7-111-68847-1   定   价：89.00 元

客服电话：（010）88361066 88379833 68326294   投稿热线：（010）88379604
华章网站：www.hzbook.com   读者信箱：hzit@hzbook.com

译 者 序

　　近年来，在深度学习技术的推动下，计算机视觉技术在众多人工智能技术中率先成熟，被广泛用于车牌识别、人物检测、视频安防等诸多领域。计算机视觉成为深度学习领域中热门的技术方向之一，在图像分类、目标检测、情感分析、语义分割方面总有新的算法、神经网络结构和技术出现，智能处理能力不断提升。

　　特征选择和处理是计算机视觉领域的关键技术之一，早期一般采用人工方法构建特征（比如纹理、颜色、物体等底层特征），然后使用规则、机器学习等方法，根据这些特征判断并识别图像和视频中的任务、场景或者活动等高层语义。由于各类应用场景的特征难以统一定义，底层特征和高层语义之间的鸿沟无法有效弥补，传统的计算机视觉技术受到一定的限制，没有得到广泛应用。

　　随着深度学习技术的兴起、计算机运算能力的不断提升和数据集的日益完善，深度神经网络可以自动抽取底层视觉特征，并与高层语义关联，从而实现端到端的图像与视频的智能分析和检测，大大降低了计算机视觉应用的算法设计难度。特别是随着 TensorFlow 等神经网络框架的开源和普及，有大量的典型神经网络结构和优化算法可供使用，计算机视觉应用的工程开发难度进一步降低。很多优秀的神经网络结构和算法都有 TensorFlow 版本的开源实现。现在，越来越多的研究人员和软件工程师使用 TensorFlow 进行计算机视觉相关的研究与应用开发工作，使得 TensorFlow 社区的力量不断增强。近期发布的 TensorFlow 2 引入了很多新特性，让深度神经网络的设计和开发更加容易。本书是使用 TensorFlow 2 进行计算机视觉开发的实用指南，作者基于深厚的理论功底和丰富的实践经验，深入浅出地介绍了计算机视觉和神经网络、TensorFlow 基础和模型训练、现代神经网络等知识，并结合最新进展和应用案例，介绍了 VGG、GoogLeNet、ResNet、YOLO、R-CNN、U-Net 等先进神经网络结构。通过阅读本书，读者可以掌握神经网络的理论知识，学习解决计算机视觉问题的方法，并能够着手解决一些高级计算机视觉问题。我们相信读者一定会收获颇丰。

　　最后，感谢本书的作者本杰明·普朗什和艾略特·安德烈斯，感谢他们精彩的作品和辛勤的工作。感谢机械工业出版社华章公司的编辑,是他们的信任和支持使得本书中文版能与读者见面。感谢家人的理解和帮助。尽管我们努力准确、简洁地表达作者的观点和方法,但仍难免有词不达意之处。译文中的错误和不当之处,敬请读者朋友不吝指正。

译　者

2021 年 6 月

前　言

由于利用了**卷积神经网络（Convolutional Neural Network，CNN）**等深度学习方法，计算机视觉技术在医疗、自动驾驶、社交媒体和机器人等领域的应用达到新的高度。无论是自动处理复杂的任务，指导专家的工作，还是帮助艺术家创作，越来越多的公司都在应用计算机视觉解决方案。

本书将探讨 TensorFlow 2，这是谷歌机器学习开源框架的全新版本。书中介绍 Tensor-Flow 2 的关键特性和最先进的解决方案，并演示如何有效地构建、训练和部署 CNN，以完成各种实际任务。

读者对象

本书适用于任何具备一定 Python 编程和图像处理基础（例如，知道如何读取和写入图像文件，如何编辑其像素值等）的从业人员。本书将循序渐进地介绍相关内容，不仅适用于深度学习初学者，也适用于对 TensorFlow 2 的新特性感兴趣的专家。

虽然一些理论解释需要代数和微积分知识，但是书中的具体例子更侧重于实际应用。按照所述步骤，你将能够处理现实生活中的任务，比如自动驾驶汽车的视觉识别和智能手机应用。

本书内容

第 1 章介绍计算机视觉和深度学习，提供一些理论背景，并教你如何从零开始实现和训练视觉识别神经网络。

第 2 章介绍与计算机视觉相关的 TensorFlow 2 概念，以及一些更高级的理念。此外，介绍 TensorFlow 的子模块 Keras，并讲述基于该框架实现的简单识别方法的训练过程。

第 3 章介绍 CNN，并解释它如何改变计算机视觉。本章还介绍正则化工具和现代优化算法，可用于训练更健壮的识别系统。

第 4 章提供理论细节和实践代码，以便将最先进的解决方案（如 Inception 和 ResNet）应用于图像分类。本章还解释什么使得迁移学习成为机器学习中的一个关键概念，以及如何使用 TensorFlow 2 来实现它。

第 5 章讨论两种检测图像中特定对象的方法的架构，其中 YOLO（You Only Look Once）模型以其速度闻名，而 Faster R-CNN 则以其准确性闻名。

第 6 章介绍自动编码器以及像 U-Net 和 FCN 这样的网络如何用于图像去噪、语义分割等。

第 7 章聚焦于为深度学习应用高效收集和预处理数据集的解决方案，介绍构建优化数据流水线的 TensorFlow 工具，以及弥补数据不足的各种解决方案（图像绘制、域适应和生成式网络，如 VAE 和 GAN）。

第 8 章讨论循环神经网络，并介绍更高级的长短期记忆架构。本章提供将 LSTM 应用于视频动作识别的实用代码。

第 9 章详细介绍在速度、磁盘空间和计算性能方面的模型优化。本章通过一个实际的示例，介绍如何在移动设备和浏览器上部署 TensorFlow 解决方案。

附录提供关于 TensorFlow 1 的一些信息，重点介绍 TensorFlow 2 中引入的关键变化。此外，还包括从旧项目迁移到最新版本的指南。最后，列出了每章的参考书目，供想要深入了解相关领域的读者参考。

如何阅读本书

以下部分包含一些信息和建议，方便读者阅读本书，并帮助读者从其他材料中受益。

下载并运行示例代码文件

本书不仅对 TensorFlow 2 和先进的计算机视觉方法进行了深入探讨，还提供了大量的示例及其完整实现。

本书的示例代码可以从 http://www.packtpub.com 通过个人账号下载，也可以访问华章图书官网 http://www.hzbook.com，通过注册并登录个人账号下载。

本书的代码包也托管在 GitHub 上，地址是 https://github.com/ PacktPublishing/Hands-On-Computer-Vision-with-TensorFlow-2。如果代码有更新，现有的 GitHub 存储库也会随之更新。

研究并运行实验

Jupyter Notebook（https://jupyter.org）是一个用于创建和共享 Python 脚本、文本信息、可视化结果、方程式等的开源 Web 应用程序。我们把随书提供的详细代码、预期结果和补充说明文件称为 Jupyter Notebook。每一个 Jupyter Notebook 都包含一个具体的计算机视觉任务。例如，一个 Notebook 解释了如何训练 CNN 在图像中检测动物，另一个则详细介绍了建立自动驾驶汽车识别系统的所有步骤，等等。

正如我们将在下面看到的，你可以直接研究这些文档，也可以将它们用作代码段来运行和重现书中介绍的实验。

在线学习 Jupyter Notebook

如果只是想浏览一下提供的代码和结果，那么可以直接在本书的 GitHub 存储库中访问它们。事实上，GitHub 能够渲染 Jupyter Notebook 并将其显示为静态网页。

但是，GitHub 查看器会忽略一些样式和交互内容。为了获得最佳的在线观看体验，建议使用 Jupyter nbviewer（https://nbviewer.jupyter.org），这是一个官方的网络平台，可以用来阅读上传至网上的 Jupyter Notebook。通过这个网站可以查询存储在 GitHub 存储库中的 Notebook，因此，所提供的 Jupyter Notebook 也可以通过 https://nbviewer.jupyter.org/github/PacktPublishing/Hands-On-Computer-Vision-with-TensorFlow-2 阅读。

在你自己的计算机上运行 Jupyter Notebook

要在你自己的计算机上阅读或运行这些文档，首先要安装 Jupyter Notebook。对于那些已经使用 Anaconda（https://www.anaconda.com）来管理和部署 Python 环境（本书推荐这种方式）的用户，Jupyter Notebook 应该是可以直接使用的（因为它安装在 Anaconda 中）。对于那些使用其他 Python 发行版和不熟悉 Jupyter Notebook 的用户，建议查看一下说明文档，其中提供了安装说明和教程（https://jupyter.org/documentation）。

安装了 Jupyter Notebook 之后，导航到包含本书代码文件的目录，打开终端，并执行以下命令：

```
$ jupyter notebook
```

应该会在默认浏览器中打开 Web 界面，现在，就应该能够浏览目录并打开本书提供的 Jupyter Notebook 了，可以阅读、执行或编辑它们。

 部分文档包含较高级的实验，可能需要大量的计算资源（比如在大型数据集上训练识别算法）。如果没有适当的加速硬件（也就是说，如果没有兼容的 NVIDIA GPU，参见第 2 章），运行这些脚本可能需要数小时甚至数天（即使有兼容的 GPU，运行最先进的实例也可能需要相当长的时间）。

用谷歌 Colab 运行 Jupyter Notebook

对于那些希望自己运行 Jupyter Notebook，或者尝试新实验，但又无法使用足够强大的计算机的用户，建议使用名为 Colaboratory 的谷歌 Colab（https://colab.research.google.com）。它是一个基于云的 Jupyter Notebook，由谷歌提供，以便在强大的计算机上运行计算密集型脚本。你可以在 GitHub 存储库中找到关于此服务的更多细节。

本书约定

本书中使用了以下约定。

正文中的代码字体：表示文本中的代码和用户输入。例如，"Model 对象的 .fit() 方法启动训练过程"。

代码块示例：

```
import tensorflow as tf

x1 = tf.constant([[0, 1], [2, 3]])
x2 = tf.constant(10)
x = x1 * x2
```

代码块中需要关注的某个特定部分会以粗体表示：

```
neural_network = tf.keras.Sequential(
    [tf.keras.layers.Dense(64),
     tf.keras.layers.Dense(10, activation="softmax")])
```

命令行输入或输出示例：

```
$ tensorboard --logdir ./logs
```

粗体：表示新术语、重要词语以及在屏幕上显示的内容。例如，菜单或对话框中的单词会这样显示在文本中："你可以在 TensorBoard 的 **Scalars** 页面上观察解决方案的性能。"

 表示警告或重要提示。

 表示提示或技巧。

ABOUT THE AUTHORS

作者简介

本杰明·普朗什（Benjamin Planche）是德国帕绍大学和西门子德国研究院的博士生。他在计算机视觉和深度学习领域的全球多个研究实验室（法国 LIRIS、日本三菱电机和德国西门子）工作超过 5 年。本杰明从法国国立应用科学学院和德国帕绍大学获得了一等荣誉的双硕士学位。

他的研究重点是针对工业应用使用更少的数据开发更智能的视觉系统。他还在在线平台（例如 StackOverflow）上分享自己的知识和经验，或者创建有美感的演示系统。

感谢我的朋友和家人，希望他们在我漫长的几个月写作之后还能认出我来。感谢编辑和审稿人耐心地审阅这本书。感谢我的合著者的技术能力和鼓舞人心的生活方式。感谢读者加入这次冒险之旅……

艾略特·安德烈斯（Eliot Andres）是一名深度学习和计算机视觉工程师。他在该领域拥有 3 年以上的经验，涉及银行、医疗、社交媒体和视频流等行业。他从巴黎路桥与电信学院获得了双硕士学位。

他关注的是工业化，即通过将新技术应用于商业问题来实现价值。他在博客上发表文章并使用最新技术构建原型。

非常感谢亲朋好友无条件的支持，尤其是埃米利安·肖维（Emilien Chauvet），他花时间审阅了本书的所有章节。感谢 Packt 团队。非常感谢我的合著者孜孜不倦地校对，并在写作风格和内容上提供了非常不错的建议。

审校者简介

维贾亚钱德兰·马里亚潘（Vijayachandran Mariappan）具有 20 余年与嵌入式平台、移动平台和云平台上的视频、音频、多媒体有关的机器学习 / 计算机视觉方面的经验。他目前在 Cyient 任计算机视觉架构师，主持从算法开发到嵌入式平台上实现的机器学习与深度学习的多个项目。他是 StackOverflow 上解决深度学习框架 TensorFlow 相关问题的前 10 名专家之一。他还是 Sling media 公司获艾美奖的 Slingbox 个人广播台的共同发明者（主要专利持有人），也是 CES 最佳创新奖得主。他著有多篇论文，发明了多项专利，其 Google 引用分值是 240，h-index 是 6。

纳罗塔姆·辛格（Narotam Singh）一直积极参与各种技术项目，并给政府人员做信息技术和通信领域的培训。他取得了电子学硕士学位，并获得了物理学（荣誉）学位。他还拥有计算机工程文凭和计算机应用研究生文凭。目前，他是一名自由职业者。他出版了很多研究成果，同时也是各种书籍的技术审校者。他目前的研究兴趣包括人工智能、机器学习、深度学习、机器人学等。

戴夫·温特斯（Dave Winters）是一名商业和技术顾问。他关注 AI/ML、分析、数据质量、NoSQL、实时物联网和图数据库等领域。他是 Cognizant 的主管和首席技术架构师，在应用现代化工程事业部管理创新团队。在进入 Cognizant 之前，戴夫是美国加利福尼亚州一家风险投资公司的合伙人，担任专业服务副总裁、数据库架构师、售前副总裁、产品经理、数据仓库架构师和性能专家。他已从美国空军退役。他是美国空军试飞学校的飞行员教练，曾驾驶过多国军用飞机。他拥有特洛伊大学计算机科学学士学位，也是美国空军 SOS 管理学院的毕业生。

CONTENTS

目　　录

第一部分

TensorFlow 2 和应用于
计算机视觉的深度学习

本部分将介绍计算机视觉和深度学习的基础知识，并给出具体的 TensorFlow 例子。第 1 章将带你了解神经网络的内部原理。第 2 章介绍 TensorFlow 2 和 Keras 的特性，以及它们的关键概念和生态系统。第 3 章介绍计算机视觉专家采用的机器学习技术。

本部分包含以下几章：

- ❏ 第 1 章　计算机视觉和神经网络
- ❏ 第 2 章　TensorFlow 基础和模型训练
- ❏ 第 3 章　现代神经网络

CHAPTER 1

第 1 章

计算机视觉和神经网络

近年来，计算机视觉已经成为技术创新的关键领域，越来越多的应用重塑了商业和生活的方方面面。在开启本书前，我们将简要介绍这个领域及其历史，以便了解更多背景知识。然后将介绍人工神经网络以及它们是如何彻底改变计算机视觉的。因为相信可以在实践中学习，所以在第 1 章结束的时候，将从无到有实现我们自己的网络！

本章将涵盖以下主题：

❑ 计算机视觉以及为什么它是一个迷人的当代研究领域。

❑ 如何从手工设计的局部描述符发展成深度神经网络。

❑ 什么是神经网络，以及如何实现自己的网络以执行基本识别任务。

1.1 技术要求

在本书中，我们将使用 Python 3.5（或更高版本）。作为一种通用编程语言，Python 已经成为数据科学家的主要工具，这得益于它有用的内置特性和众所周知的库。

在这个介绍性的章节中，我们将只使用两个基础库——numpy 和 matplotlib。虽然它们都可以从 http://www.numpy.org/ 和 https://matplotlib.org/ 上找到并安装，但是，我们建议使用 Anaconda（https://www.anaconda.com）。Anaconda 是一个免费的 Python 发行版，可以简化包的管理和部署。

完整的安装说明以及随本章提供的所有代码都可以在 GitHub 存储库中找到（https://github.com/PacktPublishing/Hands-On-Computer-Vision-with-TensorFlow-2/tree/master/Chapter01）。

我们假设读者已经对 Python 有了一定的了解，并且对图像表示（像素、通道等）和矩阵运算（查看维数、计算乘积等）有了基本的理解。

1.2 广义计算机视觉

计算机视觉如今应用广泛、无处不在，以至于不同的专家对它的定义可能会有很大的不同。在本节中，我们将全面介绍计算机视觉，突出它的应用领域和面临的挑战。

1.2.1 计算机视觉概述

计算机视觉很难定义，因为它处于几个研究和开发领域的交叉领域，比如计算机科学（算法、数据处理和图形）、物理学（光学和传感器）、数学（微积分和信息论）和生物学（视觉刺激和神经处理）。从本质上讲，计算机视觉可以概括为从数字图像中自动提取信息。

当涉及视觉时，我们的大脑会创造奇迹。我们能够破译眼睛不断捕捉到的视觉刺激，能够立即分辨出一个物体与另一个物体的区别，能够认出只见过一面的人的脸，等等，这些能力都是令人难以置信的。对于计算机来说，图像只是像素块，是红绿蓝值的矩阵，没有其他意义。

计算机视觉的目标是教会计算机如何理解这些像素，就像人类（和其他生物）那样，甚至比人类做得更好。的确，自深度学习兴起以来，计算机视觉已经有了长足的进步，它已经开始在一些任务（比如人脸识别或手写文字识别）上表现出了超越人类的性能。

在大型 IT 公司的推动下，研究社区变得异常活跃，数据和视觉传感器的可用性也越来越高，越来越多雄心勃勃的问题正在被解决——基于视觉的自动驾驶导航、基于内容的图像和视频检索、自动注释和增强等。对于专家和新手来说，这确实是一个激动人心的时代。

1.2.2 主要任务及其应用

每天都有基于计算机视觉的新产品出现（例如，工业控制系统、交互式智能手机应用程序或监控系统），它们涵盖了广泛的任务领域。本节将讨论其中主要的任务，详细介绍它们在现实问题中的应用。

内容识别

计算机视觉的一个核心目标是理解图像，也就是说，从像素中提取有意义的语义信息（比如图像中的对象及其位置和数量）。这个一般性问题可以分为几个子领域，大致包含目标分类、目标识别、目标检测和定位、目标和实例分割以及姿态估计。

目标分类

目标分类（或图像分类）是在预定义的集合中为图像分配适当的标签（或类别）的任务，

如图 1-1 所示。

图 1-1　应用于图像集的人和汽车标签分类器示例

早在 2012 年，它已经作为深度卷积神经网络应用于计算机视觉的第一个成功案例而闻名（将在本章后面介绍）。自那时起，这个领域就开始飞速发展，目前已经在各类特定用例中都表现出了超越人类能力的性能（一个著名的例子是犬种的分类——深度学习方法在识别人类"最好的朋友"的区分特征方面非常有效）。

常见的应用包括文本数字化（使用字符识别）和图像数据库的自动注释。

在第 4 章中，我们将介绍先进的分类方法及其对计算机视觉的影响。

目标识别

目标分类方法是从预定义的集合中分配标签，而目标识别（或实例分类）方法则学习去识别某一类的特定实例。

例如，可以配置目标分类工具来返回包含人脸的图像，而目标识别方法则聚焦于人脸的特征来识别某个人，并在其他图像中识别他们（即在所有图像中识别每个人脸，如图 1-2 所示）。

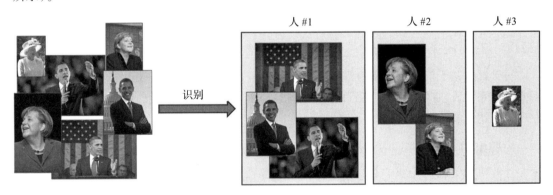

图 1-2　应用于肖像的识别器示例

因此，可以将目标识别看作对数据集进行聚类的过程，通常会用到一些数据集分析概念（将在第 6 章介绍）。

目标检测和定位

另一项任务是检测图像中的特定元素。它通常应用于监控应用甚至先进的相机应用中的面部检测、医学上的癌细胞检测、工业厂房中受损部件的检测等。

检测通常是进一步计算的第一步，提供更小的图像块以分别进行分析（例如，为面部识别剪裁图像中某人的面部，或为增强现实应用提供一个围绕对象的边界框来评估其姿态），如图 1-3 所示。

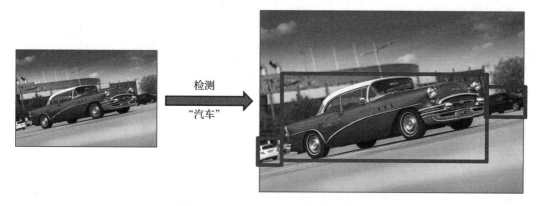

图 1-3　汽车检测器示例，它返回候选物的边界框

先进的解决方案将在第 5 章中详细介绍。

目标和实例分割

分割可以看作一种更高级的检测类型。与简单地为识别的元素提供边界框不同，分割方法返回掩膜，用于标记属于特定类或某一类的特定实例的所有像素（参见图 1-4）。这使得任务变得更加复杂，实际上，这也是计算机视觉方面少数几个深度神经网络与人类表现仍相去甚远的领域之一（人类大脑在绘制视觉元素的精确边界或轮廓方面确实非常高效）。目标分割和实例分割如图 1-4 所示。

目标分割

实例分割

图 1-4　汽车的目标分割方法与实例分割方法结果对比

　　在图 1-4 中，目标分割算法为所有属于汽车类的像素返回一个掩膜，而实例分割算法为它识别的每个汽车实例返回一个不同的掩膜。这对于机器人或智能汽车来说是一项关键任务，这样它们就可以理解周围的环境（例如，识别车辆前方的所有元素）。它也可用于医学图像，在医学扫描中，精确分割不同的组织可以辅助更快地诊断和更便捷地可视化（比如给每个器官赋予不同的颜色或清除视图中的干扰）。这将在第 6 章结合自主驾驶应用实例进行讲解。

　　姿态估计

　　根据目标任务的不同，姿态估计可能有不同的含义。对于刚体，姿态估计通常是指物体在三维空间中相对于摄像机的位置和方向的估计。这对机器人特别有用，这样它们就可以与环境进行交互（挑选对象、避免碰撞等）。它也经常被用在增强现实中，在物体上叠加 3D 信息。

　　对于非刚体元素，姿态估计也可以表示其子部件相对位置的估计。更具体地说，当将人视为非刚性目标时，典型的应用是对人的姿势（站立、坐着、跑步等）的识别或手语理解。这些不同的情况如图 1-5 所示。

刚体目标姿态估计　　　　　　　　　　　　人体姿态估计

图 1-5　刚体和非刚体姿态估计示例

　　在这两种情况下，对于全部或部分元素，算法的任务是根据它们在图像中的 2D 表示，评估它们在 3D 世界中相对于摄像机的实际位置和方向。

　　视频分析

　　计算机视觉不仅适用于单个图像，也适用于视频。视频流有时需要逐帧分析，而有些任务要求你将图像序列作为一个整体来考虑其在时间上的一致性（这是第 8 章的主题之一）。

　　实例跟踪

　　一些关于视频流的任务可以通过单独研究每一帧来完成（无记忆地），但是更有效的方法要么考虑以前图像的推论来指导新图像的处理，要么将完整的图像序列作为预测的输入。跟踪，即在视频流中定位特定元素，就是这种任务的一个很好的例子。

通过对每一帧进行检测和识别，可以逐帧跟踪。然而，使用以前的结果来对实例的运动进行建模以部分预测它们在未来帧中的位置会更加有效。因此，**运动连续性**是这里的一个关键词，尽管它并不总是成立（例如对于快速移动的对象）。

动作识别

另一方面，动作识别则属于只能通过一系列图像来解决的任务。就像当单词被分开和无序时无法理解句子含义一样，如果不学习连续的图像序列，那么也不能识别动作（参见图 1-6）。

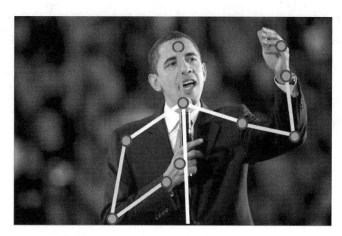

图 1-6   贝拉克·奥巴马是在挥手、指着什么人、驱赶蚊子，还是做别的什么？只有完整的帧序列才能帮助标记这个动作

识别动作意味着在预定义的集合中识别特定的动作（例如，人类的动作——跳舞、游泳、画正方形或画圆）。应用范围包括监视（如检测异常或可疑的行为）和人机交互（如手势控制设备）等。

 既然目标识别可以分为目标分类、检测、分割等，那么动作识别同样如此（动作分类、检测等）。

运动估计

有些方法不试图识别移动的元素，而是专注于估算视频中捕获的实际速度或轨迹。相对于所表现的场景，评估相机本身的运动也是很常见的。运动估计在娱乐行业特别有用，例如，为了应用视觉效果或者在电视流（如体育广播）中覆盖 3D 信息而进行动作捕捉。

图片内容感知

除了分析其内容外，计算机视觉方法也可以用来改善图像本身。越来越多的基础图像处理工具（如用于图像去噪的低通滤波器）正在被更智能的方法所取代，这些方法能够利用图像内容的先验知识来提高其视觉质量。例如，如果一个方法知道了一只鸟通常是什么样子的，它就可以根据这些知识用鸟类图像中的相干像素代替噪声像素。这个概念适用于任何类型的图像恢复，无论是去噪、去模糊，还是分辨率增强（超分辨率，如图 1-7 所示）等。

图 1-7　图像超分辨率传统方法与深度学习方法的比较（注意在第二张图片中细节是多么清晰）

一些摄影或艺术应用程序也使用了内容感知算法，比如智能人像或智能美容模式，旨在增强模特的一些特征，再比如智能删除 / 编辑工具，可以用一些连贯的背景来替代不需要的元素以去除它们。

在第 6 章以及第 7 章中，我们将演示如何建立和使用这样的生成方法。

场景重建

最后，虽然我们不会在本书中处理场景重建问题，但还是要简单介绍一下。场景重建的任务是根据给定的一个或多个图像恢复场景的三维几何形状。一个简单的例子是基于人类视觉的立体匹配。它是在一个场景的两个不同视点的图像中寻找对应元素的过程，从而得出每个可视化元素之间的距离。更先进的方法是获取多个图像并将其内容匹配在一起，从而获得目标场景的三维模型。这可以应用于物体、人、建筑物等的三维扫描。

1.3　计算机视觉简史

温故而知新。

——孔子

为了更好地理解计算机视觉的现状和当前的挑战，建议快速地看一看它是如何诞生以及在过去的几十年里是如何发展的。

1.3.1　迈出成功的第一步

科学家们一直梦想着研发包括视觉智能在内的人工智能技术。计算机视觉的起步就是由这个想法驱动的。

低估感知任务

在**人工智能**（Artificial Intelligence，AI）研究领域，计算机视觉作为一个专门的领域早在 20 世纪 60 年代就开始被研究人员所关注了。象征主义哲学认为下棋和其他纯粹的智力活动是人类智力的缩影，而这些研究人员深受象征主义哲学的影响，低估了低等动物功能（如**感知能力**）的复杂性。这些研究人员是如何相信他们能够通过 1966 年的一个夏季项目再现人类感知的呢？这是计算机视觉界的一个著名轶事。

马文·明斯基（Marvin Minsky）是最早提出基于感知构建人工智能系统的方法的研究人员之一（见"Steps toward artificial intelligence"，*Proceedings of the IRE*，1961）。他认为，利用诸如模式识别、学习、规划和归纳等较基础的功能，有可能制造出能够解决各种各样问题的机器。然而，这一理论直到 20 世纪 80 年代才得到适当的探索。在 1984 年的"Locomotion, Vision, and Intelligence"一文中，汉斯·莫拉韦克（Hans Moravec）指出，神经系统在进化的过程中逐步发展到能够处理感知任务（人类大脑中超过 30% 的部分用于处理视觉任务！）。

正如他所指出的，即使计算机在算术方面表现很出色，它们也无法与我们的感知能力竞争。从这个意义上，利用计算机编程来解决纯粹的智力任务（例如下棋）并不一定有助于开发一般意义上的智能系统或与人类智能相关的智能系统。

人工选定局部特征

受人类感知的启发，计算机视觉的基本机制很简单，而且自早期以来并没有太大的发展——其思想始终是首先从原始像素中提取有意义的特征，然后将这些特征与已知的标记特征进行匹配，以实现图像识别。

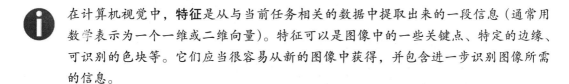

在计算机视觉中，**特征**是从与当前任务相关的数据中提取出来的一段信息（通常用数学表示为一个一维或二维向量）。特征可以是图像中的一些关键点、特定的边缘、可识别的色块等。它们应当很容易从新的图像中获得，并包含进一步识别图像所需的信息。

过去，研究人员常常提出越来越复杂的特征。边缘和线的提取首先用于场景的基本几何理解或字符识别。然后，纹理和照明信息也被考虑在内，形成了早期的对象分类器。

20 世纪 90 年代，基于统计分析（如**主成分分析**（Principal Component Analysis，PCA））的特征，首次成功地应用于复杂的识别问题，如人脸分类。一个经典的例子是马修·特克（Matthew Turk）和亚历克斯·彭特兰（Alex Pentland）提出的特征脸（Eigenface）算法

（*Eigenfaces for Recognition*，MIT Press，1991）。在给定人脸图像数据库的情况下，通过 PCA 可以计算人脸图像的均值和**特征向量 / 图像（也称为特征量 / 图）**。从理论上讲，这一组特征图像可以被线性地组合起来，以重建原始数据集的人脸或实现更多处理。换句话说，每个人脸图像都可以通过特征图像的加权来近似（参见图 1-8）。这意味着可以简单地通过每个特征图像的重建权值列表来定义特定的人脸。因此，对一幅新的人脸图像进行分类，只需将其分解为特征图像，获得其权值向量，并与已知人脸的向量进行比较：

数据库平均图像　　　　　　　　　　　　数据库特征图像的加权和

图 1-8　将一幅人像图像分解为均值图像和特征图像的加权和（平均图像和特征图像是在一个更大的人脸数据集上计算所得的）

另一种出现于 20 世纪 90 年代末并彻底改变了该领域的方法是**尺度不变特征变换**（Scale Invariant Feature Transform，SIFT）。正如其名称所表明的，这个方法由 David Lowe 提出（见论文"Distinctive Image Features from Scale-Invariant Keypoints"，Elsevier），它通过一组对尺度和方向变化具有鲁棒性的特征来表示可视对象。简单地说，该方法在图像中寻找一些**关键点**（搜索其梯度中的不连续点），在每个关键点周围提取一个图块，并为每个关键点计算一个特征向量（例如，图块或其梯度中的值的直方图）。然后，可以使用图像的**局部特征**及其对应的关键点来匹配其他图像中的类似视觉元素。在图 1-9 中，我们使用 OpenCV 将 SIFT 方法应用于图像（https://docs.opencv.org/3.1.0/da/df5/tutorial_py_sift_intro.html）。对于每一个局部化的关键点，圆的半径表示特征计算所考虑的图块的大小，直线表示特征的方向（即邻域梯度的主方向）。

图 1-9　从给定图像中提取的 SIFT 关键点（使用 OpenCV）

随着时间的推移，研究人员逐渐开发出了更先进的算法——使用更具鲁棒性的算法提取关键点或者计算并结合有区别的特征——但是整个过程（从一张图像中提取特征，并将其与其他图像的特征进行比较）基本是相同的。

添加一些机器学习技术

然而，研究人员很快就发现，在识别任务中，提取鲁棒的、有区别的特征只是完成了一半的工作。例如，来自同一类的不同元素可能看起来非常不同（例如不同外观的狗），它们只共享一小部分公共特征。因此，不同于图像匹配任务，更高阶的语义分类等问题不能只通过比较被查询图像与已标记图像的像素特征来解决（如果必须完成每一幅图像同一个大型标签数据集比较，那么考虑到处理时长，这个过程也可以作为次优解决方案）。

这就是机器学习的切入点。20 世纪 90 年代随着越来越多的研究人员试图解决图像分类问题，更多基于特征的统计方法开始出现。**支持向量机（Support Vector Machine，SVM）**由 Vladimir Vapnik 和 Corinna Cortes[一]标准化，长期以来是学习从复杂结构（如图像）到简单标签（如类）映射的默认解决方案。

给定一组图像特征及其二值标签（例如，猫或非猫，如图 1-10 所示），可以对 SVM 进行优化，使其能够根据提取的特征训练将一个类与另一个类分离的函数。一旦得到了这个函数，只需将它应用到未知图像的特征向量上，就可以将图像映射到这两个类中的一个（后来研究人员提出 SVM 也可以扩展到多个类）。在图 1-10 中，我们训练 SVM 回归一个线性函数，让该函数根据从两类图像中提取的特征（在本例中，特征是个二值向量）将两个类分离开来。

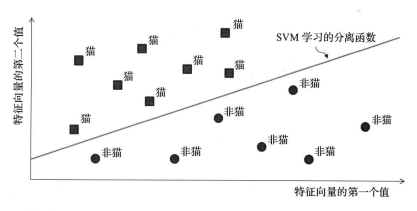

图 1-10　支持向量机回归的线性函数（请注意，如果基于内核技巧，支持向量机还可以为不同的类找到非线性的解决方案）

还有许多其他机器学习算法在过去几年也被计算机视觉研究人员所采用，比如随机森林、词袋模型、贝叶斯模型，当然还有神经网络。

　　[一]　见论文"Support-vector networks"（Springer, 1995）。

1.3.2 深度学习的兴起

那么，神经网络是如何称霸计算机视觉，成为今天我们熟知的深度学习的呢？本节给出了一些答案，详细介绍了这个强大工具的技术发展史。

早期尝试和失败

令人惊讶的是，人工神经网络甚至出现在现代计算机视觉之前。它们的发展是一个典型的发明时间过早的例子。

感知机的兴起和衰落

20 世纪 50 年代，Frank Rosenblatt 提出了感知机（perceptron），这是一种机器学习算法，灵感来自神经元和第一个神经网络的底层块[⊖]。通过适当的学习过程，这种方法能够识别字母。然而，这种炒作是短暂的。Marvin Minsky（人工智能之父之一）和 Seymor Papert 很快证明了感知机无法学习像 XOR 这样简单的函数（异或函数，给定两个二进制输入值，如果有且只有 1 个输入值为 1，则返回 1，否则返回 0）。在今天，这对我们来说是非常容易理解的——因为当时的感知机是用线性函数建模的，而 XOR 是非线性函数——但在当时，在很多年里它阻碍了研究人员做进一步的研究。

太大以至于无法扩展

直到 20 世纪 70 年代末 80 年代初，神经网络才重新引起人们的注意。几篇研究论文介绍了如何使用相当简单的反向传播机制来训练具有多层感知机的神经网络。我们将在下一节中详细介绍，这个训练通过计算网络误差并通过各个感知机层进行反向传播来使用导数更新它们的参数。不久之后，第一个卷积神经网络（Convolutional Neural Network，CNN），即当前主流识别方法的鼻祖，被开发出来并应用于手写字符的识别，取得了一定的成功。

但是，这些方法计算量大，无法扩展应用到更大的问题。取而代之，研究人员采用了更轻量级的机器学习方法，如支持向量机，于是神经网络的应用又停滞了十几年。那么，是什么让它们重新回到人们的视野并发展成了如今的深度学习呢？

回归的理由

回归的原因有两个，根源于互联网和硬件性能的爆炸式发展。

互联网：数据科学的新黄金国

互联网不仅是一场通信革命，它也深刻地改变了数据科学。通过将图片和内容上传到网上，科学家们分享图片和内容变得更加容易，并逐步导致了用于实验和基准测试的公共数据集的产生。此外，不仅是研究人员，很快全世界的每个人都开始以指数级的速度在网上添加新的内容，共享图片、视频等。这开启了大数据和数据科学的黄金时代，而互联网就成了其中新的黄金国。

⊖ 见论文 "The Perceptron: A Probabilistic Model for Information Storage and Organization in the Brain"（American Psychological Association, 1958）。

仅仅通过为不断在网上发表的内容添加索引，就可以了解到图像和视频数据集已经达到了之前从未想象过的大小，从 Caltech-101（1 万幅图片，由 Li Fei-Fei 等发布于 2003 年，Elsevier）到 ImageNet（1400 多万图片，由 Jia Deng 及其他人发布于 2009 年，IEEE）或 Youtube-8M（800 多万视频，由 Sami Abu-El-Haija 等发布于 2016 年，Google）。即使是公司和政府也很快认识到收集和发布数据集以促进其特定领域创新的众多优势（例如，英国政府发布的用于视频监控的 i-LIDS 数据集，以及由脸书和微软等赞助的用于图像字幕的 COCO 数据集）。

随着如此多的可用数据覆盖了如此多的用例，打开了新的大门（数据饥渴类型的算法，即需要大量训练样本才能成功收敛的算法终于可以成功应用了），也提出了新的挑战（例如，如何有效地处理所有这些信息）。

比以往任何时候都更强大

幸运的是，由于互联网的蓬勃发展，计算能力也随之蓬勃发展。硬件变得越来越便宜，速度也越来越快，这似乎遵循了著名的摩尔定律（即处理器速度每两年将会翻一番——这是近 40 年来的真理，尽管现在观察到的增长有所减速）。随着计算机运行速度的加快，它们的设计也变得更加适合计算机视觉。这要感谢电子游戏。

图形处理单元（Graphics Processing Unit，GPU）是一种计算机组件，即一种专门用来处理运行 3D 游戏所需运算的芯片。GPU 被优化用来生成或处理图像，并行化这些繁重的矩阵运算。尽管第一个 GPU 是在 20 世纪 80 年代构想出来的，但它们确是在 2000 年才变得便宜和流行的。

2007 年，主要的 GPU 设计公司之一英伟达（NVIDIA）发布了第一个 CUDA 版本，这是一种允许开发者直接为兼容的 GPU 编程的编程语言。不久之后，类似的语言 OpenCL 也出现了。有了这些新工具，人们开始利用 GPU 的力量来完成新的任务，比如机器学习和计算机视觉。

深度学习或人工神经网络的重塑

数据饥渴、计算密集型的算法终于有了施展身手的条件。伴随着大数据和云计算，深度学习突然变得无处不在。

是什么让学习变得有深度？

事实上，"深度学习"这个术语早在 20 世纪 80 年代就已经被创造出来了，那时神经网络第一次以两三层神经元堆叠起来的形式重新出现。与早期的、更简单的解决方案不同，深度学习重组了更深层次的神经网络，即具有多个隐藏层的网络——在输入和输出之间设置了额外的层。每一层处理它的输入并将结果传递给下一层，所有这些层都经过训练以提取越来越抽象的信息。例如，神经网络的第一层将学会对图像的基本特征（如边缘、线条或颜色梯度）做出反应；下一层将学习使用这些线索来提取更高级的特征；以此类推，直到最后一层，该层将推断出所需的输出（例如预测的类或检测结果）。

然而，当 Geoff Hinton 和他的同事提出了一个有效的解决方案来训练这些更深层次的模型，每次一层，直至达到期望的深度时，深度学习才真正开始被使用[⊖]。

深度学习的时代

随着神经网络的研究再次回到正轨，深度学习技术开始蓬勃发展，直到 2012 年取得重大突破才最终让它真正崭露头角。自从 ImageNet 发布以来，每年都会组织一场竞赛（ImageNet 大型视觉识别挑战（ImageNet Large Scale Visual Recognition Challenge，ILSVRC)，http://image-net.org/challenges/LSVRC/)，研究人员可以提交他们最新的分类算法，并将它们在 ImageNet 上的性能表现与其他算法进行比较。2010 年和 2011 年的获胜方案分类误差分别为 28% 和 26%，采用了 SIFT 特征和 SVM 等传统概念。然后到了 2012 年，一个新的研究团队将识别误差降低到了惊人的 16%，将其他所有参赛者远远甩在了后面。

Alex Krizhevsky、Ilya Sutskever 和 Geoff Hinton 在他们描述这一成果的论文 "Imagenet Classification with Deep Convolutional Neural Networks"（NIPS，2012）中提出了现代识别方法的基础。他们构想了一个 8 层的神经网络（后来命名为 AlexNet)，包括几个卷积层和其他现代组件，如 dropout 和修正线性激活单元（Rectified Linear activation Unit，ReLU)，这些都将在第 3 章中详细介绍，因为它们已成为计算机视觉的核心。更重要的是，他们使用 CUDA 来实现他们的方法，这样它就可以在 GPU 上运行，最终使得在合理的时间内，在像 ImageNet 这么大的数据集上迭代完成深度神经网络训练成为可能。

同年，Google 演示了云计算的技术进步如何应用于计算机视觉。使用从 YouTube 视频中提取的 1000 万张随机图像数据集，教一个神经网络识别包含猫的图像，并将 1.6 万多台机器的训练过程并行化，最终将准确率提高了一倍。

由此开启了我们目前所处的深度学习时代。每个人都参与进来，提出了越来越深的模型、更先进的训练方案，以及更轻量级的适用便携设备的解决方案。这是一个令人兴奋的时代，因为深度学习解决方案变得越有效，就有越多的人试图将它们应用到新的应用和领域。

通过本书，我们希望传递一些当前的热情，并提供一个有关现代方法和细节的概述，以便于你制定深度学习解决方案。

1.4 开始学习神经网络

现在，我们知道神经网络是深度学习的核心，是现代计算机视觉的强大工具。但它们到底是什么呢？它们是如何工作的？下面，我们将不仅讨论它们效率背后的理论解释，而且还将直接将这些知识用于一个识别任务的简单网络的实现和应用。

⊖ 见论文 "A Fast Learning Algorithm for Deep Belief Nets"（MIT Press，2006）。

1.4.1　建立神经网络

人工神经网络（Artificial Neural Network，ANN）或神经网络（Neural Network，NN）是强大的机器学习工具，擅长处理信息、识别常见模式或检测新模式以及模拟复杂的过程。这些优势得益于它们的结构，我们接下来将揭示这一点。

模拟神经元

众所周知，神经元是思想和反应的基本单元。但是它们实际上是如何工作的，以及应如何模拟它们，对研究人员来说并不是显而易见的。

生物启发

的确，人工神经网络灵感多少来自动物大脑的工作模式。大脑是一个由神经元组成的复杂网络，每个神经元相互传递信息，并将感官输入（如电信号和化学信号）转化为思想和行动。每个神经元的电输入来自它的树突，树突是一种细胞纤维，它将来自突触（与前一神经元相连的节点）的电信号传递到神经元胞体（神经元的主体）。如果累积的电刺激超过特定阈值，细胞就会被激活，电脉冲通过细胞的轴突（神经元的输出电缆，连接其他神经元的突触）进一步传播到下一个神经元。因此，每个神经元都可以被看作是一个非常简单的信号处理单元，一旦堆叠在一起，就可以实现我们现在的思想。

数学模型

受其生物表示的启发（见图 1-11），人工神经元有几个输入（每个数据都有一个序号），将输入累加在一起，最后使用一个激活函数（activation function）来获得输出信号，输出可以传递给网络中的下一个神经元（这可以视为一个有向图）。

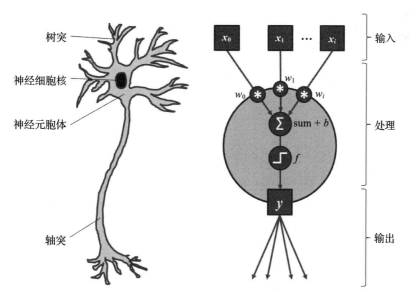

图 1-11　简化的生物神经元（左）和人工神经元（右）

通常以加权方式计算输入求和。每个输入都是按照特定于输入的权重放大或缩小的。这些权重是在网络训练阶段进行优化调整的参数,以使神经元对适当的特征做出反应。通常,另一个参数(神经元的偏置)也被训练并用于这个求和过程。它的值只是作为偏移量加到加权和中。

我们来快速地用数学方法表示这个过程。假设我们有一个神经元,它有两个输入值,x_0 和 x_1。这些值的加权系数分别为 w_0 和 w_1,可选的偏置为 b。为了简化,将输入值表示为水平向量 $\boldsymbol{x}$,将权重表示为垂直向量 $\boldsymbol{w}$:

$$\boldsymbol{x} = (x_0 \quad x_1), \quad \boldsymbol{w} = \begin{pmatrix} w_0 \\ w_1 \end{pmatrix}$$

因此,整个运算可以简单地表示为:

$$z = \boldsymbol{x} \cdot \boldsymbol{w} + b$$

这一步很简单,不是吗?两个向量之间的点积负责加权求和:

$$\boldsymbol{x} \cdot \boldsymbol{w} = \sum_i x_i w_i = x_1 w_1 + x_2 w_2$$

现在输入已经被缩放和相加成结果 z 了,我们需要对它应用激活函数来得到神经元的输出。回到与生物神经元的类比,它的激活函数将是一个二元函数,当 y 超过阈值 t 时,返回一个电脉冲(即 1),否则返回 0(通常情况下 $t=0$)。如果将其用数学公式表示,那么激活函数 $y = f(z)$ 可以表示为:

$$y = f(z) = \begin{cases} 0, & z < t \\ 1, & z \geqslant t \end{cases}$$

阶跃函数是原始感知机的关键组成部分,但研究人员早期就已经引入了更高级的激活函数,它们具有更好的特性,如非线性(用于对更复杂的行为建模)和连续可微性(这对于训练过程很重要,将在后面解释)。最常见的激活函数如下:

- sigmoid 函数: $\sigma(z) = \dfrac{1}{1 + e^{-z}}$

- **双曲正切函数**: $\tanh(z) = \dfrac{e^z - e^{-z}}{e^z + e^{-z}}$

- **修正线性单元**: $\mathrm{ReLU}(z) = \max(0, z) = \begin{cases} 0, & z < 0 \\ z, & z \geqslant 0 \end{cases}$

上述常见激活函数的示意图如图 1-12 所示。

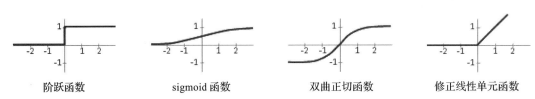

| 阶跃函数 | sigmoid 函数 | 双曲正切函数 | 修正线性单元函数 |

图 1-12　常见激活函数示意图

对于所有的神经网络，基本都是以上的逻辑！这样我们就模拟了一个简单的人工神经元。它能够接收一个信号，处理它，并输出一个值，这个值可以被前向传递（前向传递是机器学习中常用的术语）给其他神经元，从而构建一个网络。

 将多个没有非线性激活函数的神经元链接起来，本质上仍相当于一个神经元。例如，如果有一个参数为 w_A 和 b_A 的线性神经元，其后链接一个参数为 w_B 和 b_B 的线性神经元，那么

$$y_B = w_B \cdot y_A + b_B = w_B \cdot (w_A \cdot x + b_A) + b_B = w \cdot x + b$$

其中，$w = w_A \cdot w_B$，$b = b_A + b_B$。因此，如果想要创建复杂的模型，非线性激活函数是必要的。

实现

以上模型可以简便地基于 Python 实现（使用 numpy 进行向量和矩阵运算）：

```python
import numpy as np

class Neuron(object):
    """A simple feed-forward artificial neuron.
    Args:
        num_inputs (int): The input vector size / number of input values.
        activation_fn (callable): The activation function.
    Attributes:
        W (ndarray): The weight values for each input.
        b (float): The bias value, added to the weighted sum.
        activation_fn (callable): The activation function.
    """
    def __init__(self, num_inputs, activation_fn):
        super().__init__()
        # Randomly initializing the weight vector and bias value:
        self.W = np.random.rand(num_inputs)
        self.b = np.random.rand(1)
        self.activation_fn = activation_fn

    def forward(self, x):
        """Forward the input signal through the neuron."""
        z = np.dot(x, self.W) + self.b
        return self.activation_function(z)
```

如上段代码所示，这是对我们之前定义的数学模型的直接改编。使用这个人工神经元也很简单。我们来实例化一个感知机（使用阶跃函数为激活方法的神经元），并通过它前向传递一个随机输入：

```python
# Fixing the random number generator's seed, for reproducible results:
np.random.seed(42)
# Random input column array of 3 values (shape = `(1, 3)`)
x = np.random.rand(3).reshape(1, 3)
# > [[0.37454012 0.95071431 0.73199394]]
```

```
# Instantiating a Perceptron (simple neuron with step function):
step_fn = lambda y: 0 if y <= 0 else 1
perceptron = Neuron(num_inputs=x.size, activation_fn=step_fn)
# > perceptron.weights    = [0.59865848 0.15601864 0.15599452]
# > perceptron.bias       = [0.05808361]

out = perceptron.forward(x)
# > 1
```

在进入下一节开始扩大它们的规模之前，建议先花点时间用不同的输入和神经元参数进行一些实验。

将神经元分层组合在一起

通常，神经网络被组织成多层，也就是说，每层的神经元通常接收相同的输入并应用相同的操作（例如，尽管每个神经元首先用自己特定的权重来对输入求和，但是它们应用相同的激活函数）。

数学模型

在网络中，信息从输入层流向输出层，中间有一个或多个隐藏层。在图 1-13 中，3 个神经元 A、B、C 分别属于输入层，神经元 H 属于输出层或激活层，神经元 D、E、F、G 属于隐藏层。第一层输入 **x** 的维度为 2，第二层（隐藏层）将前一层的三个激活值作为输入，以此类推。这类每个神经元均连接到前一层的所有值的网络，被称为全连接或稠密网络。

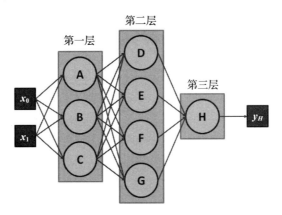

图 1-13   有两个输入值和一个最终输出的三层神经网络

同样，通过用向量和矩阵表示这些元素来简化计算表达。以下操作由第一层完成：

$$z_A = \boldsymbol{x} \cdot \boldsymbol{w}_A + b_A$$
$$z_B = \boldsymbol{x} \cdot \boldsymbol{w}_B + b_B$$
$$z_C = \boldsymbol{x} \cdot \boldsymbol{w}_C + b_C$$

这可以表示为：

$$\boldsymbol{z} = \boldsymbol{x} \cdot \boldsymbol{W} + \boldsymbol{b}$$

为了得到前面的方程，必须定义如下的变量：

$$W = \begin{pmatrix} \vdots & \vdots & \vdots \\ w_A & w_B & w_C \\ \vdots & \vdots & \vdots \end{pmatrix} = \begin{pmatrix} w_{a1} & w_{b1} & w_{c1} \\ w_{a2} & w_{b2} & w_{c2} \end{pmatrix}, \; b = \begin{pmatrix} b_A & b_B & b_C \end{pmatrix}, \; z = \begin{pmatrix} z_A & z_B & z_C \end{pmatrix}$$

因此，第一层的激活函数可以写成一个向量 $y = f(z) = \begin{pmatrix} f(z_A) & f(z_B) & f(z_C) \end{pmatrix}$，它可以作为输入向量直接传递到下一层，以此类推，直到最后一层。

实现

与单个神经元一样，这个模型也可以用 **Python** 实现。事实上，我们甚至不需要对 Neuron 类做太多的编辑：

```python
import numpy as np

class FullyConnectedLayer(object):
    """A simple fully-connected NN layer.
    Args:
        num_inputs (int): The input vector size/number of input values.
        layer_size (int): The output vector size/number of neurons.
        activation_fn (callable): The activation function for this layer.
    Attributes:
        W (ndarray): The weight values for each input.
        b (ndarray): The bias value, added to the weighted sum.
        size (int): The layer size/number of neurons.
        activation_fn (callable): The neurons' activation function.
    """
    def __init__(self, num_inputs, layer_size, activation_fn):
        super().__init__()
        # Randomly initializing the parameters (using a normal distribution
this time):
        self.W = np.random.standard_normal((num_inputs, layer_size))
        self.b = np.random.standard_normal(layer_size)
        self.size = layer_size
        self.activation_fn = activation_fn

    def forward(self, x):
        """Forward the input signal through the layer."""
        z = np.dot(x, self.W) + self.b
        return self.activation_fn(z)
```

我们只需要改变一些变量的维度来反映一个层内神经元的多样性。有了这个实现，每层甚至可以一次处理多个输入！传递一个列向量 x（向量形状是 $1 \times s$，其中 s 是 x 中数值的个数）或一组列向量（向量形状为 $n \times s$，其中 n 是样本的数量）不会改变任何关于矩阵的计算，并且网络的层都将正确输出叠加的结果（假设每一行与 b 相加）：

```python
np.random.seed(42)
# Random input column-vectors of 2 values (shape = `(1, 2)`):
x1 = np.random.uniform(-1, 1, 2).reshape(1, 2)
# > [[-0.25091976  0.90142861]]
x2 = np.random.uniform(-1, 1, 2).reshape(1, 2)
# > [[0.46398788 0.19731697]]
```

```
relu_fn = lambda y: np.maximum(y, 0)    # Defining our activation function
layer = FullyConnectedLayer(2, 3, relu_fn)

# Our layer can process x1 and x2 separately...
out1 = layer.forward(x1)
# > [[0.28712364 0.         0.33478571]]
out2 = layer.forward(x2)
# > [[0.         0.         1.08175419]]
# ... or together:
x12 = np.concatenate((x1, x2))  # stack of input vectors, of shape `(2, 2)`
out12 = layer.forward(x12)
# > [[0.28712364 0.         0.33478571]
#    [0.         0.         1.08175419]]
```

 一组输入数据通常称为一批（batch）。

有了这个实现，只需将全连接的层连接在一起就可以构建简单的神经网络。

将网络应用于分类

我们已经知道了如何定义层，但还没有将其初始化并连接到计算机视觉网络中。为了演示如何做到这一点，我们将处理一个著名的识别任务。

设置任务

对手写数字的图像进行分类（即识别图像中是否包含 0 或 1 等）是计算机视觉中的一个历史性问题。修正的美国国家标准与技术研究院（Modified National Institute of Standards and Technology，MNIST）数据集（http://yann.lecun.com/exdb/mnist/）包含 70 000 张灰度数字图像（像素为 28×28），多年来一直作为参考，方便研究人员通过这个识别任务测试他们的算法（Yann LeCun 和 Corinna Cortes 享有这个数据集的所有版权，数据集如图 1-14 所示）。

图 1-14　MNIST 数据集中每个数字的 10 个样本

对于数字分类，我们需要的是一个将这些图像中的一个作为输入并返回一个输出向量，该向量表示网络认为的这些图像与每个类对应的概率。输入向量有 28 × 28 = 784 个值，而输出有 10 个值（对于从 0 到 9 的 10 个不同数字）。在输入和输出之间，由我们来定义隐藏层的数量和它们的大小。要预测图像的类别，只需通过网络前向传递图像向量，收集输出，然后返回置信度得分最高的类别即可。

这些置信度得分通常被转化为概率值，以简化后续的计算或解释。例如，假设一个分类网络给类"狗"赋值为 9，给另一个类"猫"赋值为 1。这就是说，根据这个网络，图像显示的是狗的概率为 9/10，显示的是猫的概率为 1/10。

在实现解决方案之前，先通过加载 MNIST 数据来完成用于训练和测试算法的数据准备。为了简单起见，我们将使用由 Marc Garcia 开发的 Python mnist 模块（https://github.com/datapythonista/mnist）（根据 BSD 3-Clause 的新 / 修订许可，已经安装在本章的源目录中）：

```
import numpy as np
import mnist
np.random.seed(42)

# Loading the training and testing data:
X_train, y_train = mnist.train_images(), mnist.train_labels()
X_test,  y_test  = mnist.test_images(), mnist.test_labels()
num_classes = 10    # classes are the digits from 0 to 9

# We transform the images into column vectors (as inputs for our NN):
X_train, X_test = X_train.reshape(-1, 28*28), X_test.reshape(-1, 28*28)
# We "one-hot" the labels (as targets for our NN), for instance, transform
label `4` into vector `[0, 0, 0, 0, 1, 0, 0, 0, 0, 0]`:
y_train = np.eye(num_classes)[y_train]
```

关于数据集预处理和可视化的更详尽操作可以在本章的源代码中找到。

实现网络

对于神经网络本身，我们必须把层组合在一起，并添加一些算法在整个网络上进行前向传递，然后根据输出向量来预测分类。在实现各层之后，下面的代码就不言自明了：

```
import numpy as np
from layer import FullyConnectedLayer

def sigmoid(x): # Apply the sigmoid function to the elements of x.
    return 1 / (1 + np.exp(-x)) # y

class SimpleNetwork(object):
    """A simple fully-connected NN.
    Args:
        num_inputs (int): The input vector size / number of input values.
```

```
        num_outputs (int): The output vector size.
        hidden_layers_sizes (list): A list of sizes for each hidden layer
    to be added to the network
    Attributes:
        layers (list): The list of layers forming this simple network.
    """

    def __init__(self, num_inputs, num_outputs, hidden_layers_sizes=(64,
    32)):
        super().__init__()
        # We build the list of layers composing the network:
        sizes = [num_inputs, *hidden_layers_sizes, num_outputs]
        self.layers = [
            FullyConnectedLayer(sizes[i], sizes[i + 1], sigmoid)
            for i in range(len(sizes) - 1)]

    def forward(self, x):
        """Forward the input vector `x` through the layers."""
        for layer in self.layers: # from the input layer to the output one
            x = layer.forward(x)
        return x

    def predict(self, x):
        """Compute the output corresponding to `x`, and return the index of
    the largest output value"""
        estimations = self.forward(x)
        best_class = np.argmax(estimations)
        return best_class

    def evaluate_accuracy(self, X_val, y_val):
        """Evaluate the network's accuracy on a validation dataset."""
        num_corrects = 0
        for i in range(len(X_val)):
            if self.predict(X_val[i]) == y_val[i]:
                num_corrects += 1
        return num_corrects / len(X_val)
```

我们刚刚实现了一个前馈神经网络，可以用来分类！是时候把它应用到我们的问题上了：

```
# Network for MNIST images, with 2 hidden layers of size 64 and 32:
mnist_classifier = SimpleNetwork(X_train.shape[1], num_classes, [64, 32])

# ... and we evaluate its accuracy on the MNIST test set:
accuracy = mnist_classifier.evaluate_accuracy(X_test, y_test)
print("accuracy = {:.2f}%".format(accuracy * 100))
# > accuracy = 12.06%
```

我们的准确率只有 12.06%。这可能看起来令人失望，因为它的准确性仅略好于随机猜测。但是这是有意义的——因为此时的网络是由随机参数定义的。我们需要根据用例来训练它，这就是下一节中需要处理的任务。

1.4.2 训练神经网络

神经网络是一种特殊的算法，因为它们需要训练，也就是说，它们需要通过从可用的数据中学习来针对特定的任务进行参数优化。一旦网络被优化至在训练数据集上表现良好，它们就可以在新的、类似的数据上使用，从而提供令人满意的结果（如果训练正确的话）。

在解决 MNIST 任务之前，我们将介绍一些理论背景，涵盖不同的学习策略，并介绍实际中是如何进行训练的。然后，将直接把这些概念应用到示例中，以便我们的简单网络最终学会如何解决识别任务！

学习策略

当涉及神经网络学习时，根据任务和训练数据的可用性，主要有三种学习范式。

有监督学习

有监督学习（supervised learning）可能是最常见的，当然也是最容易掌握的学习范式。当我们想要教会神经网络两种模式之间的映射关系（例如，将图像映射到它们的类标签或它们的语义掩膜）时，适合使用有监督学习。它需要访问一个包含图像及其真值标签（例如每张图像的类信息或语义掩膜）的训练数据集。

这样一来，训练就很简单了：
- 将图像提供给网络，并收集其结果（即预测标签）。
- 评估网络的损失，即将预测结果与真值标签进行比较时的错误程度。
- 相应地调整网络参数以减少损失。
- 重复以上操作直至网络收敛，也就是说，直到它在这批训练数据上不能再进一步改进为止。

这种学习策略确实可以形容为"有监督的"，因为有一个实体（即我们）通过对每个预测结果提供反馈（根据真值标签计算出的损失）来监督网络的训练情况，以便该算法可以通过重复训练（观察某次训练是正确的或错误的，然后再试一次）来学习。

无监督学习

然而，当没有任何真值信息可用时，如何训练网络？答案是采用无监督学习（unsupervised learning）。它的思想是创建一个函数，仅根据网络的输入和相应的输出来计算网络的损失。

这种策略非常适用于聚类（将具有相似属性的图像分组在一起）或压缩（减少内容大小，同时保留一些属性）等应用程序。对于聚类，损失函数可以衡量来自某一类相似图像与其他类图像的比较情况。对于压缩，损失函数可以衡量压缩后的数据与原始数据相比，重要属性的保留程度。

无监督学习需要一些关于用例的专业知识，才能提出有意义的损失函数。

强化学习

强化学习（reinforcement learning）是一种**交互式策略**。智能体在环境中导航（例如，机器人在房间中移动或电子游戏角色通过关卡）。智能体有一个预定义的、可执行的动作列表（走、转、跳等），并且在每个动作之后，它会进入一个新的状态。有些状态可以带来"奖励"，这些奖励可以是即时的，也可以是延迟的，可以是正面的，也可以是负面的（例如，游戏角色获得额外物品时的正面奖励，游戏角色被敌人击中时的负面奖励）。

在每个时刻，神经网络只提供来自环境的观察（例如，机器人的视觉输入或视频游戏屏幕）和奖励反馈（胡萝卜和大棒）。由此，它必须了解什么能带来更高的奖励并据此为智能体制定最佳的短期或长期策略。换句话说，它必须评估出能使其最终奖励最大化的一系列行为。

强化学习是一个强大的学习范式，但是很少用于计算机视觉用例。虽然我们鼓励机器学习爱好者学习更多的知识，但在这里我们不会再做进一步介绍。

训练时间

不管学习策略是什么，大致的训练步骤都是一样的。给定一些训练数据，网络进行预测并接收一些反馈（如损失函数的结果），然后用这些反馈更新网络的参数。然后重复这些步骤，直到无法进一步优化网络为止。本节将详细介绍并实现这个过程，从损失计算到优化权重。

评估损失

损失函数的目标是评估网络在其当前权重下的性能。更正式地说，这个函数将预测效果表示为网络参数（比如它的权重和偏置）的函数。损失越小，针对该任务的参数就越好。

因为损失函数代表了网络的目标（例如，返回正确的标签，压缩图像同时保留内容，等等），所以有多少任务就有多少不同的函数。尽管如此，有些损失函数比其他函数更常用一些，比如平方和函数，也称为 **L2 损失函数**（基于 L2 范数），它在有监督学习中无处不在。这个函数简单地计算输出向量 $\boldsymbol{y}$ 的每个元素（网络估计的每个类的概率）和真值 $\boldsymbol{y}^{\text{true}}$ 向量（除了正确的类之外，该目标向量中对应的其余每个类都是空值）的每个元素之间的差的平方：

$$L_2(\boldsymbol{y}, \boldsymbol{y}^{\text{true}}) = \sum_i (y_i^{\text{true}} - y_i)^2$$

还有许多其他性质不同的损失函数，如计算矢量之间绝对差的 L1 损失，如二进制交叉熵（Binary Cross-Entropy，BCE）损失，它把预测概率转换为对数，然后与预期的值进行比较：

$$L_1(\boldsymbol{y}, \boldsymbol{y}^{\text{true}}) = \sum_i \left| y_i^{\text{true}} - y_i \right|$$

$$\text{BCE}(\boldsymbol{y}, \boldsymbol{y}^{\text{true}}) = \sum_i \left[-y_i^{\text{true}} \log(y_i) + (1 - y_i^{\text{true}}) \log(1 - y_i) \right]$$

对数运算将概率从 [0,1] 转换为 [-∞，0]，因此将结果乘以 -1，神经网络在学习如何正确预测时损失值的区间就可以变换为 [0，+∞]。请注意，交叉熵函数也可以应用于多分类的问题（不仅仅局限于两类）。

人们通常会将损失值除以向量中元素的数量，也就是说，计算平均值而不是损失总和。**均方误差（Mean-Square Error, MSE）**是 L2 损失的平均值，**平均绝对误差（Mean-Absolute Error, MAE）**是 L1 损失的平均值。

现在，我们将以 L2 损失为例，并在后面的理论解释和 MNIST 分类器训练中用到它。

反向传播损失

如何更新网络参数，才能使其损失最小？对于每个参数，我们需要知道的是改变它的值会如何影响损失。如果知道哪些变化会使损失减少，那么只需重复应用这些变化，直到损失达到最小即可。这正是损失函数梯度的原理，也是梯度下降的过程。

在每次训练迭代中，计算损失函数对网络各参数的导数。这些导数表示需要对参数进行哪些小的更改（由于梯度表示函数上升的方向，而我们希望最小化它，因此这里有一个为 -1 的系数）。它可以看作是沿着损失函数关于每个参数的斜率逐步下降，因此这个迭代过程被称为梯度下降（见图 1-15）。

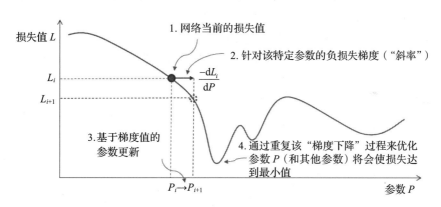

图 1-15　优化神经网络参数 P 的梯度下降过程示意图

现在的问题是，如何计算所有这些导数（即斜率值，以作为每个参数的函数）？这时**链式法则**就派上用场了。并不需要太深入的微积分知识，链式法则可以告诉我们，关于 k 层参数的导数可以简单地用该层的输入和输出值 (x_k, y_k)，以及 $k + 1$ 层的导数来计算。更正式地说，对于该层的权值 W_k，有以下公式：

$$\frac{\mathrm{d}L}{\mathrm{d}W_k} = \frac{\mathrm{d}L}{\mathrm{d}y_k}\frac{\mathrm{d}y_k}{\mathrm{d}W_k} = \frac{\mathrm{d}L}{\mathrm{d}y_k}\frac{\mathrm{d}y_k}{\mathrm{d}z_k}\frac{\mathrm{d}z_k}{\mathrm{d}W_k} = \frac{\mathrm{d}L}{\mathrm{d}x_{k+1}}\frac{\mathrm{d}y_k}{\mathrm{d}z_k}\frac{\mathrm{d}(W_k \cdot x_k + b_k)}{\mathrm{d}W_k} = l'_{k+1} \odot f'_k \frac{\mathrm{d}(W_k \cdot x_k + b_k)}{\mathrm{d}W_k} = x_k^{\mathrm{T}} \cdot (l'_{k+1} \odot f'_k)$$

式中，l'_{k+1} 是 $k+1$ 层对输入的导数，$x_{k+1} = y_k$，f'_k 是这层激活函数的导数，x^{T} 是 x 的转置。请注意，z_k 表示 k 层的加权和的结果（即在该层的激活函数输入之前），其定义见 1.4.1

节。最后，⊙ 符号表示两个向量或矩阵之间对应元素相乘，它也被称为哈达玛积。如下式所示，哈达玛积基本就是将各对应元素成对相乘：

$$\begin{pmatrix} a_0 & a_1 \\ a_2 & a_3 \end{pmatrix} \odot \begin{pmatrix} b_0 & b_1 \\ b_2 & b_3 \end{pmatrix} = \begin{pmatrix} a_0 \times b_0 & a_1 \times b_1 \\ a_2 \times b_2 & a_3 \times b_3 \end{pmatrix}$$

回到链式法则，对偏置的导数也可以用类似的方法计算：

$$\frac{\mathrm{d}L}{\mathrm{d}\boldsymbol{b}_k} = \frac{\mathrm{d}L}{\mathrm{d}\boldsymbol{y}_k}\frac{\mathrm{d}\boldsymbol{y}_k}{\mathrm{d}\boldsymbol{b}_k} = \frac{\mathrm{d}L}{\mathrm{d}\boldsymbol{y}_k}\frac{\mathrm{d}\boldsymbol{y}_k}{\mathrm{d}\boldsymbol{z}_k}\frac{\mathrm{d}\boldsymbol{z}_k}{\mathrm{d}\boldsymbol{b}_k} = \boldsymbol{l}'_{k+1} \odot \boldsymbol{f}'_k \frac{\mathrm{d}(\boldsymbol{W}_k \cdot \boldsymbol{x}_k + \boldsymbol{b}_k)}{\mathrm{d}\boldsymbol{b}_k} = \boldsymbol{l}'_{k+1} \odot \boldsymbol{f}'_k$$

最后，为便于你能够掌握得更加详尽，还有以下等式：

$$\frac{\mathrm{d}L}{\mathrm{d}\boldsymbol{x}_k} = \frac{\mathrm{d}L}{\mathrm{d}\boldsymbol{y}_k}\frac{\mathrm{d}\boldsymbol{y}_k}{\mathrm{d}\boldsymbol{x}_k} = \frac{\mathrm{d}L}{\mathrm{d}\boldsymbol{y}_k}\frac{\mathrm{d}\boldsymbol{y}_k}{\mathrm{d}\boldsymbol{z}_k}\frac{\mathrm{d}\boldsymbol{z}_k}{\mathrm{d}\boldsymbol{x}_k} = \boldsymbol{l}'_{k+1} \odot \boldsymbol{f}'_k \frac{\mathrm{d}(\boldsymbol{W}_k \cdot \boldsymbol{x}_k + \boldsymbol{b}_k)}{\mathrm{d}\boldsymbol{x}_k} = \boldsymbol{W}_k^{\mathrm{T}}(\boldsymbol{l}'_{k+1} \odot \boldsymbol{f}'_k)$$

这些计算可能看起来很复杂，但我们只需要理解它们所代表的内涵——我们可以一层一层地、逆向地计算每个参数如何递归地影响损失（使用某一层的导数来计算前一层的导数）。我们也可以通过将神经网络表示为计算图，即作为数学运算的图形链接在一起，来说明该概念。(执行第一层的加权求和，将其结果传递给第一个激活函数，然后将输出传递给第二层进行操作，以此类推)。因此，计算整个神经网络关于某些输入的结果就包含了通过这个计算图来前向传递数据，而获得关于它的每个参数的导数则包含了将产生的损失在计算图中的向后传播，因此这个过程被称为**反向传播**。

为了从输出层开始这个过程，我们需要损失本身对输出值的导数（参考前面的方程）。因此，损失函数的推导是很容易的。例如，L2 损失的导数为：

$$\frac{\mathrm{d}L_2(\boldsymbol{y}, \ \boldsymbol{y}^{\mathrm{true}})}{\mathrm{d}\boldsymbol{y}} = 2(\boldsymbol{y} - \boldsymbol{y}^{\mathrm{true}})$$

正如之前提到的，一旦知道了每个参数的损失的导数，只需要相应地更新它们即可：

$$\boldsymbol{W}_k \leftarrow \boldsymbol{W}_k - \epsilon \frac{\mathrm{d}L}{\mathrm{d}\boldsymbol{W}_k}, \ \boldsymbol{b}_k \leftarrow \boldsymbol{b}_k - \epsilon \frac{\mathrm{d}L}{\mathrm{d}\boldsymbol{b}_k}$$

如上所示，在更新参数之前，导数通常要乘以一个因子 ϵ。这个因子被称为**学习率**。它有助于控制在每次迭代中更新每个参数的强度。较大的学习率可能允许网络学习得更快，但有可能使步伐太大造成网络错过最小损失值。因此，应该谨慎地设置它的值。完整的训练过程如下：

1）选择 n 幅图像用于下一次训练并将它们输入到网络中。

2）利用链式法则求出对各层参数的导数，计算并反向传播损失。

3）根据相应的导数值更新参数（根据学习率控制更新尺度）。

4）重复步骤 1～3 来遍历整个训练集。

5）重复步骤 1～4，直到收敛或直到迭代完固定的次数为止。

整个训练集上的一次完整迭代（步骤 1～4）称为一轮（epoch）。如果 $n=1$，则在剩余的图像中随机选取训练样本，这个过程称为随机梯度下降（Stochastic Gradient Descent，SGD），它易于实现和可视化，但速度较慢（更新次数较多）、噪声较大。人们倾向于选择小批量随机梯度下降（mini-batch stochastic gradient descent）。它意味着使用更多的（n 更大）值（受计算机能力的限制），这时的梯度是具有 n 个随机训练样本的每个小批（或更简单地称为批）上的平均梯度（这样噪声更小）。

 如今，不管 n 为多少，SGD 这个术语都已被广泛使用。

在本节中，我们讨论了如何训练神经网络。是时候把这些知识付诸实践了！

训练网络分类

到目前为止，我们只实现了网络及其层的前馈功能。首先，更新 FullyConnectedLayer 类，以便添加反向传播和优化算法：

```python
class FullyConnectedLayer(object):
    # [...] (code unchanged)
    def __init__(self, num_inputs, layer_size, activation_fn,
d_activation_fn):
        # [...] (code unchanged)
        self.d_activation_fn = d_activation_fn # Deriv. activation function
        self.x, self.y, self.dL_dW, self.dL_db = 0, 0, 0, 0 # Storage attr.

    def forward(self, x):
        z = np.dot(x, self.W) + self.b
        self.y = self.activation_fn(z)
        self.x = x  # we store values for back-propagation
        return self.y

    def backward(self, dL_dy):
        """Back-propagate the loss."""
        dy_dz = self.d_activation_fn(self.y)  # = f'
        dL_dz = (dL_dy * dy_dz) # dL/dz = dL/dy * dy/dz = l'_{k+1} * f'
        dz_dw = self.x.T
        dz_dx = self.W.T
        dz_db = np.ones(dL_dy.shape[0]) # dz/db = "ones"-vector
        # Computing and storing dL w.r.t. the layer's parameters:
        self.dL_dW = np.dot(dz_dw, dL_dz)
    self.dL_db = np.dot(dz_db, dL_dz)
    # Computing the derivative w.r.t. x for the previous layers:
    dL_dx = np.dot(dL_dz, dz_dx)
    return dL_dx

def optimize(self, epsilon):
    """Optimize the layer's parameters w.r.t. the derivative values."""
    self.W -= epsilon * self.dL_dW
    self.b -= epsilon * self.dL_db
```

 本节中提供的代码经过了简化，并去掉了注释，以保持合适的长度。完整的源代码可以在本书的 GitHub 库中找到，同时还可找到一个 Jupyter Notebook ，它将所有内容连接在了一起。

现在，我们需要通过一层一层地加载算法以实现反向传播和优化，并利用最终的算法来覆盖完整的训练（步骤 1~5），因此相应地对 SimpleNetwork 类进行更新：

```python
def derivated_sigmoid(y):  # sigmoid derivative function
    return y * (1 - y)

def loss_L2(pred, target): # L2 loss function
    return np.sum(np.square(pred - target)) / pred.shape[0] # opt. for
results not depending on the batch size (pred.shape[0]), we divide the loss
by it

def derivated_loss_L2(pred, target):    # L2 derivative function
    return 2 * (pred - target) # we could add the batch size division here
too, but it wouldn't really affect the training (just scaling down the
derivatives).

class SimpleNetwork(object):
 # [...] (code unchanged)
 def __init__(self, num_inputs, num_outputs, hidden_layers_sizes=(64, 32),
loss_fn=loss_L2, d_loss_fn=derivated_loss_L2):
        # [...] (code unchanged, except for FC layers new params.)
        self.loss_fn, self.d_loss_fn = loss_fn, d_loss_fn

    # [...] (code unchanged)

    def backward(self, dL_dy):
        """Back-propagate the loss derivative from last to 1st layer."""
        for layer in reversed(self.layers):
            dL_dy = layer.backward(dL_dy)
        return dL_dy

 def optimize(self, epsilon):
        """Optimize the parameters according to the stored gradients."""
        for layer in self.layers:
            layer.optimize(epsilon)

    def train(self, X_train, y_train, X_val, y_val, batch_size=32,
num_epochs=5, learning_rate=5e-3):
        """Train (and evaluate) the network on the provided dataset."""
        num_batches_per_epoch = len(X_train) // batch_size
        loss, accuracy = [], []
        for i in range(num_epochs): # for each training epoch
            epoch_loss = 0
            for b in range(num_batches_per_epoch): # for each batch
                # Get batch:
                b_idx = b * batch_size
                b_idx_e = b_idx + batch_size
                x, y_true = X_train[b_idx:b_idx_e], y_train[b_idx:b_idx_e]
                # Optimize on batch:
                y = self.forward(x) # forward pass
                epoch_loss += self.loss_fn(y, y_true) # loss
                dL_dy = self.d_loss_fn(y, y_true) # loss derivation
                self.backward(dL_dy) # back-propagation pass
                self.optimize(learning_rate) # optimization
            loss.append(epoch_loss / num_batches_per_epoch)
```

```
            # After each epoch, we "validate" our network, i.e., we measure
its accuracy over the test/validation set:
            accuracy.append(self.evaluate_accuracy(X_val, y_val))
            print("Epoch {:4d}: training loss = {:.6f} | val accuracy =
{:.2f}%".format(i, loss[i], accuracy[i] * 100))
```

一切准备就绪！我们可以训练神经网络，并看看它的表现如何：

```
losses, accuracies = mnist_classifier.train(
    X_train, y_train, X_test, y_test, batch_size=30, num_epochs=500)
# > Epoch    0: training loss = 1.096978 | val accuracy = 19.10%
# > Epoch    1: training loss = 0.886127 | val accuracy = 32.17%
# > Epoch    2: training loss = 0.785361 | val accuracy = 44.06%
# [...]
# > Epoch  498: training loss = 0.046022 | val accuracy = 94.83%
# > Epoch  499: training loss = 0.045963 | val accuracy = 94.83%
```

如果你的计算机有足够的算力来完成这个训练（这个简单的实现没有利用GPU），那么就将得到该神经网络，它能够以94.8%的准确率对手写数字进行分类！

训练注意事项：欠拟合和过拟合

我们邀请你尝试一下刚刚实现的框架，尝试不同的超参数（层大小、学习率、批大小等）。选择合适的网络拓扑（以及其他超参数）可能需要大量的调整和测试。虽然输入层和输出层的大小是由用例情况（例如，对于分类，输入大小是图像的像素数量，而输出大小是待预测的类的数量）决定的，隐藏层仍应该经过精心设计。

举例来说，如果网络的层数太少或层太小，那么准确率可能会停滞不前。这意味着网络是**欠拟合**的，也就是说，它没有足够的参数来处理复杂任务。在这种情况下，唯一的解决方案是采用更适合用例的新架构。

另一方面，如果网络太复杂或训练数据集太小，网络可能会针对训练数据产生**过拟合**。这意味着该网络将很好地适应训练分布（即其特定的噪声、细节等），但不能泛化到新的样本（因为这些新图像可能有稍微不同的噪声）。图1-16展示了这两个问题之间的区别。最左侧的回归方法没有足够的参数来模拟数据的变化，而最右侧的方法则由于参数太多，失去了泛化能力。

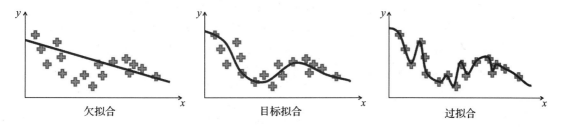

图 1-16　欠拟合和过拟合的常见示意图

虽然收集更大、更多样化的训练数据集似乎是过拟合的合理解决方案，但在实践中并不总是可行的（例如，由于目标对象存在访问限制）。另一种解决方案是调整网络或其训练，以限制网络学习的细节。这些方法将在第 3 章详细介绍，届时还会在该章介绍其他先进的神经网络解决方案。

1.5　本章小结

我们在第 1 章中讨论了很多内容。我们介绍了计算机视觉、它的挑战，以及一些过往的算法，如 SIFT 和 SVM。我们熟悉了神经网络以及它们是如何建立、训练和应用的。从零开始实现了我们自己的分类器网络，我们现在应该可以更好地理解了机器学习框架是如何工作的。

有了这些知识，我们现在已经准备了开启下一章的 TensorFlow 之旅。

问题

1. 下列哪项任务不属于计算机视觉？
   - ❏ 类似于查询的网络搜索图像
   - ❏ 从图像序列中重建三维场景
   - ❏ 视频角色的动画
2. 最初的感知机使用的是哪个激活函数？
3. 假设要训练一种算法来检测手写数字是否是 4，应该如何调整本章中的网络来完成这项任务？

进一步阅读

- ❏ Sandipan Dey 编著的 *Hands-On Image Processing with Python*（https://www.packtpub.com/big-data-and-business-intelligence/hands-image-processing-python）：一本关于图像处理以及如何使用 Python 实现数据可视化的好书籍。
- ❏ Gabriel Garrido 和 Prateek Joshi 编著的 *OpenCV 3.x with Python By Example-Second Edition*（https://www.packtpub.com/application-development/opencv-3x-python-example-second-edition）：另一本比较新的介绍著名计算机视觉库 OpenCV 的著作，OpenCV 多年前已被广泛使用（它实现了本章中介绍的一些传统方法，如边缘检测、SIFT、SVM 等）。

第 2 章

TensorFlow 基础和模型训练

TensorFlow 是研究人员和机器学习从业人员使用的数值处理库。虽然可以使用 TensorFlow 来执行任何数值运算，但它主要是用于训练和运行深度神经网络。本章将介绍 TensorFlow 2 的核心概念，并引导你完成一个简单的示例。

本章将涵盖以下主题：

❑ TensorFlow 2 和 Keras 入门。

❑ 创建和训练简单的计算机视觉模型。

❑ TensorFlow 和 Keras 的核心概念。

❑ TensorFlow 生态系统。

2.1 技术要求

在本书中，我们将使用 TensorFlow 2。针对不同平台的详细安装说明参见 https://www.tensorflow.org/install。

如果你计划使用计算机的 GPU，请确保安装相应版本的 tensorflow-gpu。它必须与 CUDA 工具箱一起安装，CUDA 由 NVIDIA 提供（https://developer.nvidia.com/cuda-zone）。

GitHub 上的 README 也提供了安装说明，参见 https://github.com/PacktPublishing/Hands-On-Computer-Vision-with-TensorFlow-2/tree/master/Chapter02。

2.2 TensorFlow 2 和 Keras 入门

在详细介绍 TensorFlow 的核心概念之前，首先对框架和基本示例进行简要介绍。

2.2.1　TensorFlow

TensorFlow 最初由 Google 开发，旨在让研究人员和开发人员进行机器学习研究。它最初被定义为描述机器学习算法的接口，以及执行该算法的实现。

TensorFlow 的主要预期目标是简化机器学习解决方案在各种平台上的部署，如计算机 CPU、计算机 GPU、移动设备以及最近的浏览器中的部署。最重要的是，TensorFlow 提供了许多有用的功能来创建机器学习模型并大规模运行它们。TensorFlow 2 于 2019 年发布，它专注于易用性，并能保持良好的性能。

 可在本书的附录查阅 TensorFlow 1.0 概念的介绍。

这个库于 2015 年 11 月开源。从那时起，它已被世界各地的用户改进和使用。它被认为是开展研究的首选平台之一。就 GitHub 活跃度而言，它也是最活跃的深度学习框架之一。

TensorFlow 既可供初学者使用，也可供专家使用。TensorFlow API 具有不同级别的复杂度，从而使初学者可以从简单的 API 开始，同时也可以让专家创建非常复杂的模型。我们来探索一下这些不同级别的模型。

TensorFlow 主要架构

TensorFlow 架构（见图 2-1）具有多个抽象层级。我们首先介绍底层，然后逐渐通往最上层。

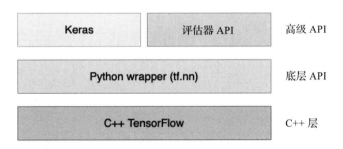

图 2-1　TensorFlow 架构图

大多数深度学习计算都是用 C++ 编码的。为了在 GPU 上进行运算，TensorFlow 使用了由 NVIDIA 开发的库 CUDA。这就是如果想要利用 GPU 功能就需要安装 CUDA，以及不能使用其他硬件制造商 GPU 的原因。

然后，Python 底层 API（low-level API）封装了 C++ 源代码。当调用 TensorFlow 的 Python 方法时，通常会在后台调用 C++ 代码。这个封装层使用户可以更快地工作，因为 Python 被认为更易于使用并且不需要编译。该 Python 封装器可以创建非常基本的运算，例如矩阵乘法和加法。

最上层是高级 API（high-level API），由 Keras 和评估器 API（estimator API）两个组件组成。Keras 是 TensorFlow 的一个用户友好型、模块化且可扩展的封装器（见下一节），评估器 API 包含多个预制组件，可让你轻松地构建机器学习模型。你可以将它们视为构建块或模板。

 在深度学习中，模型通常是指经过数据训练的神经网络。模型由架构、矩阵权重和参数组成。

Keras 介绍

Keras 于 2015 年首次发布，它被设计为一种接口，可用于使用神经网络进行快速实验。因此，它依赖 TensorFlow 或 Theano（另一个深度学习框架，现已弃用）来运行深度学习操作。Keras 以其用户友好性著称，是初学者的首选库。

自 2017 年以来，TensorFlow 完全集成了 Keras，这意味着无须安装 TensorFlow 以外的任何库就可使用它。在本书中，我们将依赖 tf.keras 而不是 Keras 的独立版本。这两个版本之间有一些细微的差异，例如与 TensorFlow 的其他模块的兼容性以及模型的保存方式。因此，读者必须确保使用正确的版本，具体方法如下：

❏ 在代码中，导入 tf.keras 而不是 keras。
❏ 浏览 TensorFlow 网站上的 tf.keras 文档，而不是 keras.io 文档。
❏ 在使用外部 Keras 库时，请确保它们与 tf.keras 兼容。
❏ 某些保存的模型在 Keras 版本之间可能不兼容。

这两个版本在可预见的未来将继续共存，而 tf.keras 与 TensorFlow 集成将越来越密切。为了说明 Keras 的强大功能和简单性，我们将使用该库实现一个简单的神经网络。

2.2.2　基于 Keras 的简单计算机视觉模型

在深入探讨 TensorFlow 的核心概念之前，我们先从一个计算机视觉的经典示例开始，它使用数据集 MNIST（见第 1 章）进行数字识别。

准备数据

首先，导入数据。它由用于训练集的 60 000 幅图像和用于测试集的 10 000 幅图像组成：

```
import tensorflow as tf

num_classes = 10
img_rows, img_cols = 28, 28
num_channels = 1
input_shape = (img_rows, img_cols, num_channels)
```

```
(x_train, y_train),(x_test, y_test) = tf.keras.datasets.mnist.load_data()
x_train, x_test = x_train / 255.0, x_test / 255.0
```

 常见的做法是使用别名 tf 来导入 TensorFlow，从而加快读取和键入速度。通常用 x 表示输入数据，用 y 表示标签。

tf.keras.datasets 模块提供快速访问，以下载和实例化一些经典数据集。使用 load_data 导入数据后，请注意，我们将数组除以 255.0，得到的数字范围为 [0, 1] 而不是 [0, 255]。将数据归一化在 [0, 1] 范围或 [−1, 1] 范围是一种常见的做法。

构建模型

现在，我们可以继续构建实际模型。我们将使用一个非常简单的架构，该架构由两个**全连接层**（也称为**稠密层**）组成。在详细介绍架构之前，我们来看一下代码。可以看到，Keras 代码非常简洁：

```
model = tf.keras.models.Sequential()
model.add(tf.keras.layers.Flatten())
model.add(tf.keras.layers.Dense(128, activation='relu'))
model.add(tf.keras.layers.Dense(num_classes, activation='softmax'))
```

由于模型是层的线性堆栈，因此我们首先调用 Sequential 函数。然后，依次添加每一层。模型由两个全连接层组成。我们逐层构建：

- ❑ **展平层（Flatten）**：它将接受表示图像像素的二维矩阵，并将其转换为一维数组。我们需要在添加全连接层之前执行此操作。28×28 的图像被转换为大小为 784 的向量。
- ❑ **大小为 128 的稠密层（Dense）**：它使用大小为 128×784 的权重矩阵和大小为 128 的偏置矩阵，将 784 个像素值转换为 128 个激活值。这意味着有 100 480 个参数。
- ❑ **大小为 10 的稠密层（Dense）**：它将把 128 个激活值转变为最终预测。注意，因为概率总和为 1，所以我们将使用 softmax 激活函数。

softmax 函数获取某层的输出，并返回总和为 1 的概率。它是分类模型最后一层的选择的激活函数。

请注意，使用 model.summary() 可以获得有关模型、输出及其权重的描述。下面是输出：

```
Model: "sequential"
```

Layer (type) Output Shape Param #
flatten_1 (Flatten) (None, 784) 0

```
dense_1 (Dense) (None, 128) 100480
```
```
dense_2 (Dense) (None, 10) 1290
==============================================================
Total params: 101,770
Trainable params: 101,770
Non-trainable params: 0
```

设置好架构并初始化权重后，模型现在就可以针对所选任务进行训练了。

训练模型

Keras 让训练变得非常简单：

```
model.compile(optimizer='sgd',
 loss='sparse_categorical_crossentropy',
 metrics=['accuracy'])
```

```
model.fit(x_train, y_train, epochs=5, verbose=1, validation_data=(x_test,
y_test))
```

在刚刚创建的模型上调用 `.compile()` 是一个必需的步骤。必须指定几个参数：

❏ 优化器（optimizer）：运行梯度下降的组件。

❏ 损失（loss）：优化的指标。在本例中，选择交叉熵，就像上一章一样。

❏ 评估指标（metrics）：在训练过程进行评估的附加评估函数，以进一步查看有关模型性能（与损失不同，它们不在优化过程中使用）。

名为 `sparse_categorical_crossentropy` 的 Keras 损失执行与 `categorical_crossentropy` 相同的交叉熵运算，但是前者直接将真值标签作为输入，而后者则要求真值标签先变成独热（one-hot）编码。因此，使用 `sparse_...` 损失可以免于手动转换标签的麻烦。

将 `'sgd'` 传递给 Keras 等同于传递 `tf.keras.optimizers.SGD()`。前一个选项更易于阅读，而后一个选项则可以指定参数，如自定义学习率。传递给 Keras 方法的损失、评估指标和大多数参数也是如此。

然后，我们调用 `.fit()` 方法。它与另一个流行的机器学习库 scikit-learn 中所使用的接口非常相似。我们将训练 5 轮，这意味着将对整个训练数据集进行 5 次迭代。

请注意，我们将 `verbose` 设置为 1。这将让我们获得一个进度条，其中包含先前选择的指标、损失和预计完成时间（Estimated Time of Arrival，ETA）。ETA 是对轮次结束之前剩余时间的估计。进度条如图 2-2 所示。

```
1952/60000 [..........................] - ETA: 6:46 - loss: 0.9248 - acc: 0.6962
```

图 2-2　Keras 在详细模式下显示的进度条屏幕截图

模型性能

如第 1 章中所述，你会注意到模型是过拟合的——即训练准确率大于测试准确率。如果对模型训练 5 轮，则最终在测试集上的准确率为 97%。这比上一章（95%）高了约 2 个百分点。最先进的算法可达到 99.79% 的准确率。

我们遵循了三个主要步骤：

1）**加载数据**：在本例中，数据集已经可用。在未来的项目中，你可能需要其他的步骤来收集和清理数据。

2）**创建模型**：使用 Keras 可以让这一步骤变得容易——按顺序添加层即可定义模型的架构。然后，选择损失、优化器和评估指标进行监控。

3）**训练模型**：模型第一次运行效果很好。在更复杂的数据集上，通常需要在训练过程中微调参数。

借助 TensorFlow 的高级 API——Keras，整个过程非常简单。在这个简单 API 的背后，该库隐藏了很多复杂操作。

2.3　TensorFlow 2 和 Keras 详述

我们介绍了 TensorFlow 的一般架构，并使用 Keras 训练了第一个模型。现在，我们来看 TensorFlow 2 的主要概念。我们将详细介绍 TensorFlow 的几个贯穿全书的核心概念，然后再介绍一些高级概念。虽然本书的其余部分中可能并未全部使用它们，但是读者可能会发现这对于理解 GitHub 上提供的一些开源模型或对库进行更深入的了解是很有用的。

2.3.1　核心概念

该框架的新版本于 2019 年春发布，它致力于提高简单性和易用性。本节将介绍 TensorFlow 所依赖的概念，并介绍它们是如何从版本 1 演变到版本 2 的。

张量

TensorFlow 的名称来自名为张量（tensor）的数学对象。你可以将张量描绘为 N 维数组。张量可以是标量、向量、三维矩阵或 N 维矩阵。

作为 TensorFlow 的基本组件，`Tensor` 对象用于存储数学上的值。它可以包含固定值（使用 `tf.constant` 创建）或变量值（使用 `tf.Variable` 创建）。

 在本书中，tensor 表示数学概念，而 Tensor（字母 T 大写）对应于 TensorFlow 对象。

每个 `Tensor` 对象具有：

❑ 类型（Type）：`string`、`float32`、`float16` 或 `int8` 等数据类型。

❑ 形状（Shape）：数据的维度。例如，对于标量，形状为 ()；对于大小为 n 的向量，形状为 (n)；对于大小为 $n \times m$ 的二维矩阵，形状为 (n, m)。

❑ 阶（Rank）：维数，标量为 0 阶，向量为 1 阶，二维矩阵为 2 阶。

一些 Tensor 可以具有部分未知的形状。例如，接受可变大小图像的模型的输入形状可以为（None,None,3）。由于图像的高度和宽度事先是未知的，因此前两个维度设置为 None。但是，通道数（3，对应于红色、蓝色和绿色）是已知的，因此已设置。

TensorFlow 图

TensorFlow 使用 Tensor 作为输入和输出。将输入转换为输出的组件称为操作。因此，计算机视觉模型由多个操作组成。

TensorFlow 使用有向无环图（Directed Acyclic Graph，DAG）表示这些操作，DAG 也称为图。在 TensorFlow 2 中，没有了图操作，框架更易于使用。尽管如此，图的概念对于理解 TensorFlow 的真正工作原理仍然很重要。

使用 Keras 构建前面的示例时，TensorFlow 实际上构建了一个图，如图 2-3 所示。

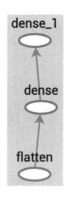

图 2-3　与示例模型相对应的简化图。实际上，每个节点都由更小的操作
（例如矩阵乘法和加法）组成

尽管非常简单，但是此图以操作的形式表示了模型的不同层。依赖图有许多优点，允许 TensorFlow 执行以下操作：

❑ 在 CPU 上运行部分操作，在 GPU 上运行另一部分操作。

❑ 在分布式模型的情况下，在不同的机器上运行图的不同部分。

❑ 优化图以避免不必要的操作，从而获得更好的计算性能。

此外，图的概念允许 TensorFlow 模型是可移植的。单个图定义可以在任何类型的设备上运行。

在 TensorFlow 2 中，图的创建不再由用户处理。虽然在 TensorFlow 1 中管理图曾经是一项复杂的任务，但新版本大大提高了可用性，同时仍保持了性能。下一节将深入探讨 TensorFlow 的内部工作原理，并简要地说明如何创建图。

延迟执行和即时执行比较

TensorFlow 2 中的主要变化是**即时执行**（eager execution）。历史上，TensorFlow 1 在默认情况下总是使用**延迟执行**（lazy execution）。它之所以称为延迟，是因为直到被明确请求，操作才由框架运行。

我们用一个非常简单的示例（即将两个向量的值相加）来说明延迟执行和即时执行之间的区别：

```
import tensorflow as tf

a = tf.constant([1, 2, 3])
b = tf.constant([0, 0, 1])
c = tf.add(a, b)

print(c)
```

 请注意，由于 TensorFlow 重载了许多 Python 操作符，因此 tf.add(a, b) 可以使用 a+b 代替。

前面代码的输出取决于 TensorFlow 的版本。使用 TensorFlow 1（默认模式为延迟执行）时，输出为：

```
Tensor("Add:0", shape=(3,), dtype=int32)
```

但是，使用 TensorFlow 2（默认模式是即时执行）时，将获得以下输出：

```
tf.Tensor([1 2 4], shape=(3,), dtype=int32)
```

在两种情况下，输出均为 Tensor。在第二种情况下，该操作已被立即执行，可以直接看到 Tensor 包含结果（[1 2 4]）。在第一种情况下，Tensor 包含有关加法操作（Add：0）的信息，但不包含操作结果。

 在即时执行模式下，可以通过调用 .numpy() 方法来访问 Tensor 的值。在本示例中，调用 c.numpy() 会返回 [1 2 4]（作为一个 NumPy 数组）。

在 TensorFlow 1 中，将需要更多代码来计算结果，因而使开发过程更加复杂。即时执行使代码更易于调试（因为开发人员可以随时调看 Tensor 的值），也更易于开发。下一节将详细介绍 TensorFlow 的内部工作原理以及如何构建图。

在 TensorFlow 2 中创建图

我们从一个简单的示例开始，来说明图的创建和优化：

```
def compute(a, b, c):
    d = a * b + c
```

```
e = a * b * c
return d, e
```

假设 a、b 和 c 是张量矩阵，上面的代码将计算两个新值：d 和 e。使用即时执行，TensorFlow 将计算 d 的值，然后计算 e 的值。

使用延迟执行，TensorFlow 将创建操作图。在运行图获取结果之前，将运行图优化器。为避免计算两次 a*b，优化器将缓存结果并在必要时重用它。对于更复杂的操作，优化器可以启用并行性以使计算速度更快。当运行大型模型和复杂模型时，这两种技术都很重要。

正如我们所看到的，以即时执行模式运行意味着每个操作在定义时都会运行。因此，无法应用这种优化。幸运的是，TensorFlow 包含一个可解决该问题的模块，即 TensorFlow AutoGraph。

TensorFlow AutoGraph 和 tf.function

TensorFlow AutoGraph 模块可轻松将即时执行的代码转换为图，从而实现自动优化。为此，最简单的方法是在函数顶部添加 tf.function 装饰器：

```
@tf.function
def compute(a, b, c):
    d = a * b + c
    e = a * b * c
    return d, e
```

 Python 装饰器是一个允许对函数包装，添加或更改函数功能的概念。装饰器以 @ 开头。

当第一次调用 compute 函数时，TensorFlow 将透明地创建如图 2-4 所示的图。

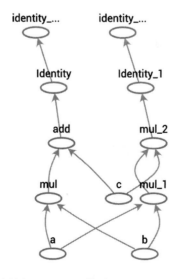

图 2-4 首次调用 compute 函数时 TensorFlow 自动生成的图

TensorFlow AutoGraph 可以转换大多数 Python 语句，例如 `for` 循环、`while` 循环、`if` 语句或迭代。得益于图优化，图执行有时会比即时执行的代码更快。一般而言，在以下场景下应使用 AutoGraph：

- 当需要向其他设备导出模型时。
- 当性能最优先时，图优化可以提高速度。

图的另一个优点是它们可以自动微分。知道操作的完整列表后，TensorFlow 很容易计算每个变量的梯度。

 注意，要计算梯度，操作需要是可微的。其中一些操作不是，例如 `tf.math.argmax`。在损失中使用它们很可能会导致自动微分失败。用户应确保损失是可微的。

但是，由于在即时执行模式下每个操作彼此独立，因此默认情况下不可能进行自动微分。值得庆幸的是，TensorFlow 2 提供了一种在仍使用即时执行模式的同时进行自动微分的方法——**梯度带**。

基于梯度带的反向传播误差

梯度带允许在即时执行模式下轻松进行反向传播。为了说明这一点，我们将使用一个简单的示例。假设要求解方程 $A \times X = B$，其中 A 和 B 是常数。我们想找到 X 的值求解等式。为此，我们将尝试最小化一个简单的损失，$\text{abs}(A \times X - B)$。

代码如下：

```
A, B = tf.constant(3.0), tf.constant(6.0)
X = tf.Variable(20.0) # In practice, we would start with a random value
loss = tf.math.abs(A * X - B)
```

现在，为更新 X 的值，我们要计算损失相对于 X 的梯度。但是，在打印损失内容时，获得了以下信息：

```
<tf.Tensor: id=18525, shape=(), dtype=float32, numpy=54.0>
```

在即时执行模式下，TensorFlow 会计算操作的结果，而不是存储操作！没有操作及其输入的信息，就不可能对损失操作进行自动微分。

此时梯度带将派上用场。通过在 `tf.GradientTape` 上下文中运行损失计算，TensorFlow 将自动记录所有操作，并允许随后反向回放它们：

```
def train_step():
    with tf.GradientTape() as tape:
        loss = tf.math.abs(A * X - B)
    dX = tape.gradient(loss, X)
    print('X = {:.2f}, dX = {:2f}'.format(X.numpy(), dX))
```

```
    X.assign(X - dX)

for i in range(7):
    train_step()
```

上面的代码定义了单个训练步骤。每次调用 `train_step` 时，都会在梯度带上下文中计算损失。然后，将该上下文用于计算梯度。之后更新变量 X。实际上，我们可以看到 X 向方程的解收敛：

```
X = 20.00, dX = 3.000000
X = 17.00, dX = 3.000000
X = 14.00, dX = 3.000000
X = 11.00, dX = 3.000000
X = 8.00, dX = 3.000000
X = 5.00, dX = 3.000000
X = 2.00, dX = 0.000000
```

你会注意到，在本章的第一个示例中，我们没有使用梯度带。这是因为 Keras 模型将训练封装在 `.fit()` 函数中，无须手动更新变量。但是，对于创新的模型或在实验时，梯度带是一种功能强大的工具，无须太多工作即可自动进行微分。读者可以在第 3 章的正则化 notebook 中，找到对梯度带的更实际使用。

Keras 模型和层

在本章的第一节中，我们构建了一个简单的 Keras 序列模型。生成的 `Model` 对象包含许多有用的方法和属性：

❑ `.inputs` 和 `.outputs`：提供对模型输入和输出的访问。

❑ `.layers`：列出模型的层及其形状。

❑ `.summary()`：打印模型的架构。

❑ `.save()`：保存模型、它的架构和当前训练状态。对以后恢复训练是非常有用的。可以使用 `tf.keras.models.load_model()` 从文件实例化模型。

❑ `.save_weights()`：只保存模型的权重。

虽然只有一种类型的 Keras 模型对象，但是它们可以用不同的方式来构建。

顺序式和函数式 API

与在本章开头那样使用**顺序式** API 不同，你可以使用函数式 API：

```
model_input = tf.keras.layers.Input(shape=input_shape)
output = tf.keras.layers.Flatten()(model_input)
output = tf.keras.layers.Dense(128, activation='relu')(output)
output = tf.keras.layers.Dense(num_classes, activation='softmax')(output)
model = tf.keras.Model(model_input, output)
```

请注意，该代码比以前的代码稍长。不过，函数式 API 比顺序式 API 更具通用性和表现力。前者允许使用分支模型（例如，用于构建具有多个并行层的架构），而后者只能用于线性模型。为了得到更大的灵活性，Keras 还提供了对 `Model` 类进行子类化的可能性，如

第 3 章中所述。

不管 `Model` 对象如何构建，它都是由层组成的。层可以被视为接受一个或多个输入并返回一个或多个输出的节点，类似于 TensorFlow 操作。可以使用 `.get_weights()` 访问其权重，并使用 `.set_weights()` 设置权重。Keras 为最常见的深度学习操作提供了预制的层。对于更创新或更复杂的模型，也可以将 `tf.keras.layers.Layer` 子类化。

回调函数

Keras 回调是实用函数，可以将其传递给 Keras 模型的 `.fit()` 方法，以向其默认行为添加功能。可以定义多个回调，在每次批处理迭代、每个轮次或整个训练过程之前或之后，由 Keras 调用这些回调。预定义的 Keras 回调包括：

❑ `CSVLogger`：将训练信息记录在 CSV 文件中。

❑ `EarlyStopping`：如果损失或指标停止改进，则停止训练。有助于避免过拟合。

❑ `LearningRateScheduler`：根据规划更改每轮的学习率。

❑ `ReduceLROnPlateau`：当损失或指标停止改进时，自动降低学习率。

还可以通过将 `tf.keras.callbacks.Callback` 子类化来创建自定义回调，如下一章及其代码示例所示。

2.3.2 高级概念

总之，AutoGraph 模块、`tf.function` 装饰器和梯度带上下文使图的创建和管理非常简单（如果不是不可见的话）。然而，很多复杂性对用户而言是隐藏的。本节将详细介绍这些模块的内部工作原理。

 本节介绍了本书中不必要的高级概念，但是对于读者理解更复杂的 TensorFlow 代码很有用。比较心急的读者可以跳过这一部分，稍后再回头阅读。

tf.function 的工作原理

如前所述，当首次调用以 `tf.function` 装饰的函数时，TensorFlow 将创建与该函数的操作相对应的图。然后，TensorFlow 将缓存图，以便下次调用该函数时无须再创建图。

为了说明这一点，我们创建一个简单的 `identity` 函数：

```
@tf.function
def identity(x):
  print('Creating graph !')
  return x
```

每当 TensorFlow 创建与其操作相对应的图时，此函数将打印一条消息。在这种情况下，由于 TensorFlow 正在缓存图，因此它将仅在第一次运行时打印一些内容：

```
x1 = tf.random.uniform((10, 10))
x2 = tf.random.uniform((10, 10))
result1 = identity(x1) # Prints 'Creating graph !'
result2 = identity(x2) # Nothing is printed
```

但是，请注意，如果更改输入类型，TensorFlow 将重新创建图：

```
x3 = tf.random.uniform((10, 10), dtype=tf.float16)
result3 = identity(x3) # Prints 'Creating graph !'
```

TensorFlow 图由其操作以及作为它们输入而接收的张量形状和类型来定义，这一事实可以解释这种行为。因此，当输入类型更改时，需要创建一个新图。在 TensorFlow 词汇表中，当 tf.function 定义了输入类型时，它将成为一个具体的函数。

总而言之，每次第一次运行装饰的函数时，TensorFlow 都会缓存与输入类型和输入形状相对应的图。如果函数使用不同类型的输入来运行，TensorFlow 将创建一个新的图并将其缓存。

但是，每次运行一个具体的函数时（而不仅仅是第一次运行时）都记录信息可能会很有用。为此，请使用 tf.print：

```
@tf.function
def identity(x):
  tf.print("Running identity")
  return x
```

这个函数不再只在第一次运行时打印信息，而是在每次运行时都打印"Running identity"。

TensorFlow 2 中的变量

为了保持模型权重，TensorFlow 使用 Variable 实例。在 Keras 示例中，我们可以通过访问 model.variables 来列出模型的内容。它将返回模型中包含的所有变量的列表：

```
print([variable.name for variable in model.variables])
# Prints ['sequential/dense/kernel:0', 'sequential/dense/bias:0',
'sequential/dense_1/kernel:0', 'sequential/dense_1/bias:0']
```

在我们的示例中，变量管理（包括命名）已完全由 Keras 处理。如前所述，还可以创建自己的变量：

```
a = tf.Variable(3, name='my_var')
print(a) # Prints <tf.Variable 'my_var:0' shape=() dtype=int32, numpy=3>
```

请注意，对于大型项目，建议命名变量以使代码清晰易懂并简化调试。若要更改 Variable 的值，请使用 Variable.assign 方法：

```
a.assign(a + 1)
print(a.numpy()) # Prints 4
```

不使用 `.assign()` 方法，将创建一个新的 Tensor：

```
b = a + 1
print(b) # Prints <tf.Tensor: id=21231, shape=(), dtype=int32, numpy=4>
```

最后，删除对 `Variable` 的 Python 引用将从活动内存中删除该对象本身，从而释放空间来创建其他变量。

分布式策略

在非常小的数据集上只能训练简单的模型。使用较大的模型和数据集时，需要更多的计算能力，这通常意味着需要多个服务器。`tf.distribute.Strategy` API 定义了多台计算机如何互相通信以有效地训练模型。

TensorFlow 定义的一些策略如下：

❑ `MirroredStrategy`：用于在一台计算机的多个 GPU 上进行训练。模型权重在每个设备之间保持同步。

❑ `MultiWorkerMirroredStrategy`：与 `MirroredStrategy` 类似，但用于在多台计算机上进行训练。

❑ `ParameterServerStrategy`：用于在多台计算机上进行训练。不是在每个设备上同步权重，而是将它们保存在参数服务器上。

❑ `TPUStrategy`：用于在 Google 的 Tensor 处理单元（Tensor Processing Unit，TPU）芯片上进行训练。

> TPU 是 Google 制造的类似于 GPU 的定制化芯片，专门设计用于运行神经网络计算。可通过 Google Cloud 使用。

要使用分布式策略，请在其作用域内创建和编译模型：

```
mirrored_strategy = tf.distribute.MirroredStrategy()
with mirrored_strategy.scope():
  model = make_model() # create your model here
  model.compile([...])
```

请注意，你可能必须增加批（batch）大小，因为每个设备现在将收到每个批的一小部分。根据模型，可能还必须更改学习率。

使用评估器 API

在本章的第一部分，我们看到评估器 API 是 Keras API 的高级替代方案。评估器简化了训练、评估、预测和服务。

评估器有两种类型。预制评估器是 TensorFlow 提供的非常简单的模型，可让你快速尝试机器学习架构。第二种类型是自定义评估器，可以使用任何模型架构来创建。

评估器处理模型生命周期的所有小细节，如数据队列、异常处理、故障恢复、定期检查点，等等。虽然在 TensorFlow 1 中将使用评估器视为最佳实践，但在 TensorFlow 2 中，建议使用 Keras API。

可用的预制评估器

在撰写本书时，可用的预制评估器有 `DNNClassifier`、`DNNRegressor`、`Linear-Classifier` 和 `LinearRegressor`。DNN 代表深度神经网络。还提供了基于两种架构的组合评估器 `DNNLinearCombinedClassifier` 和 `DNNLinearCombinedRegressor`。

 在机器学习中，分类（classification）是预测离散类别的过程，而回归（regression）是预测连续数字的过程。

组合评估器也称为 Deep-n-wide 模型，利用了线性模型（用于记忆）和深度模型（用于泛化）。它们主要用于推荐或排名模型。

预制评估器适用于某些机器学习问题。然而，它们不适合计算机视觉问题，因为不存在带有卷积的预制评估器，卷积是下一章中要介绍的一种强大的层类型。

训练自定义评估器

创建评估器的最简单方法是转换 Keras 模型。编译模型后，调用 `tf.keras.estimator.model_to_estimator()`：

```
estimator = tf.keras.estimator.model_to_estimator(model,
model_dir='./estimator_dir')
```

`model_dir` 参数允许你指定保存模型检查点的位置。如前所述，评估器将自动保存模型检查点。

训练评估器需要使用输入函数（一种以特定格式返回数据的函数）。一种可接受的格式是 TensorFlow 数据集。在第 7 章中，将对数据集 API 进行详细描述。现在，我们定义以下函数，让该函数以正确的格式、每批 32 个样本返回本章第一节中所定义的数据集：

```
BATCH_SIZE = 32
def train_input_fn():
    train_dataset = tf.data.Dataset.from_tensor_slices((x_train, y_train))
    train_dataset = train_dataset.batch(BATCH_SIZE).repeat()
    return train_dataset
```

定义该函数后，就可以使用评估器启动训练：

```
estimator.train(train_input_fn, steps=len(x_train)//BATCH_SIZE)
```

就像 Keras 一样，训练部分非常简单，因为评估器可以处理繁重的工作。

2.4　TensorFlow 生态系统

在主库之上，TensorFlow 提供了许多对机器学习有用的工具。其中一些随 TensorFlow 一起提供，其他一些则归入 TensorFlow 扩展（TFX）和 TensorFlow 插件下。我们将介绍最常用的工具。

2.4.1　TensorBoard

虽然在本章第一个示例中使用的进度条显示了有用的信息，但我们可能想要访问更详细的图形。TensorFlow 提供了一个强大的监控工具 TensorBoard。默认情况下与 TensorFlow 一起安装，它也非常容易与 Keras 的回调结合使用：

```
callbacks = [tf.keras.callbacks.TensorBoard('./logs_keras')]
model.fit(x_train, y_train, epochs=5, verbose=1, validation_data=(x_test,
y_test), callbacks=callbacks)
```

在这段更新后的代码中，我们将 TensorBoard 回调传递给了 model.fit() 方法。默认情况下，TensorFlow 会自动将损失和指标写入指定的文件夹。然后，我们可以从命令行启动 TensorBoard：

```
$ tensorboard --logdir ./logs_keras
```

此命令输出一个 URL，打开该 URL 可以显示 TensorBoard 界面。在"Scalars"选项卡中，可以找到显示损失和准确率的图形（见图 2-5）。

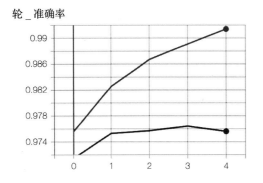
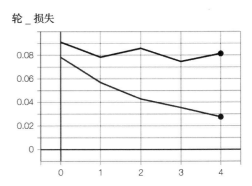

图 2-5　在训练期间 TensorBoard 显示的两个图

正如我们将在本书中看到的，训练深度学习模型需要大量的微调。因此，监视模型的运行情况至关重要。TensorBoard 可以让你精确地做到这一点。最常见的用例是监视模型损失随时间的演化。但是，也可以执行以下操作：

❑ 绘制任意指标（例如准确率）曲线。

- ❑ 显示输入和输出图像。
- ❑ 显示执行时间。
- ❑ 绘制模型的图表示。

TensorBoard 用途广泛，有很多使用方法。每条信息都存储在一个 `tf.summary` 中，它可以是标量、图像、直方图或文本。例如，要记录标量，可能要首先创建摘要编写器，并使用以下命令记录信息：

```
writer = tf.summary.create_file_writer('./model_logs')
with writer.as_default():
  tf.summary.scalar('custom_log', 10, step=3)
```

在前面的代码中，我们指定了步长，它可以是轮号、批号，也可以是自定义信息。它将与 TensorBoard 图中的水平 *x* 轴相对应。TensorFlow 还提供了生成汇总结果的工具。要手动记录准确率，可以使用以下方法：

```
accuracy = tf.keras.metrics.Accuracy()
ground_truth, predictions = [1, 0, 1], [1, 0, 0] # in practice this would
come from the model
accuracy.update_state(ground_truth, predictions)
tf.summary.scalar('accuracy', accuracy.result(), step=4)
```

其他指标也可用，例如均值、召回率、真正例（TruePositive），等等。虽然在 TensorBoard 中设置指标的日志记录看起来有些复杂且耗时，但它是 TensorFlow 工具包的必备工具。它可以节省大量的调试和手动日志记录时间。

2.4.2　TensorFlow 插件和扩展

TensorFlow 插件是收集在单个存储库（https://github.com/tensorflow/addons）中的一些额外功能的集合。它托管着一些深度学习的较新进展，这些进展太不稳定或没有被足够多的人使用，不足以将其添加到主 TensorFlow 库中。它还可以替代从 TensorFlow 1 中删除的 `tf.contrib`。

TensorFlow 扩展是 TensorFlow 的端到端机器学习平台。它提供了几个有用的工具：

- ❑ **TensorFlow Data Validation**（数据验证）：用于探索和验证机器学习数据的库。它甚至可以在构建模型之前使用。
- ❑ **TensorFlow Transform**（数据转换）：用于预处理数据的库。它可以确保以相同的方式处理训练和评估数据。
- ❑ **TensorFlow Model Analysis**（模型分析）：用于评估 TensorFlow 模型的库。
- ❑ **TensorFlow Serving**（模型服务）：用于机器学习模型的服务系统。服务是从模型传递预测的过程，通常通过 REST API。

如图 2-6 所示,这些工具实现了端到端的目标,涵盖了构建和使用深度学习模型过程的每个步骤。

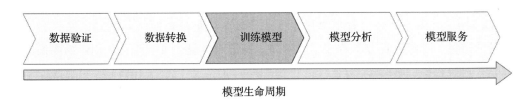

图 2-6 创建和使用深度学习模型的端到端过程

2.4.3 TensorFlow Lite 和 TensorFlow.js

TensorFlow 的主要版本是为 Windows、Linux 和 Mac 计算机设计的。要在其他设备上运行,必须使用不同版本的 TensorFlow。TensorFlow Lite 设计用于在手机和嵌入式设备上运行模型预测(推理)。它由将 TensorFlow 模型转换为所需的 `.tflite` 格式的转换器,以及可以安装在移动设备上以运行推理的解释器所组成。

最近,TensorFlow.js(也称为 tfjs)的开发目的是使几乎所有的 Web 浏览器都能进行深度学习。它不需要用户进行任何安装,同时可以利用设备的 GPU 加速。我们将在第 9 章中详细描述 TensorFlow Lite 和 TensorFlow.js 的使用。

2.4.4 在何处运行模型

由于计算机视觉模型要处理大量数据,因此它们需要很长的时间来进行训练。因此,在本地计算机上进行训练可能会花费相当多的时间。你还将注意到,创建有效的模型需要大量的迭代。这两种见解将推动你决定在何处训练和运行模型。在本节中,我们将比较可用于训练和使用模型的不同选项。

在本地计算机上

在本地计算机上编码模型通常是最快的开始方式。由于可以访问熟悉的环境,因此可以根据需要轻松频繁地更改代码。但是,个人计算机(尤其是笔记本电脑)缺乏训练计算机视觉模型的计算能力。在 GPU 上训练可能比在 CPU 上快 10~100 倍。这就是推荐使用 GPU 的原因。

即使计算机集成了 GPU,也只有非常特定的型号才能运行 TensorFlow。GPU 必须与 NVIDIA 的计算库 CUDA 兼容。在撰写本书时,最新版本的 TensorFlow 需要 3.5 或更高版本的 CUDA 计算能力。

有些笔记本电脑与外置 GPU 设备兼容,但这违反了便携式计算机的目的。相反,实用的方法是在具有 GPU 的远程计算机上运行模型。

在远程计算机上

现今，人们可以按小时租用具有 GPU 的强大计算机。定价各不相同，取决于 GPU 的能力和提供商。一台单 GPU 计算机的价格通常约为每小时 1 美元，而且价格每天都在下降。如果承诺租用计算机一个月，则可以获得良好的计算能力，大约每月只需 100 美元。考虑到你无须花费时间来等待模型训练，租用远程计算机通常是比较经济且明智的选择。

另一个选择是构建自己的深度学习服务器。请注意，这需要投资、组装，并且 GPU 要消耗大量电能。

一旦获得了对远程计算机的访问权限，便有了两种选择：

❑ 在远程服务器上运行 Jupyter Notebook。然后就可以使用浏览器在全球任何地方访问 Jupyter Lab 或 Jupyter Notebook。这是进行深度学习的非常方便的方法。

❑ 同步本地开发文件夹并远程运行代码。大多数 IDE 具有将本地代码与远程服务器同步的功能。这使你在享用功能强大的计算机的同时，也能在自己喜欢的 IDE 中编写代码。

 基于 Jupyter Notebook 的 Google Colab 允许你免费在云中运行 notebook。你甚至可以启用 GPU 模式。Colab 的存储空间有限，并且连续运行时间不得超过 8 个小时。虽然它是入门或实验的完美工具，但是对于较大的模型来说它并不方便。

在 Google Cloud 上

要在远程计算机上运行 TensorFlow，需要自己进行管理，包括安装正确的软件、确保它是最新的、打开和关闭服务器。虽然仍然可以在一台计算机上执行此类操作，但有时也需要将训练分布在多个 GPU 上。使用 Google Cloud ML 运行 TensorFlow，可以让你专注于模型而不是此类操作。

Google Cloud ML 可用于以下方面：

❑ 借助云中的弹性资源，快速训练模型。

❑ 使用并行化在短时间内寻找最佳模型参数。

❑ 模型准备就绪后，无须运行自己的预测服务器即可提供预测。

有关打包、发送和运行模型的所有详细信息，请参见 Google Cloud ML 文档（https://cloud.google.com/ml-engine/docs/）。

2.5 本章小结

在本章中，我们首先使用 Keras API 训练了基本的计算机视觉模型。介绍了 TensorFlow 2 背后的主要概念——张量、图、AutoGraph、即时执行和梯度带。还详细介绍了该框架的一些高级概念。浏览了与库一起用于深度学习的主要工具，从用于监控的 TensorBoard 到用于预处理和模型分析的 TFX。最后，介绍了根据需要可在何处运行模型。

有了这些强大的工具，就可以在下一章中了解现代计算机视觉模型。

问题

1. 与 TensorFlow 相比，Keras 是什么？它的目标是什么？

2. TensorFlow 为什么使用图？如何手动创建它们？

3. 即时执行模式和延迟执行模式有什么区别？

4. 如何在 TensorBoard 中记录信息，如何显示它？

5. TensorFlow 1 和 TensorFlow 2 之间的主要区别是什么？

CHAPTER 3

第 3 章

现代神经网络

第 1 章介绍了最新的神经网络如何更好地适用于图像处理，并在过去十几年里超过了以往的计算机视觉方法。然而，由于初期介绍和实现的内容较为简单，我们只讲解了基本架构。现在，利用 TensorFlow 强大的 API，是时候去认识卷积神经网络（Convolutional Neural Network，CNN）是什么，以及如何训练这些现代算法以进一步提高网络鲁棒性了。

本章将涵盖以下主题：

❑ 卷积神经网络及其与计算机视觉的相关性。

❑ 使用 TensorFlow 和 Keras 实现现代神经网络。

❑ 高级优化器以及如何高效地训练神经网络。

❑ 正则化方法以及如何避免过拟合。

3.1　技术要求

本章的主要资源使用 TensorFlow 实现。matplotlib 函数包（https://matplotlib.org）和 scikit-image（https://scikit-image.org）则主要用于显示结果或载入典型图像。

和前面的章节一样，可在 Git 文件夹 https://github.com/PacktPublishing/Hands-On-Computer-Vision-with-TensorFlow-2/tree/master/Chapter03 中找到解释下面概念的 Jupyter Notebook。

3.2　卷积神经网络

本章的第一部分将介绍 CNN（也被称为 ConvNet），以及为什么它们在视觉任务中变得如此无所不在。

3.2.1   用于多维数据的神经网络

为解决传统神经网络的缺点，研究人员引入了 CNN。本节将介绍这些传统神经网络的问题，并介绍 CNN 是如何解决它们的。

全连接神经网络存在的问题

通过第 1 章和第 2 章中的介绍性实验，我们已经注意到基础神经网络在处理图像时的两个主要缺点：

- ❑ 参数数量爆炸。
- ❑ 缺乏空间推理。

参数数量爆炸

图像是拥有大量值的复杂结构（即图像拥有 $H \times W \times D$ 个值，其中 H 是图像的高度，W 是图像的宽度，D 是图像的深度或通道数量，对于 RGB 图像来讲 $D=3$）。即使是第 1 章中用作示例的每个小的、单通道图像也意味着输入向量尺寸为 $28 \times 28 \times 1 = 784$。对于我们实现的基本神经网络的第一层，这意味着权重矩阵的形状是（784,64）。仅对于这个变量，就有 $784 \times 64 = 50\,176$ 个参数值需要优化。

当考虑更大的 RGB 图像或者更深的神经网络时，参数的数量简直就会爆炸式增加。

缺乏空间推理

因为这些神经元从前一层未加区别地接收全部值（因为它们是全连接的），所以这些神经元没有距离或空间的概念。也就是说，这些数据中的空间关系丢失了。多维数据（如图像）也可以是稠密层的列向量，因为它们的操作不考虑数据维数和输入值的位置。更准确地说，这意味着像素之间的邻近性概念将在全连接（Fully-Connected，FC）层丢失，因为所有像素值都由各层组合而没有考虑其原始位置。

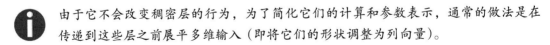 由于它不会改变稠密层的行为，为了简化它们的计算和参数表示，通常的做法是在传递到这些层之前展平多维输入（即将它们的形状调整为列向量）。

直觉来讲，如果考虑空间信息神经层会更加智能，这里的空间信息就是一些输入值属于同一像素（通道值）或者属于同一图像区域（相邻像素）的信息。

CNN 简介

CNN 提供了解决这些问题的简单办法。在与前面介绍的神经网络工作原理（如前馈、反向传播等）类似的同时，它们的架构引入了一些巧妙的改变。

首先，CNN 可以处理多维数据。对于图像，CNN 将三维数据（高度 × 宽度 × 深度）作为输入，并且以相似方式布置自己的神经元（参见图 3-1）。这就引出了 CNN 的第二个创新，即不像全连接网络那样与上一层所有元素相连，CNN 中的每个神经元只能连接上一层相邻区域的一些神经元。这个区域（通常是方形，并扩展到所有通道）被称为神经元（滤波器尺寸）的感受野。

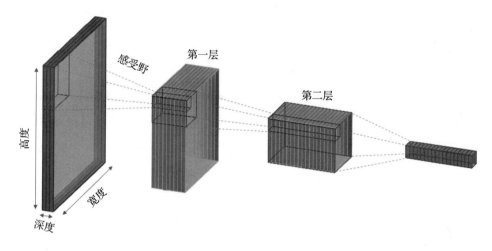

图 3-1 CNN 示意图，显示了左上角神经元从第一层到最后一层的感受野

通过只连接上一层相邻区域的神经元，CNN 不仅可以大幅减少需要训练的参数数量，而且可以保存图像的局部特征。

3.2.2 CNN 操作

在这种架构模式下，CNN 还引入了几种新型的层，有效地利用了多维性和局部连接性。

卷积层

CNN 的名字来自卷积层，卷积层是这种架构的核心。在这些层中，通过共享连接相同输出通道的所有神经元的权重和偏置，进一步减少了参数的数量。

概念

这些带有共享权重和偏置的特殊神经元可以看作是一个在整个输入矩阵上滑动的神经元，该神经元在空间上具有有限的连接。在每一步中，这个神经元在空间上只连接输入（$H \times W \times D$）上它正在滑动的局部区域。对于滤波器尺寸为（k_H, k_W）的神经元来说，给定了这个有限维数 $k_H \times k_W \times D$ 的输入，该神经元仍然像在第 1 章中建模时那样工作——它在对求和结果应用激活函数（一个线性或非线性函数）之前，对输入值（$k_H \times k_W \times D$ 个值）进行线性组合。数学上，当输入块出现在位置（i, j）时，神经元的响应 $z_{i,j}$ 可以表示为：

$$z_{i,j} = \sigma\left(b + \sum_{l=0}^{k_H-1}\sum_{m=0}^{k_W-1}\sum_{n=0}^{D-1} w_{l,m,n} \cdot x_{i+l,j+m,n}\right)$$

其中 $w \in \mathbb{R}^{k_H \times k_W \times D}$ 是神经元的权重（它是形状为 $k_H \times k_W \times D$ 的二维矩阵），$b \in \mathbb{R}$ 是神经

元的偏置，σ 是激活函数（如 sigmoid）。在每个位置上重复这个操作，神经元就可以接收到
全部数据，从而就得到了完整的维度为 $H_o \times W_o$ 的响应矩阵 z，其中 H_o 和 W_o 分别是神经元
在输入张量上垂直和水平移动的次数。

> 实际上，很多时候我们使用的是正方形滤波器，意思就是它们的尺寸是 (k, k)，即
> $k=k_H=k_W$。本章接下来的内容中，为简化说明，我们只使用正方形滤波器，尽管如
> 此，最好还是记住滤波器的高度和宽度可以是不同的。

当卷积层拥有 N 组不同的神经元（即具有 N 组共享参数的神经元）时，它们的响应图
可以堆叠在一起形成一个形状为 $H_o \times W_o \times N$ 的输出张量。

使用与全连接层应用矩阵乘法类似的方式，这里的**卷积操作**可以一次性计算全部响应
图（因此该层被命名为卷积层）。熟悉这种操作的人可能一提到输入矩阵上的滑动滤波器就
已经知道了。对于不熟悉的人来说，卷积的结果实际上就是滑动滤波器 w 在输入矩阵 x 上
每个位置计算滤波器与当前位置开始的块 x 的点积。该操作说明详见图 3-2（为了使该图便
于理解，这里使用了一个单通道输入张量）。

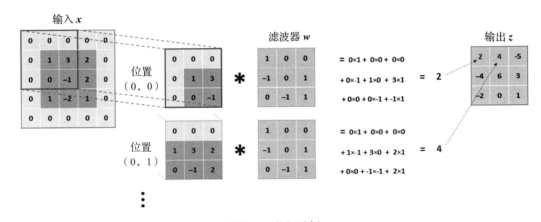

图 3-2　卷积示例

在图 3-2 中，请注意对输入 x 使用 0 进行了填充，这在卷积层中经常用到，例如，希
望输出与原始输入具有相同尺寸时（本例中是 3×3）。在本章后面，将会对填充的概念做进
一步的说明。

> 尽管机器学习中经常使用术语卷积，但该操作的数学术语实际上是互相关。矩阵 x
> 和滤波器 w 的互相关是：
> $$\forall i \in [0, H_o - 1], \ \forall j \in [0, W_o - 1],$$
> $$(w * x)_{i,j} = \sum_{l=0}^{k-1} \sum_{m=0}^{k-1} w_{l,m} \cdot x_{i+l, j+m}$$
> 注意该方程与 z 方程的相似性。另一方面，在所有的有效位置上，矩阵 x 和滤波器

w 真正的数学卷积是：

$$(\boldsymbol{w} \star \boldsymbol{x})_{i,j} = \sum_{l=0}^{k-1} \sum_{m=0}^{k-1} w_{l,m} \cdot x_{i-l,j-m}$$

可以看到，两种操作在该设置下非常相似，通过简单翻转之前滤波器可从互相关操作得到卷积结果。

属性

带有 N 组不同神经元的卷积层可由 N 个形状是 $D \times k \times k$（当滤波器是正方形时）的权重矩阵（也称为滤波器或内核），以及 N 个偏置值定义。因此，该层只有 $N \times (Dk^2 + 1)$ 个参数需要训练。相反，具有相似输入和输出维度的全连接层则需要训练 $(H \times W \times D) \times (H_o \times W_o \times N)$ 个参数。如前所述，全连接层参数的数量受到数据维度的影响，但是这并不影响卷积层的参数数量。

这一特性使得卷积层在计算机视觉中成为真正强大的工具，具体有两个原因。首先，正如前文指出的，这意味着我们可以训练网络以处理更大的输入图像，而不影响需要微调的参数数量。其次，这也意味着卷积层可以应用于任何图像，而不必考虑它们的尺寸！与拥有全连接层的网络不同，纯卷积网络不需要针对不同尺寸的输入进行调整和重新训练。

在对不同尺寸的图像应用 CNN 时，仍需要小心对待输入批数据的采样。实际上，只有在所有图像维度相同时，图像子集才可以堆叠成通常的批张量。因此，在实际中，你应该在批处理前对图像进行分类（经常在训练阶段完成）或者简单地分别处理每个图像（一般在测试阶段完成）。然而，为了简化数据处理和神经网络任务，人们通常对图像进行预处理，让这些图像具有相同的尺寸（通过缩放或剪裁实现）。

除了计算方面的优化，卷积层还有一些与图像处理有关的特性。经过训练，层滤波器变得能够很好地响应具体的局部特征（带有 N 个滤波器的层意味着可以响应 N 种不同的特征）。例如，CNN 中第一个卷积层的每个内核学会激活一个具体的低级特征，如具体线条的方向或颜色梯度。接下来，更深的层将使用这些特征定位更抽象或更高级的特征，例如脸的形状、特定目标的轮廓等。此外，每个滤波器（也就是每组共享的神经元）将响应一个具体的图像特征，无论特征在图像的什么位置。更正式地说，卷积层在图像坐标空间中具有平移不变性。

滤波器在输入图像上的响应图可以描述为表示滤波器响应其目标特征的位置映射。因此，CNN 中的中间结果通常称为**特征图**。具有 N 个滤波器的层将返回 N 个特征图，每个特征图对应于输入张量中特定特征的检测。由每层返回的 N 个特征图堆叠在一起通常称为特征量（形状为 $H_o \times W_o \times N$）。

超参数

卷积层首先由它的滤波器数量 N、深度 D（即输入通道的数量）和滤波器 / 内核大小 (k_H, k_W) 定义。通常使用正方形滤波器，其大小简单地由 k 定义（尽管如前所述，有时也会考虑使用非正方形滤波器）。

然而，如前所述，卷积层实际上不同于同样被称为"卷积"的数学运算。在输入和滤波器之间的操作可以输入另外几个超参数，这些超参数将影响滤波器在图像滑动的方式。

首先，在滤波器滑动时使用不同的步长。步长超参数定义了图像块和滤波器之间是否在每个位置（步长为 1）或者每 s 个位置（步长为 s）进行点积。步长越大，生成的特征图越稀疏。

图像也可以在卷积之前进行零填充，也就是说，可以通过在原始内容周围添加零值的行和列来人为地增加图像大小。如图 3-2 所示，该填充可以增加滤波器可以接受的图像的位置数。因此，我们可以指定要应用的填充值（即要在输入每一侧添加的空的行数和列数）。

字母 k 一般用于表示滤波器 / 内核的大小。类似地，s 一般用于表示步长，p 用于表示填充。请注意，类似于滤波器的大小，垂直和水平方向的步长一般使用相同的值 $(s=s_H=s_W)$，垂直和水平填充也一样。尽管在一些特殊的情况下，它们可以使用不同的值。

所有这些参数（内核数量 N、内核大小 k、步长 s 和填充 p）不仅影响该层的操作，也影响输出的形状。我们用 (H_o, W_o, N) 定义形状，其中 H_o 和 W_o 是神经元在输入的垂直和水平方向上滑动的次数。那么，H_o 和 W_o 实际上是什么呢？形式上，它们的计算方式如下：

$$H_o = \frac{H-k+2p}{s}+1, \quad W_o = \frac{W-k+2p}{s}+1$$

我们请读者挑选一些具体的例子来更好地掌握这些公式，这样可以直观地理解它们背后的逻辑。在尺寸为 $H \times W$ 的图像上，尺寸为 k 的滤波器在垂直方向最多有 $H-k+1$ 个不同的位置，在水平方向上是 $W-k+1$ 个。此外，如果图像每边填充大小为 p，则垂直方向位置的数量增加到 $H-k+2p+1$（水平方向对应的是 $W-k+2p+1$）。最后，提高步长 s，基本上意味着 s 个位置中只取 1 个位置，这解释了上面的除法（注意这是一个整数除法）。

使用这些超参数，可以很容易地控制这些层的输出尺寸。这对于一些应用（如目标分割）特别方便，也就是说，此时我们希望分割掩膜与输入图像同大小。

TensorFlow/Keras 方法

在底层 API 中，`tf.nn.conv2d()`（参考地址 https:// www.tensorflow.org/api_docs/ python/tf/nn/conv2d 中的文档）是进行图像卷积的默认选择。它的主要参数如下：

❑ `input`：批输入图像，图像形状为 (B, H, W, D)，其中 B 为批大小。

❑ `filter`：N 个滤波器堆叠在一起，形成形状为 (k_H, k_W, D, N) 的张量。

❑ `strides`：一个包含 4 个整数的列表，表示批输入在每个维度上的步长。通常情况下，你需要使用 $[1, s_H, s_W, 1]$（即只在图像的二维空间上使用指定的步长）。

❑ `padding`：一个 4×2 整数的列表以表示批输入每个维度上前后的填充，或者一个预定义了填充方式的字符串，即 `"VALID"` 或 `"SAME"`（将在下面解释）。

❑ `name`：用于识别该操作的名称（对于创建清晰、可读的图十分有用）。

注意 `tf.nn.conv2d()` 接受其他一些高级的参数，这里没有进行介绍（请看相关文档）。图 3-3 和图 3-4 介绍了两种不同参数的卷积操作的效果。

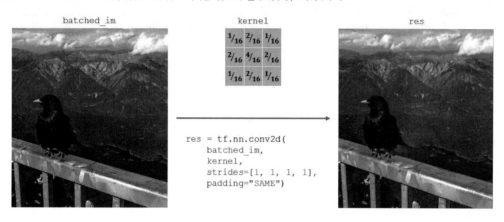

图 3-3 使用 TensorFlow 在图像上执行卷积操作的例子（该内核是众所周知的、经常用于图像的高斯模糊（Gaussian blur））

图 3-4 中，使用了计算机视觉中的经典内核。

图 3-4 另一个使用 TensorFlow 卷积的例子，我们使用了更大的步长（这种特殊的内核通常用于提取图像中的边缘 / 轮廓）

关于填充，TensorFlow 开发者提供两种不同的预实现模式，用户使用时不需要指定 p 的值。`"VALID"` 意味着不填充图像（$p=0$），滤波器只在默认的有效位置进行移动。当选项是 `"SAME"` 时，TensorFlow 将计算 p 值，使得当步长为 1 时卷积的输出与输入具有相同的尺寸（也就是求解上节给出的方程 $H_o = H$ 和 $W_o = W$，暂时固定 $s=1$）。

有时，你希望一些比零填充更复杂的填充。在这些情况下，推荐使用 tf.pad() 方法（参考 https://www.tensorflow.org/api_docs/ python/tf/pad 上的文档），然后使用 "VALID" 填充简单地实例化一个卷积操作。

TensorFlow 也提供了其他一些低级别的卷积方法，如 tf.nn.conv1d()（参考 https://www.tensorflow.org/api_docs/python/tf/nn/conv1d 文档）和 tf.nn.conv3d()（参考 https://www.tensorflow.org/api_docs/ python/tf/nn/conv3d 文档）分别用于一维和三维数据，tf.nn.depthwise_conv2d()（参考https://www. tensorflow. org/ api_ docs/ python/ tf/nn/ depthwise_ conv2d文档）在每个通道上使用不同的滤波器，等等。

目前，我们只是介绍了使用固定滤波器的卷积。对于 CNN，需要使滤波器可训练。卷积层在将结果送到激活函数前，还会应用一个学习过的偏置。综上所述，这些操作可通过如下方式实现：

```
# Initializing the trainable variables (for instance, the filters with
values from a Glorot distribution, and the bias with zeros):
kernels_shape = [k, k, D, N]
glorot_uni_initializer = tf.initializers.GlorotUniform()
# ^ this object is defined to generate values following the Glorot
distribution (note that other famous parameter more or less random
initializers exist, also covered by TensorFlow)
kernels = tf.Variable(glorot_uni_initializer(kernels_shape),
                      trainable=True, name="filters")
bias = tf.Variable(tf.zeros(shape=[N]), trainable=True, name="bias")

# Defining our convolutional layer as a compiled function:
@tf.function
def conv_layer(x, kernels, bias, s):
    z = tf.nn.conv2d(x, kernels, strides=[1,s,s,1], padding='VALID')
    # Finally, applying the bias and activation function (for instance,
ReLU):
    return tf.nn.relu(z + bias)
```

这个前馈函数可以进一步封装为 Layer 对象，这与第 1 章中全连接层的实现方式非常相似，是围绕矩阵运算构建的。通过 Keras API，TensorFlow 2 提供了 tf.keras. layers.Layer 类供我们扩展（可参考 https://www.tensorflow.org/api_docs/python/tf/keras/ layers/Layer 的文档）。下列代码演示了如何基于此构建简单的卷积层：

```
class SimpleConvolutionLayer(tf.keras.layers.Layer):
    def __init__(self, num_kernels=32, kernel_size=(3, 3), stride=1):
        """ Initialize the layer.
        :param num_kernels: Number of kernels for the convolution
        :param kernel_size: Kernel size (H x W)
        :param stride: Vertical/horizontal stride
```

```
        """
        super().__init__()
        self.num_kernels = num_kernels
        self.kernel_size = kernel_size
        self.stride = stride

    def build(self, input_shape):
        """ Build the layer, initializing its parameters/variables.
        This will be internally called the 1st time the layer is used.
        :param input_shape: Input shape for the layer (for instance,
BxHxWxC)
        """
        num_input_ch = input_shape[-1] # assuming shape format BHWC
        # Now we know the shape of the kernel tensor we need:
        kernels_shape = (*self.kernel_size, num_input_ch, self.num_kernels)
        # We initialize the filter values fior instance, from a Glorot
distribution:
        glorot_init = tf.initializers.GlorotUniform()
        self.kernels = self.add_weight( # method to add Variables to layer
            name='kernels', shape=kernels_shape, initializer=glorot_init,
            trainable=True) # and we make it trainable.
        # Same for the bias variable (for instance, from a normal
distribution):
        self.bias = self.add_weight(
            name='bias', shape=(self.num_kernels,),
            initializer='random_normal', trainable=True)

    def call(self, inputs):
        """ Call the layer, apply its operations to the input tensor."""
        return conv_layer(inputs, self.kernels, self.bias, self.stride)
```

TensorFlow 的大多数数学运算（例如 `tf.math` 以及 `tf.nn`）已经在框架中定义了它们的导数。因此，只要一个层是由这样的运算组成的，我们就不必手动定义它的反向传播，这样可以节省不少精力！

这种实现方式具有明显的优势，Keras API 也封装了这些公共层的初始化（如第 2 章中所介绍的），以加速开发。使用 `tf.keras.layers` 模块，通过一个单独的调用就可以实例化一个相似的卷积层，如下所示：

```
conv = tf.keras.layers.Conv2D(filters=N, kernel_size=(k, k), strides=s,
                              padding='valid', activation='relu')
```

`tf.keras.layers.Conv2D()`（参考 https://www.tensorflow. org/api_docs/python/tf/keras/layers/Conv2D 上的文档）具有一个很长的参数列表，封装了一些概念，例如权重正则化（在本章后面介绍）。因此，当构建高级 CNN 时，推荐使用该方法，而不是花费时间重新实现这些概念。

池化层

CNN 引入的另一类常用层是池化层。

概念与超参数

池化层有一点特殊，它们不需要任何可训练参数。每个神经元简单地在其窗口（感受野）内提取数值，并根据预定义的函数返回一个输出。两个最常用的池化方法是最大池化和平均池化。最大池化层在池化区域的每个深度上返回最大值（参见图 3-5），平均池化层计算池化区域每个深度上的平均值（参见图 3-6）。

池化层常用的步长值与窗口 / 内核的大小相同，以便在非重叠的块上使用池化函数。池化的目的是减少数据的空间维度，削减神经网络所需的参数数量和计算时间。例如，具有 2×2 大小的窗口和步长为 2（即 $k = 2$ 和 $s = 2$）的池化层在每个深度取拥有 4 个值的块，并返回一个值。因此，它将特征的高度和宽度除以 2，也就是说，除以 $2 \times 2 = 4$，就可以得到下一层的计算次数。最后请注意，与卷积层一样，也可以在执行这个操作前填充张量（如图 3-5 所示）。

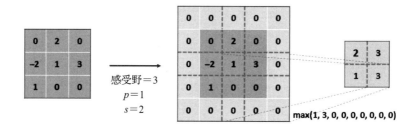

图 3-5　在单通道上使用窗口大小为 3×3、填充为 1、步长为 2 的最大池化操作示例

通过填充和步长参数，可以控制结果张量的维度。图 3-6 给出了另一个示例。

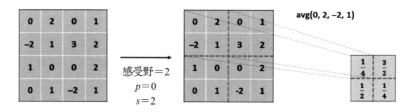

图 3-6　在单通道上使用窗口大小为 2×2、填充为 0、步长为 2 的平均池化操作示例

除了没有可训练的内核外，池化层具有与卷积层相似的超参数，因此池化层是易于使用的、轻量级的控制数据维度的解决方案。

TensorFlow/Keras 方法

`tf.nn` 函数包中，`tf.nn.max_pool()`（请参阅 https://www.tensorflow.org/api_docs/python/tf/nn/max_pool 处的文档）和 `tf.nn.avg_pool()`（请参阅 https://www.tensorflow.org/api_docs/python/tf/nn/avg_pool 处的文档）与 `tf.nn.conv2d()` 有非常相似的明显特征，具体如下：

❑ value：批输入图像，图像形状为 (B, H, W, D)，其中 B 为批大小。

❑ ksize：包含 4 个整数的列表，表示窗口尺寸的每个维度，通常情况下使用 $[1, k, k, 1]$。

❑ strides：包含 4 个整数的列表，表示批输入在每个维度上的步长，与 tf.nn.conv2d() 的相似。

❑ padding：定义所使用填充算法（"VALID" 或者 "SAME"）的字符串。

❑ name：识别该操作的名称（对于建立清晰、可读的图非常有用）。

图 3-7 展示了在图像上的一个平均池化操作。

batched_im

res

```
res = tf.nn.avg_pool(
    batched_im,
    ksize=[1, 2, 2, 1],
    strides=[1, 2, 2, 1],
    padding="SAME")
```

图 3-7　使用 TensorFlow 在图像上进行平均池化的示例

在图 3-8 中，在相同的图像上应用了最大池化函数。

batched_im

res

```
res = tf.nn.max_pool(
    batched_im,
    ksize=[1, 10, 10, 1],
    strides=[1, 2, 2, 1],
    padding="SAME")
```

图 3-8　另一个最大池化的示例，相比于步长使用了非常大的窗口尺寸（只用于展示）

在这里，我们仍然可以使用更高级的 API 使实例化稍微简洁一些：

```
avg_pool = tf.keras.layers.AvgPool2D(pool_size=k, strides=[s, s],
padding='valid')
max_pool = tf.keras.layers.MaxPool2D(pool_size=k, strides=[s, s],
padding='valid')
```

由于池化层没有可训练的权重，所以池化操作与 TensorFlow 中相应层之间并没有真正的区别。这使得这些操作不仅轻量化，而且更易于实例化。

全连接层

值得一提的是，CNN 中也使用全连接（Fully-Connected，FC）层，使用的方法也与常规神经网络相同。在以下段落中，我们将介绍什么时候需要使用它们，以及如何在 CNN 中应用它们。

在 CNN 中使用

虽然 FC 层可以添加到 CNN 中处理多维数据，但是这意味着，传递给这些层的输入张量必须首先重塑为批处理列向量，就像在第 1 章和第 2 章中对简单网络的 MNIST 图像所做的那样（也就是说，将高度、宽度和深度维度展平为单个维度）。

 FC 层也称为稠密连接层，或者简称为稠密层（相对于 CNN 中具有更有限连接的其他层而言）。

尽管在神经元访问全部输入图的一些情况下，全连接神经网络具有一些优点，但是如本章开始提到的，它们还有一些缺点（例如丢失空间信息以及会产生大量参数）。然而，不同于 CNN 其他层，稠密层由输入和输出的大小定义。特定的稠密层面对与配置形状不同的输入就无法工作。因此，在神经网络中使用 FC 层通常意味着失去了在不同大小的图像上使用它的机会。

尽管有这些缺点，CNN 中依然常使用到这些层。例如，它们经常被用于神经网络的最后一层，将多维特征转化为一维分类向量。

TensorFlow/Keras 方法

尽管我们在前面的章节中已经使用了 TensorFlow 的稠密层，也一直关注着它们的参数和属性。但还是要再次说明，tf.keras.layers.Dense()（请参考 https://www. tensorflow. org/api_docs/python/tf/keras/layers/Dense 处的文档）的明显特征与前面介绍的层类似；不同的是它们不接受 strides 或者 padding 作为参数，而是使用 units 表示神经元数量或输出大小，具体情况如下：

```
fc = tf.keras.layers.Dense(units=output_size, activation='relu')
```

请记住，在多维张量送入稠密层之前，需要将其展平。tf.keras.layers.Flatten()（请参阅 https://www.tensorflow.org/api_docs/python/tf/keras/layers/Flatten 处的文档）可以用

作实现该目的的中间层。

3.2.3　有效感受野

正如我们将在本节中详细介绍的，神经网络的**有效感受野**（Effective Receptive Field，ERF）是深度学习中重要的概念，它可能会影响神经网络在输入图像中交叉参照与合并远距离元素的能力。

定义

感受野表示的是神经元连接到的前一层的局部区域，而 ERF 则定义了输入图像的区域（不仅仅是前一层的区域），它影响给定层的某个神经元的激活，如图 3-9 所示。

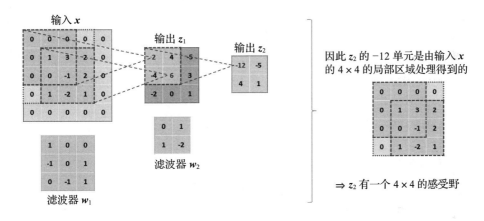

图 3-9　使用一个包含两个卷积层的简单神经网络说明某一层的感受野

我们可以注意到，ERF 经常被 RF 所替代，RF 可以简单地称为某一个层的滤波器大小或窗口大小。一些人也使用 RF 或者 ERF 明确地定义影响输出层（不是神经网络的任何中间层）每个单元的输入区域。

更让人困惑的是，一些研究人员开始称 ERF 为实际上影响神经元的输入区域的子集。这一点由 Wenjie Luo 等人在论文 "Understanding the Effective Receptive Field in Deep Convolutional Neural Networks" 中提出，该论文收录在 *Advances in Neural Information Processing Systems* (2016) 之中。他们的想法是，神经元看到的所有像素对其反应的贡献并不相同。我们可以凭直觉接受这一点，例如，RF 中心的像素比外围像素的权重更大。这些中心像素所包含的信息可以沿着网络中间层的多条路径传播到给定的神经元，而感受野外围的像素则只能通过一条路径连接到该神经元。因此，与传统 ERF 的均匀分布不同，Luo 等人定义的 ERF 遵循伪高斯分布。

作者在感受野的这种表现和人类中央凹（central fovea）之间做了一个有趣的对比，中央凹是负责敏锐的中央视觉的眼睛区域。视觉的这个细节部分是许多人类活动的基础。

一半的视神经与中央凹（尽管它的体积相对较小）相连，就像有效感受野中的中心像素连接到更多的人工神经元一样。

公式

无论像素实际上发挥什么作用，CNN 的第 i 层的有效感受野（这里命名为 R_i）可以按下面的公式递归计算：

$$R_i = R_{i-1} + (k_i - 1)\prod_{j=1}^{i-1} s_j$$

式中，k_i 是该层滤波器的大小，s_i 是它的步长（公式的最后一部分表示的是前面各层步长的乘积）。例如，我们可以在图 3-9 中最简单的两层 CNN 上使用这个公式，定量地评估第 2 层的 ERF：

$$R_2 = R_1 + (2-1)\prod_{j=1}^{1} s_j = 3 + 1 \times 1 = 4$$

这个公式证实了神经网络的有效感受野直接受中间层数量、滤波器大小和步长的影响。子采样层，例如池化层或具有较大步长的层，以较低的特征分辨率为代价大大提高了 ERF。

由于 CNN 的本地连接性，在定义其架构时，应该知道层及其超参数将如何影响神经网络上的可视信息的流动。

3.2.4　在 TensorFlow 中使用 CNN

大多数最先进的计算机视觉算法都是基于刚刚介绍的三种不同类型的层（如卷积层、池化层和全连接层），以及将在本书中介绍的一些微调和技巧来构建 CNN。在本节中，我们将构建第一个 CNN，并将其应用到数字识别任务之中。

实现第一个 CNN

对于第一个卷积神经网络，我们将实现 LeNet-5。LeNet-5 由 Yann Le Cun 在 1995 年首次提出（参见 "Learning algorithms for classification: A comparison on handwritten digit recognition"），并在 MNIST 数据集上进行了应用。LeNet-5 并不是新的神经网络，但是在向人们介绍 CNN 时经常用到它。的确，使用 7 层网络架构，该神经网络比较易于实现，且已经取得了不错的效果。

LeNet-5 架构

如图 3-10 所示，LeNet-5 首先由两块组成，每块包含一个卷积层（内核大小 $k=5$，步长 $s=1$）后跟一个最大池化层（$k=2$，$s=2$）。在第一个块，输入图像的每个边在卷积之前使用 2 个零填充（也就是，$p=2$，因此实际的输入大小是 32×32），卷积层包括 6 个不同的滤波器（$N=6$）。第二次卷积之前不再使用填充（$p=0$），滤波器的数量设置为 16（$N=16$）。在两个块之后，使用三个全连接层合并特征，得到最后的类的估计（10 个数字类型）。在第一个稠密层之前，将 $5 \times 5 \times 16$ 的特征量延展成一个有 400 个值的向量。该神经网络完整的架构如图 3-10 所示。

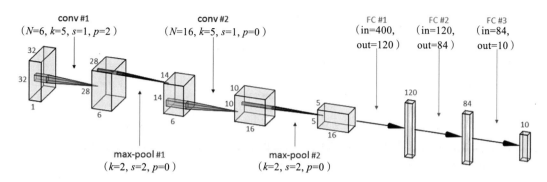

图 3-10 LeNet-5 结构（由 Alexander Lenail 使用 NN-SVG 工具渲染 ——http://alexlenail. me/NN-SVG）

在最初的实现中，每个卷积层和除最后一层以外的稠密层都使用 tanh 作为激活函数。然而，近期研究人员更倾向于使用 ReLU 而不是 tanh，并在大多数 LeNet-5 实现中使用 ReLU 替代了 tanh。在最后一层使用的是 softmax 函数。该函数输入一个包含 N 个值的向量，返回一个同样大小的向量 y，y 的值归一化为一个概率分布。也就是，softmax 对向量进行归一化，使得它的值都在 0~1 之间，并且它们的和正好等于 1。因此，如第 1 章所述的，该函数经常用在分类任务神经网络的最后将神经网络的预测转换为每一类的概率（也就是说，对于一个输出张量 $y = [y_0, \cdots, y_i, \cdots, y_N]$，$y_i$ 表示根据这个神经网络获得的该样本属于第 i 类的概率）。

 神经网络的原始预测（归一化之前的预测）经常被称为 logit。通常使用 softmax 函数将这些没有边界的值转换为概率。归一化过程使得预测更加可读（每个值表示神经网络对于对应类的置信度，参考第 1 章中提到的置信度得分），简化了训练损失（即分类任务的分类交叉熵）的计算。

TensorFlow 和 Keras 实现

我们手边就有实现这个网络的所有工具，建议读者在查看本书所提供的 TensorFlow 和 Keras 实现之前自己尝试一下。重用第 2 章中的符号和变量，使用 Keras 序贯式 API 实现的 LeNet-5 网络如下所示：

```python
from tensorflow.keras.model import Model, Sequential
from tensorflow.keras.layers import Conv2D, MaxPooling2D, Flatten, Dense

model = Sequential() # `Sequential` inherits from tf.keras.Model
# 1st block:
model.add(Conv2D(6, kernel_size=(5, 5), padding='same', activation='relu',
 input_shape=(img_height, img_width, img_channels)))
model.add(MaxPooling2D(pool_size=(2, 2)))
# 2nd block:
```

```
model.add(Conv2D(16, kernel_size=(5, 5), activation='relu')
model.add(MaxPooling2D(pool_size=(2, 2)))
# Dense layers:
model.add(Flatten())
model.add(Dense(120, activation='relu'))
model.add(Dense(84, activation='relu'))
model.add(Dense(num_classes, activation='softmax'))
```

该模型是通过逐层实例化和增加层，即按顺序方式创建的。如第 2 章中提到的，Keras 也提供了**函数式 API**。该 API 可以以面向对象的方式定义模型（如下面的代码所示），也可以使用层操作直接实例化 `tf.keras.Model`（如在一些 Jupyter Notebook 中所述）：

```
from tensorflow.keras import Model
from tensorflow.keras.layers import Conv2D, MaxPooling2D, Flatten, Dense

class LeNet5(Model): # `Model` has the same API as `Layer` + extends it
    def __init__(self, num_classes): # Create the model and its layers
        super(LeNet5, self).__init__()
        self.conv1 = Conv2D(6, kernel_size=(5, 5), padding='same',
                            activation='relu')
        self.conv2 = Conv2D(16, kernel_size=(5, 5), activation='relu')
        self.max_pool = MaxPooling2D(pool_size=(2, 2))
        self.flatten = Flatten()
        self.dense1 = Dense(120, activation='relu')
        self.dense2 = Dense(84, activation='relu')
        self.dense3 = Dense(num_classes, activation='softmax')
    def call(self, x): # Apply the layers in order to process the inputs
        x = self.max_pool(self.conv1(x)) # 1st block
        x = self.max_pool(self.conv2(x)) # 2nd block
        x = self.flatten(x)
        x = self.dense3(self.dense2(self.dense1(x))) # dense layers
        return x
```

Keras 层的行为与函数类似，可以用在输入数据上，连接在一起直到得到期望的输出。函数式 API 允许创建更加复杂的神经网络，例如，一个特殊的层在神经网络内部重复使用多次，或者当层具有多个输入或者输出时。

 对于已经使用过另一种机器学习框架 PyTorch（https://pytorch.org）的人而言，这个面向对象的构建神经网络方法可能会显得更熟悉，因为这种方法在 PyTorch 中很受欢迎。

应用在 MNIST 上

现在我们可以编译和训练数字分类模型了。继续使用 Keras API（并且重用上一章准备的 MNIST 数据变量），在启动训练之前，实例化优化器（简单 SGD 优化器）并且定义损失函数（分类交叉熵），如下所示：

```
model.compile(optimizer='sgd', loss='sparse_categorical_crossentropy',
              metrics=['accuracy'])
```

```
# We also instantiate some Keras callbacks, that is, utility functions
automatically called at some points during training to monitor it:
callbacks = [
    # To interrupt the training if `val_loss` stops improving for over 3
epochs:
    tf.keras.callbacks.EarlyStopping(patience=3, monitor='val_loss'),
    # To log the graph/metrics into TensorBoard (saving files in `./logs`):
    tf.keras.callbacks.TensorBoard(log_dir='./logs', histogram_freq=1)]
# Finally, we launch the training:
model.fit(x_train, y_train, batch_size=32, epochs=80,
          validation_data=(x_test, y_test), callbacks=callbacks)
```

 请注意，这里使用 sparse_categorical_crossentropy 代替了 "categorical_ crossentropy"，以避免标签的独热编码。该损失函数在第 2 章中介绍过。

过了大约 60 轮的训练，我们观察到神经网络在验证数据上的准确率达到了大约 98.5%。与前面在非卷积神经网络上的尝试相比，相对误差下降了一半（大约从 3.0% 下降 到 1.5%），当已经达到很高的准确率时，这是一个显著的提升。

下面的章节中，我们将全面欣赏 CNN 的分析能力，将它们用在更加复杂的视觉任务中。

3.3 训练过程微调

近年来，不仅网络架构进得到了优化，神经网络的训练方法也在进步，其稳定性和收敛速度也改进了。在本节中，我们将解决第 1 章中介绍过的梯度下降算法的一些缺点，并介绍一些避免过拟合的解决方案。

3.3.1 现代网络优化器

优化多维函数（如神经网络）是一项复杂的任务。第 1 章介绍的梯度下降方法尽管有一些不足，但它仍然是一个巧妙的方法，我们将在下面的章节中介绍这一点。幸运的是，研究人员已经开发出了新一代优化算法，我们将详细介绍它们。

梯度下降的挑战

我们已经介绍过神经网络的参数 P（神经网络中层的权重和偏置）在训练过程中通过反向传播梯度进行迭代更新，以最小化损失值 L。如果梯度下降过程可用一个公式描述，公式如下：

$$P_{i+1} \leftarrow P_i - v_i, \ v_i = \epsilon \frac{\mathrm{d}L_i}{\mathrm{d}P_i}$$

式中学习率超参数 ϵ 值可以增强或减弱网络参数根据每次训练迭代的损失梯度更新的速度。虽然我们提到应小心设置学习率值，但并没有详细说明如何设置及原因。在这种情况下，小心设置的原因有三个。

训练速度及其权衡

在前面的章节中，我们也曾涉及这一点。虽然设置高学习率可以使训练的网络更快地收敛（即在较少的迭代中收敛，因为参数每次迭代时都会进行较大的变更），但它也可能会阻止网络找到合适的最小损失值。图 3-11 是一个著名的例子，它展示了过于谨慎和匆忙优化之间的权衡。

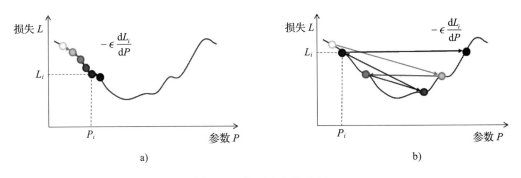

图 3-11 学习率权衡分析

从图 3-11 中可以看到，过低的学习率会降低收敛速度（见图 3-11a），而过高的学习率会导致越过局部极小值（见图 3-11b）。

直觉上来说，应该有比通过反复试验找到合适学习率更好的方法。例如，一个流行的方法是在训练过程中动态地调整学习率，从一个较大的值开始（首先为了更快地找到损失域），然后在每轮训练后减小它（为了当更接近最小值时更小心地更新）。这一过程称为学习率衰减。尽管现在 TensorFlow 提供了更高级的学习率调度器和自适应学习率优化器，但在很多实现中还存在手动衰减方法。

次优局部极小值

优化复杂（也就是，非凸的）方法时，常见的问题是会陷入次优**局部极小值**。事实上，梯度下降会导致我们进入无法逃脱的局部最小值，即使它附近有更好的最小值也会这样，如图 3-12 所示。

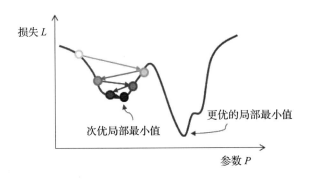

图 3-12 梯度下降结束于次优局部最小值的例子

由于训练样本的随机采样（使得其他批次与一个最小批次的梯度不同），第 1 章中介绍的 SGD 能够跳出较浅的局部极小值。

请注意，梯度下降过程不能保证收敛到全局最小值（也就是说，收敛到所有可能组合下的一组最优参数）。这意味着要扫描整个损失域，以确保给定的最小值确实是最佳的（这意味着，例如，计算所有可能的参数组合下的损失值）。考虑到视觉任务的复杂性和处理这些任务所需的大量参数，数据科学家通常很乐意找到一个令人满意的局部最小值。

异构参数的单超参数

传统的梯度下降算法用相同的学习率来更新网络的所有参数。然而，并不是所有变量对变化都有相同的敏感度，也不是所有变量都会影响每次迭代的损失值。

使用不同的学习率（例如，每个参数子集一个学习率）来更仔细地更新关键参数，并大胆地更新通常对网络预测没有足够贡献的参数，这似乎是有益的。

高级优化器

研究人员实际上已经研究和形式化了前面段落介绍的一些思路，产生了一些基于 SGD 的新的优化算法。下面将列出最常用的优化器，介绍它们的贡献以及如何在 TensorFlow 中使用它们。

动量算法

动量算法最初由 Boris Polyak 提出（参见论文 "Some methods of speeding up the convergence of iteration methods"，Elsevier，1964），该算法基于 SGD 算法，受到了物理学中动量概念的启发——只要物体沿坡向下运动，它的速度会不断增加。应用于梯度下降算法中，该思想要考虑前一步的参数更新 v_{i-1}，将其加到新的更新项 v_i 中，如下所示：

$$v_i = \epsilon \frac{\mathrm{d}L_i}{\mathrm{d}P_i} + \mu v_{i-1}$$

式中，μ 是动量权重（其值在 0 和 1 之间），定义了前一步更新项应用的比例。如果现在和前一步骤具有相同的方向，它们的幅度就会叠加，在这个相关的方向上对 SGD 进行加速。如果它们的方向不同，动量将会抑制这些振荡。

在 tf.optimizers（或 tf.keras.optimizers）中，动量被定义为 SGD 的一个优化参数（请参考 https://www.tensorflow.org/api_docs/python/tf/keras/optimizers/SGD 处的文档），如下所示：

```
optimizer = tf.optimizers.SGD(lr=0.01, momentum=0.9, # `momentum` = "mu"
                              decay=0.0, nesterov=False)
```

 这个优化器接受 decay 参数，来固定每次更新中学习率的衰减程度（请参考前文）。

当使用 Keras API 启动训练时，优化器实例可以作为一个参数传递给 model.fit()。对于更复杂的训练场景（例如，当训练相互依赖的网络时），也可以调用优化器，向其提供损失梯度和模型的可训练参数。下面是一个手工实现的简单训练步骤的例子：

```
@tf.function
def train_step(batch_images, batch_gts): # typical training step
    with tf.GradientTape() as grad_tape: # Tell TF to tape the gradients
        batch_preds = model(batch_images, training=True) # forward
        loss = tf.losses.MSE(batch_gts, batch_preds)      # compute loss
    # Get the loss gradients w.r.t trainable parameters and back-propagate:
    grads = grad_tape.gradient(loss, model.trainable_variables)
    optimizer.apply_gradients(zip(grads, model.trainable_variables))
```

`tf.optimizers.SGD` 有一个布尔型参数，用于从常用的动量方法到涅斯捷罗夫（Nesterov）算法的切换。实际上，前者的主要问题是当神经网络真的接近其最小损失值时，积累的动量通常会非常高，这将导致该方法无法找到目标最小值或者在目标最小值附近震荡。

涅斯捷罗夫梯度加速法（Nesterov Accelerated Gradient，NAG）又叫作 Nesterov 动量法，提供了解决这一问题的方案（相关的教材参见 *Introductory Lectures on Convex Programming Volume I: Basic course*, Yurii Nesterov, Springer Science and Business Media）。早在 20 世纪 80 年代，涅斯捷罗夫的想法是让优化器可以查看前面的斜坡，这样它就知道如果坡度开始上升，它应该减速。更正式地说，如果继续沿着这个方向前进，涅斯捷罗夫建议直接重用过去的项 v_{i-1} 去估计参数 P_{i+1}。然后，使用这些近似的未来参数评估梯度，并使用它计算实际更新，如下所示：

$$P_{i+1} \leftarrow P_i - v_i, \quad v_i = \epsilon \frac{\mathrm{d}L_i}{\mathrm{d}(P_i - \mu v_{i-1})} + \mu v_{i-1}$$

该版本的动量优化器（其损失是根据前一步更新的参数值得出的）更适合于梯度变化，可以明显地加速梯度下降过程。

Ada 算法家族

Adagrad、Adadelta、Adam 等迭代算法的思路是依靠神经元的敏感度或激活频率自适应地调节学习率。

Adagrad 优化器最初由 John Duchi 等人开发实现（参见论文 "Adaptive Subgradient Methods for Online Learning and Stochastic Optimization"，*Journal of Machine Learning Research*, 2011），Adagrad 优化器使用一个简洁的公式（这里不展开介绍，不过还是推荐大家自己查找一下）对于常见的特征更快地自动降低学习率，对于不经常出现的特征，慢一些自动降低学习率。也就是说，如 Keras 文档所示，参数接受的更新值越多，更新量越小（请参考 https://keras.io/optimizers/ 处的文档）。该算法不仅消除了手工调节学习率的需要，而且使得 SGD 算法更稳定，尤其对于稀疏表示的数据集更是如此。

Matthew D. Zeiler 等人在 2013 年提出了 Adadelta 算法（参见论文 "ADADELTA: An Adaptive Learning Rate Method"），针对 Adagrad 的一个内在问题提出了解决办法。如果每次迭代都降低学习率，在某些迭代中学习率会变得太小，以至于神经网络什么也学不到（不经常出现的参数也许会例外）。Adadelta 通过不断检查用于划分每个参数的学习率的因素来避免这个问题。

 RMSprop 是由 Geoffrey Hinton 提出的另一个著名的优化器（在他的 Coursera 课程中有有关介绍，"Lecture 6.5-rmsprop: Divide the gradient by a running average of its recent magnitude"）。与 Adadelta 相似的是，RMSprop 也被用于纠正 Adagrad 的问题。

Adam（自适应矩估计）是由 Diederik P. Kingma 等人提出的另一个迭代方法（参见 "Adam: A method for stochastic optimization"，ICLR，2015）。除了存储前面的更新项 v_i，以自适应调整每个参数的学习率，Adam 还跟踪使用过的动量值。因此，经常认为它是 Adadelta 算法和动量算法的混合体。类似地，Nadam 是继承自 Adadelta 和 NAG 的一个优化器。

上面所有的优化器均包含在 `tf.optimizers` 包中（请参考 https://www.tensorflow.org/api_docs/python/tf/train/ 处的文档）。请注意，对于这些优化器，哪一个效果最好还没有达成共识。然而，很多计算机视觉专业人员认为 Adam 处理稀疏数据非常有效。对于循环神经网络，RMSprop 是不错的选择（该内容将在第 8 章中介绍）。

 Git 存储库提供了一个展示如何使用各种优化器的 Jupyter Notebook。为比较它们的性能，每个优化器都已用于训练 LeNet-5 进行 MNIST 分类。

3.3.2　正则化方法

然而，仅仅高效地训练神经网络让它在训练数据上损失最小是不够的。我们也希望神经网络应用到新的图像上后，也可以有很好的性能。我们不希望神经网络在训练数据集上出现过拟合（如在第 1 章中所述）。对于神经网络是否具有很好的推广能力，我们认为丰富的训练数据集（具有足够的可变性以覆盖可能的测试场景）和良好的网络架构（既不能太浅以避免欠拟合，也不能太复杂以防止过拟合）都很关键。然而，近年来发展出了一些其他的**正则化方法**，例如，改进优化阶段以避免过拟合。

早期停止

当神经网络在相同的小规模训练数据集上迭代过多次时，就开始出现过拟合。因此，防止该问题直接的方法就是确定出模型需要的合理训练次数。这个次数应该足够小以便在神经网络过拟合之前停止训练，也应该足够大以确保从训练集上学习到全部东西。

交叉验证是评估训练是否应该停止的关键。向优化器提供一个验证数据集，优化器就可以度量模型在这些没有直接优化过的图像上的性能。例如，通过在每轮训练之后验证神经网络，我们可以度量训练是否应该继续（即验证准确率仍在继续上升）或者停止（即验证准确率停滞或者下降）。后者称为早期停止。

实际工作中，我们经常监控和绘制验证损失和指标作为训练迭代次数的函数，在最佳状态下恢复保存的权重（因此，在训练过程中有规律地保存神经网络非常重要）。一个 Keras 回调函数（`tf.keras.callbacks.EarlyStopping`）可以自动进行监控、早期停止和恢复最优参数，前面的训练已经展示了这一点。

L1 和 L2 正则化

另一种防止过拟合的方法就是修改损失函数，将正则化包含在训练目标之中。L1 和 L2 正则表达式就是这方面的主要例子。

原则

在机器学习中，在训练前，可以在方法 f 的参数 P 上计算正则化项 $R(P)$，并与损失函数 L 相加，如下所示：

$$L(y, y^{\text{true}}) + \lambda R(P), \ y = f(x, P)$$

式中，λ 是控制正则化强度的系数（通常用于缩小正则化以与主要的损失函数匹配），$y = f(x, P)$ 是在训练数据 x 和参数 P 上方法 f 的输出。通过将正则化项 $R(P)$ 与损失函数相加，我们迫使神经网络不仅优化其任务目标，而且在限制参数取值的同时优化参数。

对于 L1 和 L2 正则化，相关公式如下：

$$R_{L1}(P) = \|P\|_1 = \sum_k |P_k|, \ R_{L2}(P) = \frac{1}{2}\|P\|_2^2 = \frac{1}{2}\sum_k P_k^2$$

L2 正则化（也称为岭正则化）迫使神经网络最小化参数值平方和。该正则化会导致优化过程中所有参数均减小，由于平方项的存在该正则化会惩罚值较大的参数。因此，L2 正则化鼓励神经网络保持较小的参数值和更加均匀的分布。它能避免神经网络训练出一组值较大的参数而影响预测（因为它可能会阻止网络的泛化）。

另一方面，L1 正则化（也称为 LASSO（Least Absolute Shrinkage and Selection Operator）正则化，由 Fadil Santosa 和 William Symes 在论文" Linear Inversion of Band-Limited Reflection Seismograms"（SIAM，1986）中提出）迫使神经网络最小化参数值的绝对值。第一眼看上去，L1 和 L2 正则化只是在符号方面有所不同，但是它们的性质实际上是不同的。由于平方不会惩罚较大值的权重，L1 正则化反而会使网络将与不太重要的特征相关的参数收缩到零。因此，它通过强制网络忽略不太有意义的特征（例如，与数据集噪声相关的）来防止过拟合。换句话说，L1 正则化迫使网络采用稀疏参数，即依赖于较小的非空参数集。如果网络占用的空间应该最小化（例如，对于移动应用），这可能是有利的。

TensorFlow 和 Keras 实现

为实现这些技术，我们首先应该定义正则化损失，并将其加入目标层。在每次训练迭代时，应该在这些层的参数上计算此附加损失，并与主任务相关的损失（例如，神经网络预测的交叉熵）相加，以便将它们同时通过优化器反向传播。欣慰的是，TensorFlow 2 提供了几个工具来简化这一过程。

附加损失可以通过 `.add_loss(losses, ...)` 方法将 `losses` 张量或者返回 loss value(s) 的零参数的 callable(s) 添加到 `tf.keras.layers.Layer` 和 `tf.keras.Model` 实例中。一旦正确地添加到层中（请参阅下面的代码），将在每次调用层或模型时计算这些损失。所有与层或者模型关联的损失，以及与子层相关联的损失都会被计算，当调用 `.losses` 属性时会返回损失值列表。为了更好地理解这个概念，我们拓展了前面实现的简单卷积层，在参数上增加可选的正则化计算：

```
from functools import partial

def l2_reg(coef=1e-2): # reimplementation of tf.keras.regularizers.l2()
    return lambda x: tf.reduce_sum(x ** 2) * coef

class ConvWithRegularizers(SimpleConvolutionLayer):
    def __init__(self, num_kernels=32, kernel_size=(3, 3), stride=1,
                 kernel_regularizer=l2_reg(), bias_regularizer=None):
        super().__init__(num_kernels, kernel_size, stride)
        self.kernel_regularizer = kernel_regularizer
        self.bias_regularizer = bias_regularizer

    def build(self, input_shape):
        super().build(input_shape)
        # Attaching the regularization losses to the variables.
        if self.kernel_regularizer is not None:
            # for instance, we tell TF to compute and save
            # `tf.nn.l1_loss(self.kernels)` at each call (that is
iteration):
            self.add_loss(partial(self.kernel_regularizer, self.kernels))
        if self.bias_regularizer is not None:
            self.add_loss(partial(self.bias_regularizer, self.bias))
```

正则化损失应引导模型学习更加鲁棒的特征。但是它们的重要性不应该高于主要的训练损失，因为主要的训练损失才是调整模型以完成任务的要素。因此，我们应该更加谨慎，避免分配更多的权重给正则化损失。它们的值通常会受 0 到 1 之间的系数的影响（请参考 `l2_reg()` 损失函数中的 `coef`）。例如，当主损失取平均值时（例如，在 MSE 和 MAE 中），这种加权尤其重要。为了使正则化损失不超过它，我们要么确保它们也在参数的维度上取平均值，要么进一步减小它们的系数。

在由这些层组成的网络的每次训练迭代中，可以计算、列出正则化损失，并添加到主损失之中，如下所示：

```
# We create a NN containing layers with regularization/additional losses:
model = Sequential()
model.add(ConvWithRegularizers(6, (5, 5), kernel_regularizer=l2_reg()))
model.add(...) # adding more layers
model.add(Dense(num_classes, activation='softmax'))

# We train it (c.f. function `training_step()` defined before):
```

```
for epoch in range(epochs):
    for (batch_images, batch_gts) in dataset:
        with tf.GradientTape() as grad_tape:
            loss = tf.losses.sparse_categorical_crossentropy(
                batch_gts, model(batch_images))  # main loss
            loss += sum(model.losses)             # list of addit. losses
        # Get the gradients of combined losses and back-propagate:
        grads = grad_tape.gradient(loss, model.trainable_variables)
        optimizer.apply_gradients(zip(grads, model.trainable_variables))
```

> ℹ️ 我们介绍了 .add_loss() 方法，该方法可以大大简化在用户网络中增加层相关损失的过程。然而，当增加正则化损失时，TensorFlow 提供了更直接的解决办法。我们可以直接将正则化损失函数作为参数传递给 .add_weight() 方法（也称为 .add_variable()），以在 Layer 实例中创建和附加变量。例如，内核变量可以直接由正则化损失创建：self.kernels = self.add_weight(..., regularizer=self.kernel_regularizer)。每次训练迭代中，可以通过层或者模型的 .losses 属性得到正则化损失的结果。

当使用预定义的 Keras 层时，我们不需要费心地扩展类来添加正则化项。这些层可以接收作为参数的正则化器为变量。Keras 甚至在 tf.keras.regularizers 模块中明确定义了一些可调用的正则化器。最后，当使用 Keras 训练操作时（如 model.fit(...)），Keras 会自动考虑附加的 model.losses（也就是，正则化项以及其他层相关的损失），如下所示：

```
# We instantiate a regularizer (L1 for example):
l1_reg = tf.keras.regularizers.l1(0.01)
# We can then pass it as a parameter to the target model's layers:
model = Sequential()
model.add(Conv2D(6, kernel_size=(5, 5), padding='same', activation='relu',
                 input_shape=input_shape, kernel_regularizer=l1_reg))
model.add(...) # adding more layers
model.fit(...) # training automatically taking into account the reg. terms.
```

失活

到目前为止，我们讨论的正则化方法影响的是网络的训练方式。其他解决方案影响的则是网络架构。失活（dropout）就是这样一种方法，也是最流行的正则化技巧之一。

定义

失活由 Hinton 及其团队（在深度学习领域做出了许多贡献）在论文 "Dropout: A Simple Way to Prevent Neural Networks from Overfitting" (JMLR, 2014) 中提出，失活是在每次训练迭代中随机去掉目标层一些神经元之间的连接的方法。该方法将比率 ρ 作为超参数，它表示在每个训练步骤中关闭神经元的概率。这一概念如图 3-13 所示。

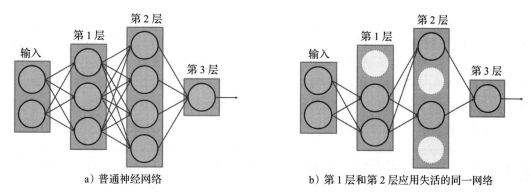

图 3-13 一个简单神经网络上失活的表示（每次迭代时随机选择各层神经元的失活）

通过人为地随机对网络进行破坏，该方法使得神经网络学习到鲁棒的和并发性的特征。例如，由于失活可能会使负责某个关键特征的神经元失效，网络必须找出其他重要特征，才能达到相同的预测效果。对于预测，这有助于开发数据的冗余表示。

失活也常常被认为是同时训练多种模型（原始网络的随机受损版本）的廉价解决方案。在测试阶段，网络中不应用失活，因此网络的预测结果可以看作是部分模型提供的结果的组合。因此，这种信息平均可以防止网络过拟合。

TensorFlow 和 Keras 方法

失活可以通过 `tf.nn.dropout(x, rate, ...)`（请参考 https://www.tensorflow.org/api_docs/python/tf/nn/dropout 处的文档）作为函数调用直接得到一个随机失活的张量，也可以通过 `tf.keras.layers.Dropout()`（请参考 https://www.tensorflow.org/api_docs/python/tf/layers/dropout 处的文档）作为一个层，直接添加到模型中。默认情况下，`tf.keras.layers.Dropout()` 只能在训练过程使用（当层或模型使用 `training=True` 参数调用时），否则将停用（不做任何更改地传播该值）。

失活层应该直接加到我们希望防止过拟合的层之后（因为失活层将随机删除由其前面的层返回的值，迫使它们适应这一情况）。例如，在 Keras 中可以在一个全连接层上使用失活（例如，比率 $\rho = 0.2$），如下面的代码所示：

```
model = Sequential([ # ...
    Dense(120, activation='relu'),
    Dropout(0.2),    # ...
])
```

批归一化

虽然我们无法详尽介绍所有的方法，但是在这里将介绍最后一种通用的正则化方法，该方法也可以直接集成到网络架构中。

定义

与失活类似，**批归一化**（由 Sergey Ioffe 和 Christian Szegedy 在论文 "Batch Normalization:

Accelerating Deep Network Training by Reducing Internal Covariate Shift"（JMLR, 2015）中提出）是一种可以插入神经网络并影响训练的操作。该操作接收前一层批量结果，对它们进行归一化，也就是减去批量结果的均值，再除以批量结果的标准差。

因为在 SGD 中随机进行批采样（因此，很少有两个批次是相同的），这就意味着无法以相同的方式进行归一化。因此，神经网络不得不学习如何处理这些数据波动，使其更加鲁棒和通用。此外，这种归一化步骤同时改善了梯度在网络中的流动方式，促进了 SGD 训练过程。

 实际上，批归一化层的行为比我们简要介绍的还要复杂。这些层有两个可训练的参数，用于反归一化操作，因此下一层就不会只是仅仅尝试去学习如何去批归一化。

TensorFlow 和 Keras 方法

与失活类似，批归一化在 TensorFlow 中有函数 `tf.nn.batch_normalization()`（请参考https://www.tensorflow.org/api_docs/python/tf/nn/batch_normalization）和层 `tf.keras.layers.BatchNormalization()`（请参考 https://www.tensorflow.org/api_docs/python/tf/keras/layers/BatchNormalization）两种方式，这使得在神经网络中可以非常直接地包括该正则化工具。

所有这些优化技术都是深度学习的宝贵工具，尤其在不均衡的或者稀疏的数据集上训练 CNN 更是如此，这都是在自定义应用中经常遇到的情况（请详见第 7 章）。

 与 Jupyter Notebook 优化器研究类似，我们提供了另一个notebook，展示这些正则化方法如何应用，如何影响简单 CNN 的性能。

3.4　本章小结

在 TensorFlow 和 Keras 的帮助下，我们赶上了深度学习方面多年的研究进展。随着 CNN 成为现代计算机视觉（以及一般机器学习）的核心，了解它们如何工作以及它们由什么样的层组成至关重要。如本章所述，TensorFlow 和 Keras 提供了清晰的接口以高效地构建此类网络。它们还实现了一些先进的优化技术和正则化技术（如各种优化器、L1/L2 正则化、失活和批归一化），以提高训练模型的性能和鲁棒性，这对于任何应用来说都是非常重要的。

我们现在有了最终解决更具挑战性的计算机视觉任务的工具。下一章将介绍几种用在大型图片数据集分类任务上的 CNN 架构。

问题

1. 除了填充外，为什么卷积层的输出比输入的宽度和高度更小？
2. 在图 3-6 中的输入矩阵上使用感受野为（2, 2）且步长为 2 的最大池化层的输出是什么？

3. 如何使用 Keras 函数式 API 以非面向对象的方式实现 LeNet-5 ？

4. L1/L2 正则化如何影响神经网络？

进一步阅读

- ❏ Ilya Sutskever 等人的论文 "On the importance of initialization and momentum in deep learning"（http://proceedings.mlr.press/v28/sutskever13.pdf）：

  这篇经常被引用的会议论文发表于 2013 年，介绍和比较了动量算法和 NAG 算法。

- ❏ Nitish Srivastava 等人的论文 "Dropout: A Simple Way to Prevent Neural Networks from Overfitting"（http://www.jmlr.org/papers/volume15/srivastava14a/srivastava14a.pdf）：

  该会议论文发表于 2014 年，介绍了失活的概念。对于希望深入了解该方法和它在几个著名计算机视觉数据集上应用的读者，这篇论文非常不错。

第二部分

先进的经典识别问题解决方案

本部分将探索并应用先进方法来解决各种问题。分类是一个典型的机器学习任务，在第 4 章中会作为一个很好的例子来介绍最新的神经网络架构（如 Inception 和 ResNet）和迁移学习。目标检测是一项对自动驾驶汽车和其他机器人很有用的技术，第 5 章将通过比较两种广泛使用的算法 YOLO 和快速 R-CNN 来说明速度和准确率之间的权衡。最后，在前两章的基础上，第 6 章将深入介绍用于图像去噪和语义分割的编解码器网络。

本部分包含以下几章：

❏ 第 4 章　主流分类工具

❏ 第 5 章　目标检测模型

❏ 第 6 章　图像增强和分割

第4章

主流分类工具

在2012年深度学习取得突破后，基于**卷积神经网络（CNN）**的更加精确的分类系统研究势头强劲。如今，随着越来越多的公司研发智能产品，技术创新正以疯狂的步伐推进。在近年来为解决分类问题所研发的众多解决方案中，有一些因其对计算机视觉的贡献而闻名。它们被派生和改进用于很多不同的应用，并且很多技术已经达到了一个不可不知的地位，因此值得独立成章。

在这些解决方案引入先进网络架构的同时，也对其他解决方案开展了研究，以更好地为特定任务准备CNN。更确切地说，在4.3节中，我们将看到网络获取的特定用例知识是如何被转移到新的应用中以提高性能。

本章将涵盖下列主题：

❑ 像VGG、Inception、ResNet这样的架构给计算机视觉带来了什么。

❑ 如何在分类任务中重新实现或直接重用这些解决方案。

❑ 什么是迁移学习，以及如何有效地更新已训练网络的任务目标。

4.1 技术要求

说明本章中相关概念的Jupyter Notebook请参见Git文件夹（https://github.com/Packt-Publishing/Hands-On-Computer-Vision-with-TensorFlow-2/tree/master/Chapter04）。

本章中唯一引入的新包是tensorflow-hub。安装说明参见https://www.tensorflow.org/hub/installation（尽管它只是一个带有pip的单行命令：pip install tensorflow-hub）。

4.2 了解高级 CNN 架构

计算机视觉的研究一直在通过实现更多贡献和更大的创新飞跃向前发展。由研究人员和科技公司组织的计算机视觉挑战，通过邀请专家研发预定任务的最新、最好解决方案，在触发这种贡献方面发挥了关键作用。ImageNet 分类大赛（ImageNet Large Scale Visual Recognition Challenge，ILSVRC，参见第 1 章）就是一个很好的例子。尽管 AlexNet 在 2012 年取得了重大且具有象征意义的胜利，但数百万张图片被分成了 1000 个精细的类别，这对大胆的研究人员来说仍然是一个巨大的挑战。

本节将介绍一些处理 ILSVRC 大赛中遵循 AlexNet 路线的经典深度学习方法，并介绍它们得以发展的原因和所带来的贡献。

4.2.1 VGG：CNN 的标准架构

我们将介绍的第一个网络架构是 VGG（或 VGGNet），它是由牛津大学的视觉几何组（Visual Geometry Group）开发的。虽然该组在 2014 年的 ILSVRC 分类任务中只取得了第二名的成绩，但是他们的方法影响了后续的很多工作。

VGG 架构概述

通过介绍 VGG 提出者的动机以及他们的贡献，我们将介绍 VGG 架构如何用更少的参数实现更高的准确率。

动机

AlexNet 是一个游戏规则颠覆者，它是第一个成功训练完成如此复杂识别任务的 CNN，并带来了一些至今仍然沿用的贡献：

❑ 使用**线性整流函数**（Rectified Linear Unit，ReLU）作为激活函数，避免了梯度消失的问题（本章后面会对此进行解释），从而改善了训练效果（与使用 sigmoid 或 tanh 相比）。

❑ 在 CNN 中应用**失活**（包括第 3 章中介绍的所有好处）。

❑ 采用典型的 CNN 架构，结合了卷积块和池化层，然后再利用稠密层进行最终的预测。

❑ 应用随机变换（图像平移、水平翻转等）来综合扩充数据集（也就是说，通过随机编辑原始样本来增加不同训练图像的数量，详见第 7 章。

尽管如此，即使在那时，这个原型架构显然还有改进的空间。许多研究人员的主要动机是尝试深入探索（即建立由大量堆叠层组成的网络），同时也由此产生了很多的挑战。事实上，更多的层次意味着需要训练的参数更多，使得学习过程更加复杂。然而，正如我们下面将要描述的，来自牛津 VGG 小组的 Karen Simonyan 和 Andrew Zisserman 成功地解决了这一挑战。他们提交给 ILSVRC 2014 的方法达到了 7.3% 的 Top-5 误差，比 AlexNet 的

16.4% 降低了一半以上!

> **Top-5 准确率**是 ILSVRC 的主要分类指标之一。该指标认为如果正确的类在前 5 个预测结果中,那么算法就可被认为是预测性能良好。实际上,对于许多应用程序来说,能够将大量候选类减少至较低数量的方法是很有用的(举例来说,可以将剩余候选类的最终选择任务留给专家)。Top-5 指标是更通用的 top-*k* 指标的一个具体案例。

架构

在论文 "Very Deep Convolutional Networks for Large-Scale Image Recognition"(ArXiv,2014)中,Simonyan 和 Zisserman 介绍了他们如何设计网络,使其比之前的大多数网络更深。他们实际上介绍了 6 种不同的 CNN 架构,深度从 11 层到 25 层。每个网络由五个连续的卷积块,及其后的一个最大池化层和三个置于最后的稠密层(使用失活进行训练)组成。其中所有的卷积和最大池化层的 padding 参数均为 "SAME"。卷积的步长 $s = 1$,并使用 ReLU 作为激活函数。综上所述,典型 VGG 网络如图 4-1 所示。

图 4-1 VGG-16 架构

现在仍广泛使用的两种性能最优的架构是 VGG-16 和 VGG-19。数字(16 和 19)表示 CNN 架构的深度,也就是堆叠在一起的可训练层的数量。例如,如图 4-1 所示,VGG-16 包含 13 个卷积层和 3 个稠密层,因此深度为 16(不包括不可训练的操作,即五个最大池化层和两个失活层)。VGG-19 也是如此,相比 VGG-16,它多了三个额外的卷积层。

VGG-16 大约有 1.38 亿个参数,VGG-19 大约有 1.44 亿个参数。尽管参数相当多,但正如我们将在下一节中演示的那样,虽然网络架构非常深,但是研究人员采取了一种新方法来控制这些参数。

贡献:标准化 CNN 架构

在接下来的内容中,我们将总结这些研究人员带来的最重要的贡献,同时进一步详述网络架构。

用多个较小的卷积层代替大的卷积层

VGG 发明者从一个简单的观察开始——两个 3×3 卷积层的叠加与 5×5 卷积层具有相同的感受野(参见第 3 章有效感受野公式)。

同样,3 个 3×3 卷积层产生 7×7 的感受野,5 个 3×3 操作产生 11×11 的感受野。因

此，虽然 AlexNet 有较大的滤波器（高达 11×11），但 VGG 网络包含更多但更小的卷积层，因此有效感受野更大。这种变化的好处有两方面：

- ❏ **它减少了参数的数量**：的确，11×11 卷积层的 N 个滤波器意味着仅卷积核就需要训练 $11 \times 11 \times D \times N = 121DN$ 个值（其中输入深度为 D），而五个 3×3 卷积层的卷积核共有 $1 \times (3 \times 3 \times D \times N) + 4 \times (3 \times 3 \times N \times N) = 9DN + 36N^2$ 个权重。只要 $N<3.6D$，就意味着更少的参数。例如，当 $N=2D$ 时，参数的数量从 $242D^2$ 减少到 $153D^2$。这使得网络更容易优化，也更轻便（建议大家自行仔细研究替换为 7×7 和 5×5 的卷积层后所带来的参数减少量）。

- ❏ **它增加了非线性**：有更多的卷积层（每层后面都有一个类似 ReLU 这样的非线性激活函数），因而增强了网络学习复杂特征的能力（该能力通过结合更多的非线性操作获得）。

总的来说，用较小的、连续的卷积层替换较大的卷积层可以让 VGG 发明者更有效地增加网络的深度。

增加特征图的深度

基于另一种直觉，VGG 发明者将每个卷积块的特征图深度加倍（从第一次卷积后的 64 增加到 512）。由于每组最后都有一个最大池化层，窗口大小为 2×2、步长为 2，因此其深度加倍而空间维度减半。

这允许将空间信息编码成越来越复杂且有区别的特征进行分类。

数据增强与尺度抖动

Simonyan 和 Zisserman 还介绍了一种**数据增强**（data augmentation）机制，他们称之为**尺度抖动**（scale jittering）。在每次训练迭代中，他们将批处理的图像随机缩放（图像较短的一侧从 256 个像素放到 512 个像素），然后将其裁剪到适当的输入大小（提交 ILSVRC 时为 224×224）。通过这种随机变换，网络可以拥有不同尺度的样本，并学会在尺度抖动的情况下正确地对它们进行分类（参见图 4-2）。其结果是，网络将会变得更加健壮，因为它训练的图像覆盖了更大范围的现实转换。

原始图像　　　　　　　　　　　　　　　基于尺度抖动的增强版本

图 4-2 尺度抖动示例（请注意，通常不保留内容的高宽比以进一步变换图像）

数据增强是通过对训练数据集的图像进行随机变换来综合增加训练数据集的大小，从而产生不同版本的训练数据集。第 7 章提供了细节和具体的例子。

发明者同时建议在测试时采用随机缩放和裁剪方法。其思想是用这种方式生成多个版本的查询图像，并将它们全部提供给网络，并期待这样可以增加网络所习惯的特定尺寸图像的识别机会。最终的预测结果通过平均每个版本的结果得到。

在论文中，他们展示了这个过程如何提高准确性。

> 相同的原则也曾被 AlexNet 的发明者使用。在训练和测试过程中，他们通过不同的裁剪和翻转变换组合来生成每幅图像的多个版本。

用卷积层代替全连接层

虽然经典的 VGG 架构（如 AlexNet）以几个全连接（FC）层结束，但发明者提出了一个替代版本。在这个版本中，稠密层被卷积层所替代。

第一组卷积核较大的卷积层（7×7 和 3×3）将特征图的空间尺寸减小到 1×1（没有预先填充），将深度增加到 4096。最后，应用一个 1×1 的卷积以及与预测类数量相同的滤波器（对于 ImageNet 来说，$N = 1000$）。得到的 $1 \times 1 \times N$ 向量用 softmax 函数归一化，然后展平成最终的类预测（向量的每个值代表预测类的概率）。

> 通常使用 1×1 卷积来改变输入的深度，而不影响其空间结构。对于每个空间位置，新值将从该位置的所有深度值插值而来。

这种没有任何稠密层的网络称为**全卷积网络**（Fully Convolutional Network，FCN）。正如第 3 章以及 VGG 发明者所强调的，FCN 可以应用于不同大小的图像，不需要预先裁剪。

> 有趣的是，为了达到 ILSVRC 的最佳精度，发明者训练并使用了两个版本（常规网络和 FCN），并再次平均它们的结果以获得最终预测结果。这种技术称为**模型平均**（model averaging），在生产中经常使用。

在 TensorFlow 和 Keras 中的实现

由于发明者努力创建清晰的架构，VGG-16 和 VGG-19 是最容易重新实现的分类器。本章的 Git 文件夹中有一个示例代码，用于教学目的。在计算机视觉领域中，就像在许多其他领域中一样，最好不要"重复发明轮子"而是尽量复用现有的可用工具。下面的内容展示了可以直接修改和重用的几个预实现的 VGG 解决方案。

TensorFlow 模型

虽然 TensorFlow 本身没有提供任何官方的 VGG 架构实现，但是在 Git 存储库的 `tensorflow/models`（https://github.com/tensorflow/models）中提供了实现整洁良好的 VGG-16 和 VGG-19 网络。这个存储库由 TensorFlow 贡献者维护，包含了大量精心设计的最新或实验模型。在查找特定网络时，建议先搜索此存储库。

我们邀请读者看一看那里的 VGG 代码（目前可以在 https:// github.com/tensorflow/ tensorflow/blob/master/tensorflow/contrib/slim/python/slim /nets/vgg.py 上找到），因为它重新实现了先前描述的 FCN 版本。

Keras 模型

Keras API 有这些架构的官方实现，可以通过它的 `tf.keras.applications` 包访问（请参考 https://www.tensorflow.org/api_docs/python/tf/keras/applications 处的文档）。该程序包同时还包含其他几个著名的模型，并为每个模型提供了预先训练过的参数（即在过往训练中针对特定数据集保存的参数）。举例来说，你可以用下面的命令实例化 VGG 网络：

```
vgg_net = tf.keras.applications.VGG16(
    include_top=True, weights='imagenet', input_tensor=None,
    input_shape=None, pooling=None, classes=1000)
```

使用这些默认参数，Keras 实例化 VGG-16 网络，并加载了在 ImageNet 上训练后获得的参数值。通过上述命令，我们就有了一个可以将图像分类为 1000 个 ImageNet 类别的网络。如果想从头开始重新训练网络，我们应该固定 `weights=None`，那么 Keras 将随机设置权重。

在 Keras 术语中，顶层对应于最后的连续稠密层。因此，如果设置 `include_top=False`，则会排除 VGG 的稠密层，网络输出的将是最后一个卷积 / 最大池化块的特征图。如果我们想重用预先训练过的 VGG 网络来提取有意义的特征（可以应用于更高级的任务），而不仅仅是用于分类，那么这就很有用。在这些情况下（即 `include_top=False` 的情况下），可以使用 pooling 函数参数来指定一个可选操作，在返回特征图前应用于图（通过 `pooling='avg'` 或 `pooling='max'` 来应用全局平均或最大池化）。

4.2.2　GoogLeNet 和 Inception 模块

我们将展示的架构由 Google 的研究人员开发，在 2014 年的 ILSVRC 中得到了应用，并在分类任务中获得了第一名，排在 VGGNet 之前。GoogLeNet（是 Google 和 LeNet 的缩写，作为对先驱网络的致敬）在结构上与它的线性挑战者有很大的不同，它引入了 inception 块的概念（该网络通常也被称为 Inception 网络）。

GoogLeNet 架构概况

正如我们将在下一节看到的，GoogLeNet 的发明者 Christian Szegedy 等人从一个与其他 VGG 研究者非常不同的角度出发，研究出了一个更高效的 CNN 的概念（参见论文 "Going Deeper with Convolutions"，CVPR IEEE 会议论文集，2014）。

动机

当 VGG 发明者采用 AlexNet 并致力于标准化和优化其结构以获得更清晰、更深入的架构时，Google 的研究人员采用了截然不同的方法。如论文中所述，他们首先考虑的是 CNN 计算足迹的优化。

事实上，尽管经过了精心设计（参考 VGG），但是 CNN 越深，其可训练参数的数量和每次预测所需的计算量就会越大（这非常耗费内存和时间）。例如，VGG-16 大约有 93 MB（就参数存储而言），而 ILSVRC 的 VGG 提交版在 4 个 GPU 上需要花费 2~3 周的时间。GoogLeNet 大约有 500 万个参数，比 AlexNet 轻 12 倍，比 VGG-16 轻 21 倍，且网络在一周内就完成了训练。因此，GoogLeNet（以及新提出的 Inception 网络）甚至可以在更普通的计算机（比如智能手机）上运行，这能保证它们持续流行。

我们必须记住，尽管在参数和操作的数量上有了惊人的减少，但 GoogLeNet 在 2014 年的分类挑战中以 6.7% 的 Top-5 误差（VGG 的误差为 7.3%）赢得了冠军。这种性能是 Szegedy 等人的第二个目标的结果——网络不仅更深，而且更大，具有用于多尺度处理的并行层块。虽然我们将在本章后面详细介绍这个解决方案，但它背后的思路其实很简单。构建 CNN 是一项复杂的迭代任务。如何知道哪一层（如卷积层或池化层）应该添加到堆栈以提高准确性？如何知道哪个卷积核尺寸最适合给定的层？毕竟，不同大小的卷积核不会对与其大小相同的特征给出反应。怎样才能避免这种权衡呢？根据发明者的说法，解决方案是使用他们开发的 Inception 模块（由几个并行工作的不同层组成）。

架构

如图 4-3 所示，虽然 GoogLeNet 架构可以逐区分析，但它并不像我们之前学习过的架构那样简单。输入图像首先由经典的卷积层和最大池化层处理。然后，信息会经过九个 Inception 模块。这些模块（通常称为子网，如图 4-4 所示）分别是垂直和水平堆叠的层块。对于每个模块，输入的特征图被传递到四个并行的子块，而这些子块由一个或两个不同的层（具有不同卷积核大小的卷积层和最大池化层）组成。

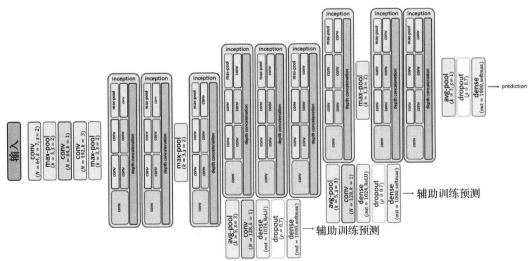

图 4-3　GoogLeNet 架构图示（Inception 模块见图 4-4）

然后将这四种并行操作的结果沿着深度方向连接在一起，形成一个单一的特征量。

在图 4-3 中，所有卷积层和最大池化层的 padding 参数均为 "SAME"。卷积步长 $s=1$（若未指定步长）并且使用 ReLU 作为激活函数。

这个网络由几个共享类似结构——Inception 模块——的层块组成。举例来说，第一个 Inception 模块（如图 4-3 所示）接收一个大小为 $28 \times 28 \times 192$ 的特征量作为输入。它的第一个并行子块由单个 1×1 卷积输出（$N=64, s=1$）组成，从而生成一个 $28 \times 28 \times 64$ 的张量。同样，由两个卷积组成的第二子模块输出一个 $28 \times 28 \times 128$ 的张量，其余两个子模块分别输出 $28 \times 28 \times 32$ 和 $28 \times 28 \times 32$ 的特征量。因此，沿着最后一个维度将这四个结果叠加在一起，第一个 Inception 模块输出一个 $28 \times 28 \times 256$ 的张量，然后传递给第二个模块，以此类推。如图 4-4 所示，左侧为简单 Inception 模块，右侧为 GoogLeNet 中使用的 Inception 模块（即 Inception 模块 V1）（注意在 GoogLeNet 中，滤波器的数目 N 越大，模块越深）。

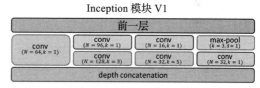

图 4-4　简单 Inception 模块和实际 Inception 模块

将最后一个模块的特征从 $7 \times 7 \times 1024$ 平均池化到 $1 \times 1 \times 1024$，并最后稠密转化为预测向量。如图 4-3 所示，网络进一步由两个辅助分支组成，也可以进行预测。它们的目的将在下一小节中详细说明。

总的来说，GoogLeNet 是一个 22 层深（只计算可训练的层）的架构，总共有 60 多个卷积层和 FC 层。然而，这个大得多的网络拥有的参数是 AlexNet 的十三分之一。

贡献：推广应用更大的块和瓶颈层

低参数数量和良好网络性能是 GoogLeNet 发明者通过实现几个概念获得的结果。我们将在本小节中介绍主要的概念。

> ⓘ 在本小节中，我们只介绍使 Inception 网络不同于前面介绍的网络的关键概念。请注意，GoogLeNet 的发明者也应用了之前介绍的一些其他技术，比如预测每幅输入图像的多个剪裁结果，以及在训练期间应用的图像变换。

用 Inception 模块捕获各图像细节

Min Lin 等人于 2013 年发表了颇具影响力的论文 "Network in Network"（NIN），该论文提出了由子网络模块组成 CNN 的技术思路，Google 团队改进并充分利用了该思路。如前所述（见图 4-4），他们所开发的基本 Inception 模块由 4 个平行的层组成——3 个滤波器大

小分别为 1×1、3×3、5×5 的卷积层和一个步长为 1 的最大池化层。这种并行处理并在其后将结果连接在一起的做法有很多优点。

正如在"动机"部分所解释的,这种架构允许对数据进行多尺度处理。每个 Inception 模块的结果结合了不同尺度的特征,捕获了更广泛的信息。我们不必选择哪个卷积核大小可能是最好的(这样的选择将需要多次训练和测试迭代),也就是说,网络自己能够学习每个模块应更多地依赖于哪个卷积层。

此外,我们展示了具有非线性激活函数的垂直叠加层如何对网络性能产生积极影响,这同样也适用于水平组合。来自不同层的特征图的连接进一步增加了 CNN 的非线性。

使用 1×1 卷积层作为瓶颈层

虽然从本质上来说这不是什么贡献,但是 Szegedy 等人将以下技术有效地应用到他们的网络中,使这些技术声名远扬。

如前文 4.2.1 节中"用卷积层代替全连接层"中所述,通常使用 1×1 卷积层(步长为 1)来改变输入量的整体深度,而不影响其空间结构。这类具有 N 个滤波器的层接收形状为 $H \times W \times D$ 的输入,并返回一个插值的 $H \times W \times N$ 张量。对于输入图像中的每个像素,它的 D 个通道值将由该层(根据它的滤波器权值)插值为 N 个通道值。

利用这个属性可以通过预先压缩特征的深度(使 $N < D$)来减少较大卷积所需的参数数量。该技术基本以 1×1 卷积层作为瓶颈层(即作为降低维数从而减少参数数量的中间层)。由于神经网络中的激活函数通常是冗余的或未被使用的,这样的瓶颈层通常不会影响性能(只要它们没有显著降低深度)。此外,GoogLeNet 拥有平行层,可以弥补深度的减少。实际上,在 Inception 网络中,瓶颈层存在于每个模块中,位于所有更大的卷积层之前和最大池化操作之后,如图 4-4 所示。

以第一个 Inception 模块(其输入量为 $28 \times 28 \times 192$)的 5×5 卷积为例,简单版中包含滤波器的张量为 $5 \times 5 \times 192$ 维度。这意味着仅仅是卷积操作就会有 153 600 个参数。在 Inception 模块的第一个版本中(即有瓶颈层的版本),在 5×5 的卷积之前引入一个 1×1 的卷积,其中 N=16。因此,两个卷积层需要 $1 \times 1 \times 192 \times 16 + 5 \times 5 \times 16 \times 32 = 15\,872$ 个可训练值。这大约是比之前版本参数的十分之一(仅仅是对 5×5 的层来说),并且输出的大小仍然是相同的!此外,如前所述,添加带有非线性激活函数(ReLU)的层进一步提高了网络掌握复杂概念的能力。

在本章中,我们介绍的是提交给 ILSVRC 2014 的 GoogLeNet(常被称为 Inception V1),这个架构从发明伊始就已被其发明者做了不少改进。Inception V2 和 Inception V3 也包含了一些改进,比如将 5×5 和 7×7 的卷积替换为更小的卷积(就像在 VGG 中做的那样),改进瓶颈层的超参数以减少信息丢失,以及增加批标准化层。

使用池化层代替全连接层

Inception 发明者使用的减少参数数量的另一种解决方案是在最后一个卷积块之后使用平均池化层，而非全连接层。该层采用 7×7 的窗口大小，步长为 1，在不训练任何参数的情况下，将特征量从 $7 \times 7 \times 1024$ 减小到 $1 \times 1 \times 1024$。而一个稠密层则会增加（$7 \times 7 \times 1024$）$\times 1024 = 51\,380\,224$ 个参数。虽然网络在表达能力上有一点损失，但是所获得的计算收益是巨大的（而且网络已经包含了足够多的非线性操作来获取最终预测所需的信息）。

 GoogLeNet 中最后的也是唯一的 FC 层有 $1024 \times 1000 = 1\,024\,000$ 个参数，占网络总参数的五分之一！

应用中间损失应对梯度消失

正如在介绍架构时简要提到的，GoogLeNet 在训练时有两个辅助分支（训练后会被删除），这些辅助分支也会得出预测结果。

它们的目的是改善训练过程中通过网络对损失的传播。事实上，深度较深的 CNN 经常受到**梯度消失（vanishing gradient）**的困扰。许多 CNN 操作（例如 sigmoid）都有幅值较小（小于 1）的导数。因此，层数越高，反向传播时导数的乘积就越小（随着小于 1 的数值不断相乘，其结果将不断趋近于零）。通常，当最终到达第一层时，梯度可能已经消失或缩小到零。因为梯度值是直接用来更新参数的，所以如果梯度太小，这些层就不能有效地学习。

 相反的现象——**梯度爆炸（exploding gradient）**问题——也会在更深的网络中发生。当所用的操作的导数具有较大幅值时，在反向传播过程中其乘积可能会变得非常大，从而使训练变得不稳定（会产生巨大的、不稳定的权值更新），甚至有时会溢出（NaN 值）。

针对这个问题，务实且有效的解决方案是，通过在不同的网络深度处引入额外的分类损失来减少第一层与预测结果之间的距离。如果最终损失的梯度不能正确地流向第一层，它们仍将被训练以帮助分类——多亏了中间损失的距离较近。此外，这种解决方案也略微提高了受多重损耗影响的层的鲁棒性，因为它们必须学会提取不仅对主网络有用，而且对较短分支也有用的判别特征。

在 TensorFlow 和 Keras 中的实现

Inception 架构可能看起来实现起来比较复杂，但是我们已经有了用来实现它的大部分工具。此外，TensorFlow 和 Keras 还提供了几个预先训练过的版本。

Inception 模块与 Keras 函数式 API

到目前为止，我们实现的网络均是序贯结构的，即从输入到预测结果只有一条路径。Inception 模型与前述模型不同，它有多个并行的层和分支。这使我们有机会演示使用可用的 API 实例化这样的操作图并不困难。在下一小节中，我们将使用 Keras 函数式 API 编写一个 Inception 模块（参考 https://keras.io/getting-started/sequential-model-guide/ 处的文档）。

到目前为止，我们主要使用的是 Keras 序贯式 API，它并不适合多路径架构（其结构正如其名）。Keras 函数式 API 更接近 TensorFlow 范例，使用层的 Python 变量作为参数传递给下一层来构建图。下面的代码展示了一个同时使用以上两种 API 实现的简单模型：

```
from keras.models import Sequential, Model
from keras.layers import Dense, Conv2D, MaxPooling2D, Flatten, Input

# Sequential version:
model = Sequential()
model.add(Conv2D(32, kernel_size=(5, 5), input_shape=input_shape))
model.add(MaxPooling2D(pool_size=(2, 2)))
model.add(Flatten())
model.add(Dense(10, activation='softmax'))

# Functional version:
inputs = Input(shape=input_shape)
conv1 = Conv2D(32, kernel_size=(5, 5))(inputs)
maxpool1 = MaxPooling2D(pool_size=(2, 2))(conv1)
predictions = Dense(10, activation='softmax')(Flatten()(maxpool1))
model = Model(inputs=inputs, outputs=predictions)
```

使用函数式 API，一个层可以很容易地传递给其他多个层，这正是 Inception 模块的并行块所需要的。然后可以使用一个 concatenate 层将它们的结果合并在一起（请参考 https://keras.io/layers/merge/#concatenate_1 处的文档）。因此，图 4-4 所示的简单 Inception 块可以如下实现：

```
from keras.layers import Conv2D, MaxPooling2D, concatenate

def naive_inception_block(previous_layer, filters=[64, 128, 32]):
    conv1x1 = Conv2D(filters[0], kernel_size=(1, 1), padding='same',
                     activation='relu')(previous_layer)
    conv3x3 = Conv2D(filters[1], kernel_size=(3, 3), padding='same',
                     activation='relu')(previous_layer)
    conv5x5 = Conv2D(filters[2], kernel_size=(5, 5), padding='same',
                     activation='relu')(previous_layer)
    max_pool = MaxPooling2D((3, 3), strides=(1, 1),
                            padding='same')(previous_layer)
    return concatenate([conv1x1, conv3x3, conv5x5, max_pool], axis=-1)
```

修改上述代码，通过添加瓶颈层以实现 Inception V1 的适当模块的任务，我们留给你来实现。

TensorFlow 模型和 TensorFlow Hub

Google 提供了一些脚本和教程，解释如何直接使用它的 Inception 网络，或者如何为新的应用程序再训练它们。在 Git 存储库 tensorflow/models 中，该架构目录非常丰富，并有记录良好的文档 (https://github.com/tensorflow/models/tree/master/research/inception)。此外，在 TensorFlow Hub 上有预训练好的 Inception V3 版本，这给了我们介绍这个平台的机会。

TensorFlow Hub 是一个预训练好的模型存储库。就像 Docker 允许人们轻松地共享和重用软件包，免去重新配置部署一样，TensorFlow Hub 允许访问预训练的模型，这样人们就不必花费时间和资源来重新实现和再次训练。它结合了一个网站（https://tfhub.dev）的功能，人们可以在其中搜索特定的模型（举例来说，模型取决于特定的目标识别任务），以及一个 Python 包，以便轻松地下载并使用这些模型。例如，我们可以如下获取并设置 V3网络。

```
import tensorflow as tf
import tensorflow_hub as hub

url = "https://tfhub.dev/google/tf2-preview/inception_v3/feature_vector/2"
hub_feature_extractor = hub.KerasLayer( # TF-Hub model as Layer
    url, # URL of the TF-Hub model (here, an InceptionV3 extractor)
    trainable=False, # Flag to set the layers as trainable or not
    input_shape=(299, 299, 3), # Expected input shape (found on tfhub.dev)
    output_shape=(2048,), # Output shape (same, found on the model's page)
    dtype=tf.float32) # Expected dtype

inception_model = Sequential(
    [hub_feature_extractor, Dense(num_classes, activation='softmax')],
    name="inception_tf_hub")
```

虽然这段代码相当简洁，但是其中包含了很多内容。第一步是浏览 tfhub.dev 网站，并确定其中的模型。在显示所选模型的页面上（https://tfhub.dev/google/tf2-preview/inception_v3/feature_vector/2，网址存储在 model_url 中），可以看出我们选择的 Inception模型被定义为一个图特征向量，我们可以看到它的很多细节，以及它所期望的输入大小为$299 \times 299 \times 3$。实际上，要使用 TensorFlow Hub 模型，我们需要知道如何与之交互。

该图特征向量类告诉我们，上述网络返回提取的特征，即稠密层操作前最后一个卷积块的结果。对于该模型，需要由我们来添加最后的层（例如，使输出大小与预测类的数量相对应）。

TensorFlow Hub 接口的最新版本与 Keras 实现了无缝连接，一个完整的预训练的TensorFlow Hub 模型可以被获取并实例化为 Keras 层，这多亏了 tensorflow_hub.KerasLayer(model_url, trainable, ...)。像任何 Keras 层一样，它可以在更大的 Keras 模型或 TensorFlow 估计器中使用。

尽管这看起来不像使用 Keras 应用 API 那么简单，但 TensorFlow Hub 有一个包含共享模型的目录，该目录会随着时间的推移而增加。

 Git 存储库中有一个 Jupyter Notebook 专门用于 TensorFlow Hub 及其使用。

Keras 模型

与 VGG 一样，Keras 提供了 Inception V3 的实现，你可以选择使用在 ImageNet 上预训练的权重。tf.keras.applications.InceptionV3()（请参考 https://keras.io/applications/#

inceptionv3 处的文档）具有与 VGG 相同的签名。

我们介绍了 2012 年 ILSVRC 的获胜解决方案 AlexNet，以及 2014 年中占主导地位的 VGGNet 和 GoogLeNet。也许你会好奇 2013 年谁赢了。那一年挑战的获胜解决方案是 ZFNet 架构（该架构以其创建者——来自纽约大学的 Matthew Zeiler 和 Rob Fergus——命名）。本章没有对 ZFNet 进行详细介绍，因为它的架构本身并没有什么特别的创新，而且在后来也没有真正被复用。

 但是，Zeiler 和 Fergus 的重大贡献并不在此，他们开发并应用了一些操作来可视化 CNN 本身（比如**反池化（unpooling）**和**转置卷积（transposed convolution）**，转置卷积也被称为**反卷积（deconvolution）**，这些将在第 6 章详细介绍）。事实上，人们对神经网络的普遍批评是，它们的行为就像黑盒子，没有人能真正理解它们为什么以及如何工作得这么好。Zeiler 和 Fergus 的工作是打开 CNN 并揭示其内部过程（比如它们为什么会对特定特征做出反应，以及它们如何随着网络加深而学会更抽象的概念）的重要第一步。通过可视化网络的每一层对特定图像的反应以及对最终预测的贡献，发明者能够优化其超参数，从而提高其性能（参见论文"Visualizing and Understanding Convolutional Networks"，Springer，2014）。

针对理解神经网络的研究仍在进行中（例如，最近有大量的研究工作聚焦于捕捉和分析网络对特定元素的关注程度），并且已经极大地帮助了当前系统的改善。

4.2.3   ResNet：残差网络

本章要讨论的最后一个架构是 ILSVRC 2015 年的获胜解决方案。由一种新的模块——残差模块——组成的 ResNet（残差网络，residual network）提供了一种创建深度网络的有效方法，在性能方面击败了像 Inception 这样的大型模型。

ResNet 架构概述

由 Kaiming He 等微软研究人员开发的 ResNet 架构是一个有趣的解决方案，用于学习影响 CNN 的问题。和前面章节的结构一样，我们将首先阐明发明者的目标，介绍它们的新架构（参考"Deep Residual Learning for Image Recognition"，CVPR IEEE 会议论文，2016）。

动机

Inception 网络证明了在图像分类和其他识别任务中，大型网络是一种有效的策略。尽管如此，为了解决越来越复杂的任务，专家们仍在不断尝试增加网络的深度。然而问题是，"学习更好的网络就像叠加更多层一样简单吗？"Kaiming He 等人论文的序言中问道，提出这个问题是合乎情理的。

我们已经知道，网络越深，训练它就越困难。但是除了梯度消失和梯度爆炸问题（这些问题已被其他解决方案解决），Kaiming He 等人指出了另一个 CNN 面临的更深层次问题——

性能退化。这一切都始于一个简单的观测，即 CNN 的准确率并不会随着新层的增加而线性增加。随着网络深度的增加，甚至会出现网络退化问题，网络的准确率开始饱和甚至下降。即使忽略网络加深所叠加的很多层，训练损失开始减少也证明了问题不是由过拟合引起的。例如，发明者比较了 18 层 CNN 和 34 层 CNN 的准确率，发现后者在训练中和训练后的表现都不如 18 层的版本。在论文中，他们提出了一个建立超深且高性能网络的解决方案。

 通过模型平均（应用不同深度的 ResNet 模型）和预测平均（针对每个输入图像的多个裁剪进行平均），ResNet 发明者在 ILSVRC 挑战中达到了历史最低的 3.6% 的 Top-5 误差。这是第一次一个解决方案在该数据集上击败人类。人类的表现是由挑战组织者衡量的，最佳人类候选人的误差达到了 5.1%（参考 "ImageNet Large Scale Visual Recognition Challenge"，Springer，2015）。在这样的任务上取得超越人类的表现，对深度学习来说是一个巨大的里程碑。然而，我们应该记住，虽然算法可以熟练地解决特定的任务，但它们仍然没有人类具有将这些知识扩展到其他事物，或者掌握它们要处理的数据的语意环境的能力。

架构

与 Inception 类似，ResNet 已经对其架构进行了多次迭代改进，例如，增加瓶颈层卷积或使用更小的卷积核。像 VGG 一样，ResNet（见图 4-5）也有几个伪标准化版本，其特点是网络深度不同，如 ResNet-18、ResNet-50、ResNet-101、ResNet-152 等。事实上，2015年 ILSVRC 的获奖网络 ResNet 垂直叠加了 152 个可训练层（总共有 6000 万个参数），这在当时是一个令人印象深刻的壮举。

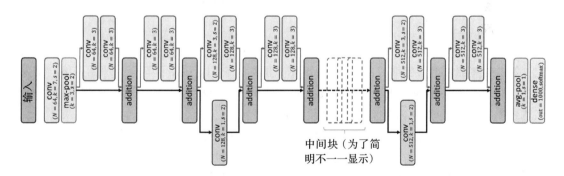

图 4-5　典型的 ResNet 架构

在图 4-5 中，所有卷积层和最大池化层的 padding 参数均为 "SAME"，如未指定步长，则步长 $s=1$。每个 3×3 卷积（在灰线表示的残差路径上）后进行批归一化，1×1 卷积（在黑色线表示的映射路径上）没有激活函数（identity）。

从图 4-5 可以看到，ResNet 架构比 Inception 架构更精简，尽管它同样由具有并行操作的层块组成。与 Inception 每个平行层都对输入信息进行非线性处理不同，ResNet 块由一个非线性路径和一个 identity 路径组成。前者（由图 4-5 中更细的灰色箭头表示）对输入特征图应用卷积操作，以及批归一化和 ReLU 激活。后者（由较粗的黑色箭头表示）只是向前推进特征，而不应用任何转换。

上述最后一句并不总是正确的。如图 4-5 所示，当网络深度通过非线性分支并行增加时，为适应特征深度，我们采用 1×1 卷积。在这种情况下，为了避免参数激增，也可采用 $s=2$ 的步长在两边降低空间维度。

在 Inception 模块中，来自每个分支的特征图（即转换后的特征和原始特征）在传递到下一个块之前会被合并在一起。然而，与 Inception 模块不同的是，这种合并不是通过深度连接来执行的，而是通过逐个元素相加（一个简单的操作，不需要任何附加参数）来执行的。在下一小节中，我们将介绍这些残差块的好处。

注意，在大多数实现中，每个残差块最后的 3×3 卷积后面并不直接跟着 ReLU 激活，而是在与 identity 分支合并后才应用非线性函数。

最后，同 GoogLeNet 类似，最后一个块的特征被平均池化并稠密转化为预测结果。

贡献：将信息前向传递至更深

残差块对机器学习和计算机视觉有重要的贡献。下面，我们将介绍这背后的原因。

估计残差函数而不是映射

正如 ResNet 发明者所指出的，如果层可以轻松地学习 identity 映射（也就是说，如果一组层可以学习权重，那么它们的一系列操作最终会返回与输入相同的张量），就不会出现退化现象。

事实上，发明者认为，当在 CNN 上添加一些层时，至少应该获得相同的训练 / 验证误差，如果这些额外的层能够收敛于 identity 函数的话。它们至少应该学会当原始网络的结果通过这些层时不会出现退化。但是情况并非如此——正如我们经常观察到的退化现象——这就意味着 identity 映射对于 CNN 层来说并非易事。

这导致了引入残差块的想法，有如下两条路径可引入残差块：

❑ 一条路径是使用一些额外的卷积层进一步处理数据。

❑ 另一条路径是执行 identity 映射（即不做任何更改前向传递数据）。

我们可以直观地理解这是如何解决退化问题的。在 CNN 上添加残差块时，通过将处理分支的权重设置为零，只保留预定义的 identity 映射，至少可以保持其原有的性能。只有当处理路径有利于损失最小化时，才会考虑它。

数据前向传递路径通常称为**跳跃（skip）**或**捷径（shortcut）**。处理分支通常称为**残差路径**，因为它的操作输出被添加到原始输入中，当 identity 映射接近最佳时，处理后的张量量级要比输入张量小得多（因此称为残差）。总的来说，残差路径只对输入数据进行了很小的更改，就使得模式可以前向传递至更深的层。

在他们的论文中，ResNet 发明者证明了他们的架构不仅解决了退化问题，而且他们的 ResNet 模型在相同层数的情况下比传统模型取得了更好的准确率。

极深神经网络

值得注意的是，残差块并不比传统块包含更多的参数，因为跳跃操作和添加操作不需要任何参数。因此，它们可以被有效地用作极深网络的构建块。

除了用于 ImageNet 挑战的 152 层网络之外，发明者还训练了一个令人印象深刻的 1202 层网络来说明他们的贡献。他们提到训练这样一个庞大的 CNN 并没有什么困难（尽管它的验证准确率比 152 层网络的略低，据说是因为过拟合）。

最新的研究正在探索如何使用残差计算来构建更深、更有效的网络，例如高速神经网络络（有一个可训练的开关值来决定每个残差块应该使用哪条路径）或 DenseNet 模型（在块之间进一步增加跳跃连接）。

在 TensorFlow 和 Keras 中的实现

与之前的架构类似，我们已经有了重新实现 ResNet 所需的工具，同时也拥有可以直接访问的预实现 / 预训练的版本。

残差块与 Keras 函数式 API

作为练习，我们自己来实现一个基本的残差块。如图 4-5 所示，残差路径由两个卷积层组成，每个卷积层都进行批归一化操作。在第一次卷积后直接应用 ReLU 激活函数。对于第二个卷积，在与其他路径合并后才应用激活函数。使用 Keras 函数式 API，残差路径就可以通过 5～6 行代码实现，如下面的代码所示。

捷径路径则更简单，它要么根本不包含任何层，要么在残差路径改变其维度时（例如，当使用更大的步长时），仅用一个 1×1 的卷积来重塑输入张量。

最后，将两条路径的结果相加，并对和应用 ReLU 函数。总而言之，基本残差块可通过以下方式实现：

```python
from tf.keras.layers import Activation, Conv2D, BatchNormalization, add

def residual_block_basic(x, filters, kernel_size=3, strides=1):
    # Residual Path:
    conv_1 = Conv2D(filters=filters, kernel_size=kernel_size,
                    padding='same', strides=strides)(x)
    bn_1 = BatchNormalization(axis=-1)(conv_1)
    act_1 = Activation('relu')(bn_1)
    conv_2 = Conv2D(filters=filters, kernel_size=kernel_size,
                    padding='same', strides=strides)(act_1)
    residual = BatchNormalization(axis=-1)(conv_2)
    # Shortcut Path:
    shortcut = x if strides == 1 else Conv2D(
        filters, kernel_size=1, padding='valid', strides=strides)(x)
    # Merge and return :
    return Activation('relu')(add([shortcut, residual]))
```

在 Jupyter Notebook 中有一个更加优雅的函数。该 notebook 还包含 ResNet 架构的完整实现和一个分类问题的简短演示。

TensorFlow 模型和 TensorFlow Hub

与 Inception 网络类似，ResNet 在 `tensorflow/models` Git 存储库中也有自己的官方实现，以及预训练的 TensorFlow Hub 模块。

 我们邀请你查阅官方的 `tensorflow/models` 实现，因为它提供了来自最新研究成果的几类残差块。

Keras 模型

最后，Keras 也提供了自己的 ResNet 实现——例如 `tf.keras.applications.Res-Net50()`（请参阅 https://keras.io/applications/#resnet50 处的文档），可选择加载在 ImageNet 上预训练的参数。这些方法与前面介绍的 Keras 应用程序具有相同的签名。

 Git 存储库中还提供了使用这个 Keras 应用程序的完整代码。

最后，本章并未介绍全部的 CNN 架构。本章精心挑选了在计算机视觉领域较为基础，并且具有教学价值的架构做介绍。

随着视觉识别领域研究持续快速发展，更先进的架构正在被提出，或建立在以前的解决方案之上（如 ResNet 架构中的高速神经网络和 DenseNet 解决方案），或合并它们（如 Inception-ResNet 解决方案），或优化它们以适用于特定用例（如在智能手机上运行的更轻量级的 MobileNet）。因此，在尝试重新发明"轮子"之前，检查技术的发展现状（例如，在官方知识库或研究期刊上查阅）总是一个好主意。

4.3　利用迁移学习

这种重用他人知识的想法不仅在计算机科学中非常重要。千百年来人类技术的发展就是我们将知识从一代传到另一代、从一个领域传到另一个领域的能力的结果。许多研究人员认为，将这种思想应用于机器学习可能是开发更熟练的系统的关键之一，这些系统将能够解决新的任务，而无须从零开始重新学习。

本节将介绍迁移学习对于人工神经网络意味着什么，以及如何将它应用到我们的模型中。

4.3.1　概述

我们将首先介绍什么是迁移学习，以及不同用例下如何在深度学习中执行。

定义

在本章的前面,我们介绍了几个著名的 CNN,它们是为 ImageNet 分类挑战大赛而开发的。我们提到,这些模型通常会被重新调整以用于更广的应用范围。在下面的内容中,我们将详细说明这种重新调整背后的原因以及如何执行它。

人类的灵感

和机器学习领域的许多发展进步一样,迁移学习的灵感来自人类处理复杂任务和收集知识的方式。

正如本节之初提到的,第一个灵感是我们作为一个物种能够将知识从一个个体传递到另一个个体的能力。专家可以通过口头或书面教学有效地将他们多年来收集的宝贵知识传授给大量学生。通过对经过一代又一代积累和提炼的知识的利用,人类文明得以不断地扩展和提升技术能力。我们的祖先花了几千年时间才理解的现象——比如人类生物学、太阳系等——现在已经成了常识。

此外,作为个体,我们也有能力将一些专业知识从一个任务转移到另一个任务。例如,掌握一门外语的人更容易学习类似的外语。同样,会开车的人能够掌握交通规则和一些开车相关的反应,如果他们想要学习驾驶其他类型的交通工具,这是很有用的。这样的例子不胜枚举。

通过现有知识掌握复杂任务的能力,以及将获得的技能用于类似活动的能力,是人类智力的核心。机器学习的研究人员梦想着能够复制它们。

动机

与人类不同,迄今为止,大多数机器学习系统的设计都是为了执行单一的、特定的任务。直接将已训练的模型应用到不同的数据集将会产生不良的结果,特别是在样本数据并不共享相同的语义内容(例如,MNIST 数字图像和 ImageNet 照片集)或相同的图像质量 / 分布时(例如,智能手机图片数据集和高品质图片数据集)。由于 CNN 被训练用于提取和解释特定的特征,如果特征分布发生变化,那么 CNN 的性能也会受到影响。因此,为了将网络应用到新任务中,一些转换是必需的。

研究人员已经研究了几十年的解决方法。1998 年,Sebastian Thrun 和 Lorien Pratt 编写了 *Learning to Learn* 一书,该书汇编了有关这一主题的流行研究内容。最近,Ian Goodfellow、Yoshua Bengio 和 Aaron Courville 在他们的著作 *Deep Learning*(http://www.deeplearningbook.org/contents/representation.html,内容见第 534 页,MIT 出版社)中对迁移学习的定义如下:

……在一个环境(如分布为 p_1 的环境)中学到的东西被利用来提高在另一个环境(如分布为 p_2 的环境)中的泛化能力。

例如,研究人员可以假设,CNN 为分类手写数字而提取的一些特征可以部分地重复用于手写文本的分类。同样，学会了检测人脸的网络也可以部分地用于评估面部表情。实际上，尽管输入（用于面部检测的完整图像与用于新任务的裁剪图像）和输出（检测结果与分类值）是不同的，但网络的一些层已经经过了提取人脸特征的训练，这对两个任务都很有用。

 在机器学习中，任务由提供的输入（如来自智能手机的图片）和预期输出（如针对一组特定类的预测结果）定义。例如，ImageNet 中的分类和检测是两个不同的任务，它们有相同的输入图像，但是输出并不相同。

在某些情况下，算法被设计成解决类似的任务（如行人检测），但是访问的是不同的数据集（如来自不同地点的闭路电视图像或来自不同质量的摄像机）。因此，这些方法是在不同的领域（即不同的数据分布）上进行训练的。

迁移学习的目标是将知识从一个任务应用到另一个任务或从一个领域应用到另一个领域。后一种迁移学习被称为**域适应**（domain adaptation），具体将在第 7 章中介绍。

当没有足够的数据来正确地学习新任务时（即没有足够的图像样本来估计分布），迁移学习尤其有趣。实际上，深度学习方法对数据非常渴求，它们的训练需要大量的数据。这样的数据集（尤其是那些用于有监督学习的标记数据集）即使不是不可能收集到的，也常常是烦冗乏味的。例如，建立自动工业识别系统的专家不可能去每一个工厂，为每个新制造的产品及其部件拍几百张照片。它们常常需要处理小得多的数据集，而这些数据集不足以让 CNN 实现令人满意的收敛效果。这样的局限恰好解释了研究人员为何要把性能良好的视觉识别任务中获取的知识重用至其他任务而努力。

 由于拥有来自大量类别的数百万标记图像，ImageNet 以及最近的 COCO 都是特别丰富的数据集。假设在这些数据集上训练的 CNN 已经在视觉识别方面有了一定的专业知识，Keras 和 TensorFlow Hub 中标准模型 (Inception、ResNet-50 等) 的可用性已经在这些数据集上训练过了。寻找模型来传递知识的研究人员通常会使用这些预训练的模型。

CNN 的知识转移

那么，如何将一些知识从一个模型转移到另一个模型呢？与人脑相比，人工神经网络有一个便利的优点：它们很容易存储和复制。CNN 的专业知识只不过是其参数经过训练后所取的值，这些值可以很容易地恢复并转移到类似的网络中。

CNN 的迁移学习主要包括重用在丰富数据集上训练过的网络的全部或部分架构和权重，为不同的任务实例化一个新模型。通过这种条件实例化，可以对新模型进行微调，也就是说，可以用新任务或新领域的可用数据进行进一步的训练。

正如我们在前几章中强调的那样，网络的第一层倾向于提取底层特征（如线、边或颜色梯度），而最后的卷积层则是针对更复杂的概念（如特定的形状和模式）作出反应。对于分类任务，最终的池化层或全连接层将会处理这些高级特征图（通常称为瓶颈特征），以进行类预测。

这种典型设置和相关观察结果导致了不同的迁移学习策略。预训练的 CNN，去除其最终的预测层后，开始被用作有效的特征提取器。当新的任务与这些提取器之前的任务足够相似时，它们可以直接用于输出相关的特征（TensorFlow Hub 中的图像特征向量模型即可用于实现该目的）。然后，这些特征可以被一个或两个新的稠密层（被训练来输出与任务相关的预测）处理。为了保证所提取特征的质量，在训练阶段，特征提取器的各层通常是冻结的，即在梯度下降过程中不更新其参数。在其他情况下，如当任务或领域不太相似时，对特征提取器的最后几层（或全部）进行微调，也就是说，用任务数据对它们和新预测层一起进行训练。这些不同的策略将在稍后进行进一步说明。

用例

在实践中，我们应该重用哪个预先训练好的模型？哪些层应该被冻结或微调？这些问题的答案取决于目标任务和模型被训练用于的任务之间的相似性，以及新应用的训练样本的丰富程度。

类似任务和有限的训练数据

当你想要解决一个特定任务，并且没有足够的训练样本来正确地训练一个模型，但是能够访问一个更大且相似的训练数据集时，迁移学习是非常适用的。

模型可以在这个更大的数据集上进行预训练直到收敛（或者，也可以获取一个与任务相关并且可用的预训练模型）。然后，去掉它的最后几层（当任务不同，即模型输出与预训练的任务输出不同时），换上与目标任务相适应的层。举例来说，假设我们想训练一个模型来区分蜜蜂和黄蜂的图像。ImageNet 包含了这两类图像，这些图像可以用作训练数据集，但是它们的数量不足以让 CNN 在不过拟合的情况下高效学习。尽管如此，我们可以首先在整个 ImageNet 数据集上训练这个网络，以便从 1000 个类别中进行分类，从而发展更广泛的专业知识。在预训练之后，将它的最终稠密层删除，替换为输出两个目标类的预测层。

正如前面提到的，新模型最终可以通过冻结预训练层，仅训练最上面的稠密层来为任务做好准备。事实上，由于目标训练数据集太小，如果不冻结它的特征提取器组件，模型最终会过拟合。通过固定这些参数，我们可以确保网络能保持它在更丰富数据集上学习到的表现力。

类似任务和丰富的训练数据

目标任务可用的训练数据集越大，那么如果对网络进行完全的再训练，网络过拟合的可能性就会越小。因此，在这种情况下，人们通常会解封特征提取器的最后几层。换句话说，目标数据集越大，那么可以安全地进行微调的层就越多。这使得网络能够提取出与新任务更相关的特征，从而更好地学习如何执行新任务。

该模型已经在类似的数据集上经过了第一个训练阶段，可能已经接近收敛了。因此，通常的做法是在微调阶段使用较小的学习率。

不同任务和丰富的训练数据

如果新应用可以访问足够丰富的训练集，那么使用预训练模型还有意义吗？如果原始任务和目标任务之间的相似性太低，这个问题是合理的。预训练一个模型，甚至下载预训练的权重，都是有代价的。然而，研究人员通过各种实验证明，在大多数情况下，用预训练的权重（甚至来自不同的用例）初始化网络都比用随机权重初始化网络要好。

当不同任务或它们的领域至少有部分相似性时，迁移学习才有意义。例如，图像和音频文件都可以存储成二维张量，而CNN（如ResNet）通常可应用于这两者。然而，这些模型在视觉或听觉识别上依赖完全不同的特征。因此通常来说，从为音频相关任务训练的网络中获取权重对视觉识别模型来说没有益处。

不同任务和有限的训练数据

最后，如果目标任务非常具体，以至于几乎没有训练样本，并且使用预训练权重也没有多大帮助，这时应该如何处理呢？首先，有必要重新考虑深度模型的应用或重新利用。在小数据集上训练这样的模型会导致过拟合，而深度预训练提取器则会返回与具体任务无关的特征。尽管如此，如果我们记得CNN的第一层会对底层特征做出反应，那么仍然可以从迁移学习中获益。除了去除预训练模型的最终预测层之外，还可以删除一些最后的卷积块，因为它们太聚焦于特定任务了。然后，在剩下的层上添加一个浅层分类器，再对新模型进行微调。

4.3.2　基于 TensorFlow 和 Keras 的迁移学习

这一部分将简要介绍如何使用 TensorFlow 和 Keras 进行迁移学习。建议读者同时查阅相关的 Jupyter Notebook，其上通过分类任务演示了迁移学习。

模型重构

我们已经间接地介绍了如何获取通过 TensorFlow Hub 和 Keras 应用提供的标准预训练模型，并轻松地转换为用于新任务的特征提取器。除此之外，重用非标准网络也是很常见的，例如，重用由专家提供的更具体、更先进的 CNN，或者已经为一些以前任务训练过的定制模型。下面将介绍如何就迁移学习编辑模型。

删除层

首先是去除预训练模型的最后一层，将其转换为特征提取器。和往常一样，Keras 使这个操作非常容易。对于序贯模型，层清单可以通过 `model.layers` 属性获取。该结构有一个 `pop()` 方法，它会删除模型的最后一层。因此，如果我们知道将网络转换为特征提取器所需要删除的层数（例如，标准的 ResNet 模型需要删除两个层），那么可以这样做：

```
for i in range(num_layers_to_remove):
    model.layers.pop()
```

在 TensorFlow 中，编辑支持模型的操作图既不简单，也不推荐。尽管如此，我们必须记住，未使用的图操作不会在运行时执行。只要旧层不再被调用，在编译图中仍然保留旧层不会影响新模型的计算性能。因此，我们不需要移除层，只需要确定想要保留的上一个模型的最后一层 / 操作。如果我们并不知道它对应的 Python 对象，但是知道它的名字（例如，通过检查 Tensorboard 中的图），我们可以通过循环遍历模型的各层并检查它们的名字来恢复该张量：

```
for layer in model.layers:
    if layer.name == name_of_last_layer_to_keep:
        bottleneck_feats = layer.output
        break
```

不过，Keras 提供了其他方法来简化这个过程。知道要保留的最后一层的名称（例如，在用 model.summary() 显示名称后），可以用几行代码构建特征提取模型：

```
bottleneck_feats = model.get_layer(last_layer_name).output
feature_extractor = Model(inputs=model.input, outputs=bottleneck_feats)
```

与原始模型共享权重后，特征提取模型就可以使用了。

嫁接层

在特征提取器上添加新的预测层非常简单（与之前使用 TensorFlow Hub 的示例相比），因为这只是在相应的模型上添加新层的问题。例如，可以使用 Keras API 完成如下操作：

```
dense1 = Dense(...)(feature_extractor.output) # ...
new_model = Model(model.input, dense1)
```

可以看到，基于 Keras，TensorFlow 2 可以使其轻松变成简单的、可扩展或者组合的模型！

选择训练

迁移学习使训练阶段变得有点复杂，因为需要首先恢复预训练的层，并定义哪些应该被冻结。幸运的是，有一些工具可以简化这些操作。

恢复预训练参数

针对热启动的评估器，TensorFlow 有一些效用函数，也就是说，可用预训练权重初始化部分层。下面的代码片段告诉 TensorFlow，对于新评估器中拥有相同名字的层，使用预训练评估器保存的参数：

```
def model_function():
    # ... define new model, reusing pre-trained one as feature extractor.
```

```
ckpt_path = '/path/to/pretrained/estimator/model.ckpt'
ws = tf.estimator.WarmStartSettings(ckpt_path)
estimator = tf.estimator.Estimator(model_fn, warm_start_from=ws)
```

 WarmStartSettings 初始化中有一个可选参数 vars_to_warm_start，它也可以用于表示想从检查点文件中恢复的特定变量名称（作为一个列表或一个正则表达式），更多信息详见参考文档 https://www.tensorflow.org/api_docs/python/tf/estimator/WarmStartSettings。

有了 Keras，我们可以简单地在对新任务进行转换之前恢复预训练模型：

```
# Assuming the pre-trained model was saved with `model.save()`:
model = tf.keras.models.load_model('/path/to/pretrained/model.h5')
# ... then pop/add layers to obtain the new model.
```

虽然在删除部分层之前恢复完整的模型并不是最优选择，但这种解决方案更简洁。

冻结层

在 TensorFlow 中，冻结层最通用的方法是从传递给优化器的变量列表中去除它们的 tf.Variable 属性：

```
# For instance, we want to freeze the model's layers with "conv" in their
name:
vars_to_train = model.trainable_variables
vars_to_train = [v for v in vars_to_train if "conv" in v.name]

# Applying the optimizer to the remaining model's variables:
optimizer.apply_gradients(zip(gradient, vars_to_train))
```

在 Keras 中，层有一个 .trainable 属性，可以简单地设置为 False 来冻结它们：

```
for layer in feature_extractor_model.layers:
    layer.trainable = False  # freezing the complete extractor
```

如果想要了解完整的迁移学习例子，建议读者浏览 Jupyter Notebook。

4.4 本章小结

诸如 ILSVRC 的分类挑战，是研究人员的游乐场，也导致了更高级深度学习解决方案的发展。我们在本章中详细介绍的每一个架构都以自己的方式成了计算机视觉的有用工具，并且仍在应用于日益复杂的应用。正如我们将在接下来的章节中看到的，它们在技术上的贡献启发了其他各种视觉任务的解决方案。

此外，我们不仅学会了重用最先进的解决方案，还发现了算法本身如何从以前任务的知识中获益。通过迁移学习，可以在特定应用中大大提高 CNN 网络的性能。对于目标检测这样的任务尤其如此，这将是下一章的主题。与图像识别相比，目标检测中的数据集标注更加烦琐，通常只能获得较小的训练数据集。因此，牢记迁移学习是获得有效模型的一种解决方案很重要。

问题

1. 哪个 TensorFlow Hub 模块可以用来实例化 ImageNet 的初始分类器？
2. 如何冻结 Keras 应用中 ResNet-50 模型的前三个残差块？
3. 什么时候不推荐使用迁移学习？

进一步阅读

❑ Dipanjan Sarkar、Raghav Bali 和 Tamoghna Ghosh 编写的 *Hands-On Transfer Learning with Python*（https://www.packtpub.com/big-data-and-business-intelligence/hands-transfer-learning-python）：
这本书涵盖了更加详细的迁移学习内容，同时介绍了深度学习在计算机视觉领域以外的应用。

第 5 章

目标检测模型

从自动驾驶汽车到内容审核，检测目标及其在图像中的位置是计算机视觉中的一项典型任务。本章将介绍用于**目标检测**的技术。我们将详细介绍当前最新网络中两个最流行模型的框架——YOLO（You Only Look Once）和**基于卷积神经网络的候选区域法**（Regions with Convolutional Neural Network，R-CNN）。

本章将涵盖以下主题：

❑ 目标检测技术的历史。

❑ 主要的目标检测方法。

❑ 应用 YOLO 架构实现快速目标检测。

❑ 应用 Faster R-CNN 架构改进目标检测。

❑ 使用 Faster R-CNN 和 TensorFlow 目标检测 API。

5.1 技术要求

本章的代码以 notebook 形式提供，网址为 https://github.com/PacktPublishing/Hands-On-Computer-Vision-with-TensorFlow-2/tree/master/Chapter05。

5.2 目标检测介绍

目标检测已在第 1 章中进行了简要介绍。在本节中，我们将介绍其历史以及核心技术概念。

5.2.1 背景

目标检测也称为目标定位，是检测图像中的目标及其边界框的过程。边界框是完全包含目标图像的最小矩形。

目标检测算法的常见输入是图像。常见输出是边界框和目标类的列表。对于每个边界框，模型输出相应的预测类及其置信度。

应用

目标检测的应用众多，涉及许多行业。例如，目标检测可用于以下目的：

❑ 在自动驾驶汽车中，定位其他车辆和行人。

❑ 对于内容审核，找出禁止的目标及其各自的大小。

❑ 在医疗方面，使用射线照片来定位肿瘤或危险组织。

❑ 在制造领域，用于组装或维修产品的装配机器人。

❑ 在安全行业，用于探测威胁或统计人数。

❑ 在野生动物保护中，用于监测动物种群。

这些仅是几个示例，随着目标定位变得越来越强大，每天都会发现越来越多的应用。

简史

从历史上看，目标检测依赖于一种经典的计算机视觉技术：**图像描述符**。要检测目标，例如自行车，首先要有该目标的几张图像。然后，从图像中提取与自行车对应的描述符。这些描述符将表示自行车的特定部分。当寻找该目标时，算法将尝试在目标图像中再次找到这些描述符。

为了在图像中定位自行车，最常用的技术是**浮动窗口**法。依次检查图像的小矩形区域。具有最匹配的描述符的部分将被视为包含目标的部分。随着时间的推移，该技术发展出了许多变体。

该技术具有一些优点：它对旋转和颜色变化具有鲁棒性，不需要大量的训练数据，并且可以处理大多数目标。但是，它的准确率无法令人满意。

尽管神经网络在 20 世纪 90 年代初期已经开始使用（用于检测图像中的人脸、手或文字），但在 21 世纪 10 年代初才在 ImageNet 挑战中开始大幅度地优于描述符技术。

从那以后，神经网络的性能一直在稳步提高。性能是指算法在以下方面的表现：

❑ 边界框精度：提供正确的边界框（不要太大或太窄）。

❑ 召回率：查找所有目标（不丢失任何目标）。

❑ 分类精度：为每个目标输出正确的分类（不要误认为猫是狗）。

性能的提高还意味着模型在计算结果方面变得越来越快（针对特定的输入图像大小和特定的计算能力）。早期的模型需要花费大量时间（几秒钟）来检测目标，但现在它们可以实时使用了。在计算机视觉中，实时通常意味着每秒检测五次以上。

5.2.2   模型的性能评价

为了比较不同的目标检测模型,需要通用的评价指标。对于给定的测试集,我们运行每个模型并收集其预测结果,然后使用预测结果和真值来计算评价指标。在本节中,我们将介绍用于评价目标检测模型的指标。

精度和召回率

尽管通常不使用精度和召回率来评估目标检测模型,但它们是计算其他指标的基础。因此,必须对精度和召回率有很好的了解。

为了测量精度和召回率,首先需要针对每幅图像计算以下内容:

❑ 真正例的数量:真正例(True Positive,TP)确定与同一类的真值框所匹配的预测数。

❑ 假正例的数量:假正例(False Positive,FP)确定与同一类的真值框并不匹配的预测数。

❑ 假反例的数量:假反例(False Negative,FN)确定有多少个真值框没有匹配的预测。

然后,精度和召回率定义如下:

$$precision = \frac{TP}{TP+FP}$$

$$recall = \frac{TP}{TP+FN}$$

请注意,如果预测结果与所有真值框完全匹配,则不会有任何假正例或假反例。因此,理想情况下精度和召回率将等于 1。如果模型过于频繁地基于非鲁棒特征预测目标的存在,则精度会下降,因为会出现许多假正例。相反,如果模型过于严格并且仅在满足精确条件的情况下才认为检测到目标,则召回率将受到影响,因为会存在许多假反例。

精度 - 召回率曲线

精度 - 召回率曲线可用于许多机器学习问题。总体思路是在每个**置信度阈值**下可视化模型的精度和召回率。对于每个边界框,模型都会输出置信度——一个介于 0 和 1 之间的数字,表示模型对预测正确的置信度。

因为我们不想保留较低置信度的预测结果,所以通常会删除低于某个阈值 T 的预测结果。例如,如果 T=0.4,我们将不考虑置信度低于 0.4 的任何预测结果。

改变阈值会影响精度和召回率:

❑ 如果 T 接近 1:精度会很高,但是召回率会很低。当我们过滤掉许多目标时,会漏掉很多目标,因而召回率缩小。由于仅保留确信的预测结果,因此不会有很多假正例(误报),精度上升。

❑ 如果 T 接近 0:精度将很低,但召回率将很高。当保留绝大多数的预测结果时,不会有任何假反例,因而召回率上升。由于模型对其预测结果的置信度较低,因此会有许多假正例,精度下降。

　　通过计算介于 0 和 1 之间的每个阈值下的精度和召回率，可以得到如图 5-1 所示的精度－召回率曲线。

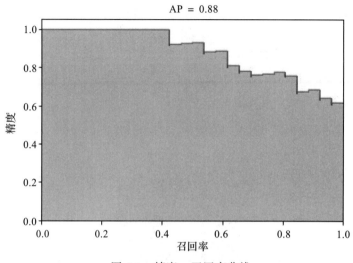

图 5-1　精度－召回率曲线

　　阈值选择是精度和召回率之间的权衡。如果模型要检测行人，我们将选择较高的召回率，以确保不会错过任何路人，即使这意味着不时地会出于无正当理由让车辆停下。如果模型要检测投资机会，我们将选择高精度以避免对错误的机会投资，即使这意味着会错失一些机会。

平均精度和平均精度均值

　　虽然精确－召回率曲线可以告诉我们很多有关模型的信息，但是使用单个数字通常会更方便。**平均精度（Average Precision，AP）** 对应于曲线下的面积。由于它总是包含在一个边长为 1 的矩形中，因此 AP 始终在 0 到 1 之间。

　　平均精度可提供模型对于单个类的性能的信息。为了获得全局评分，我们使用**平均精度均值（mean Average Precision，mAP）**。这对应于每个类别的平均精度的平均值。如果数据集有 10 个类别，我们将计算每个类别的平均精度并取这些数字的平均值。

　　至少两个目标检测挑战中使用了平均精度均值，如 PASCAL Visual Object Classes（Pascal VOC）和 Common Objects in Context（COCO）。后者规模更大，包含更多的类，因此获得的分数通常低于前者。

平均精度阈值

　　前面提到，真正例和假正例是由匹配或不匹配真值框的预测数来定义的。但是，如何确定一个预测和其真值何时匹配？常见的度量标准是 Jaccard **系数**，该系数可度量两个集合（在我们的示例中，是由框表示的像素集）的重叠程度。该系数也称为**交并比**（Intersection over Union, IoU），其定义如下：

$$\text{IoU}(A, B) = \frac{|A \cap B|}{|A \cup B|} = \frac{|A \cap B|}{|A| + |B| - |A \cap B|}$$

$|A|$ 和 $|B|$ 是每个集合的基数，即每个集合所包含的元素数。$|A \cap B|$ 是两个集合的交集，因此分子 $|A \cap B|$ 代表它们共有的元素数量。同样，$A \cup B$ 是集合的并集（如图 5-2 所示），因此分母 $|A \cup B|$ 表示两个集合一起涵盖的总元素数。

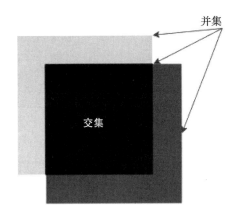

图 5-2　框的交集和并集示意图

为什么要计算这样的分数，而不是只使用交集呢？虽然交集可以很好地指示两个集合（框）的重叠程度，但是该值是绝对值，而不是相对值。因此，两个大的框可能比两个小的框重叠更多的像素。这就是使用这个比率的原因——比率始终在 0（如果两个框不重叠）和 1（如果两个框完全重叠）之间。

在计算平均精度时，如果两个框的 IoU 高于某个阈值，就说它们重叠。通常选择的阈值为 0.5。

对于 Pascal VOC 挑战，也使用 0.5，即使用 mAP@0.5。对于 COCO 挑战，使用了一个略有不同的指标 mAP@[0.5:0.95]。这意味着要计算 mAP@0.5，mAP@0.55，…，mAP@0.95，并取平均值。在 IoU 上进行平均能让模型更好地实现定位。

5.3　YOLO：快速目标检测算法

YOLO 是可用的最快的目标检测算法之一。最新版本 YOLOv3 可以在现代 GPU 上以 170 帧 / 秒（Frames Per Second, FPS）以上的速度运行，处理的图像大小为 256×256。在本节中，我们将介绍其架构背后的理论概念。

5.3.1　YOLO 介绍

YOLO 于 2015 年首次发布，在速度和准确性方面均胜过几乎所有目标检测架构。此后，该架构进行了多次改进。在本章中，我们将从以下三篇论文中汲取知识：

❏ "You Only Look Once: Unified, real-time object detection"（2015），Joseph Redmon, Santosh Divvala, Ross Girshick, Ali Farhad。

❏ "YOLO9000: Better, Faster, Stronger"（2016），Joseph Redmon, Ali Farhadi。

❏ "YOLOv3: An Incremental Improvement"（2018），Joseph Redmon, Ali Farhadi。

为了清楚和简单起见，我们将不会描述使 YOLO 达到其最佳性能的所有小细节。相反，我们将聚焦于网络的总体架构。我们将提供一个 YOLO 的实现，以便读者可以将架构与代码进行比较，具体参见本章的存储库。

该实现易于阅读和理解。建议希望对架构有深入了解的读者首先阅读本章，然后参考原始论文和其实现。

 YOLO 论文的主要作者维护了一个称为 Darknet（https://github.com/pjreddie/darknet）的深度学习框架。这是 YOLO 的官方实现，可用于重现论文的结果。它是用 C++ 编写的，不是基于 TensorFlow 的。

YOLO 的优势和局限

YOLO 以其速度而闻名。但是，在准确性方面，它最近被 Faster R-CNN（在本章后面介绍）超越了。此外，由于 YOLO 检测目标的方式，YOLO 很难解决较小目标的检测问题。例如，它很难从一个鸟群中检测出单只鸟。与大多数深度学习模型一样，它也难以正确检测与训练集有太大差异（具有异常的长宽比或外观）的目标。尽管如此，该架构仍在不断发展，并且正在解决这些问题。

YOLO 的主要概念

YOLO 的核心思想是：将目标检测重构为单个回归问题。这是什么意思呢？意思是我们将不再使用滑动窗口或其他复杂技术，而是将输入划分为 $w \times h$ 的网格，如图 5-3 所示。

对于网格的每个部分，我们将定义 B 个边界框。然后，我们唯一的任务就是针对每个边界框预测以下内容：

❏ 边界框的中心。

❏ 边界框的宽度和高度。

❏ 边界框包含目标的概率。

❏ 所述目标的类别。

由于所有这些预测结果都是数字，因此我们将目标检测问题转化为回归问题。

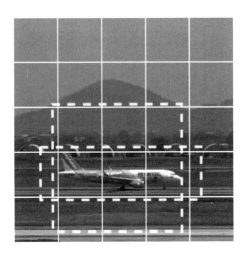

图 5-3 关于飞机起飞的示例（$w=5$，$h=5$，$B=2$，总共有 $5\times5\times2=50$ 个可能的边界框，但图像上仅显示 2 个）

  重要的是，将图片等分（精确地说是 $w\times h$ 个部分）的网格单元与定位目标的边界框之间要有所不同。每个网格单元包含 B 个边界框。因此，最后将有 $w\times h\times B$ 个可能的边界框。

实际上，YOLO 使用的概念要比这稍微更复杂一些。如果网格的一个部分中有多个目标怎么办？如果目标与网格的多个部分重叠怎么办？更重要的是，如何选择损失来训练模型？现在，我们将更深入地了解 YOLO 架构。

5.3.2 使用 YOLO 推理

由于该模型的架构可能很难一口气就理解，因此我们将分两部分详细介绍该模型——推理和训练。**推理**是获取图像输入并计算结果的过程。**训练**是学习模型权重的过程。从头开始实现模型时，在训练模型之前不能使用推理。但是为了简单起见，我们先介绍推理。

YOLO 主干

与大多数图像检测模型一样，YOLO 基于一个主干模型。该模型的作用是从图像中提取有意义的特征供最后的层使用。这就是为什么该主干也称为**特征提取器**（第 4 章引入的概念）。通用的 YOLO 架构如图 5-4 所示。

虽然可以选择任何架构作为特征提取器，但 YOLO 论文采用的是自定义架构。最终模型的性能在很大程度上取决于特征提取器架构的选择。

主干的最后一层输出大小为 $w\times h\times D$ 的特征量，其中 $w\times h$ 是网格的大小，D 是特征量的深度。例如，对于 VGG-16，$D=512$。

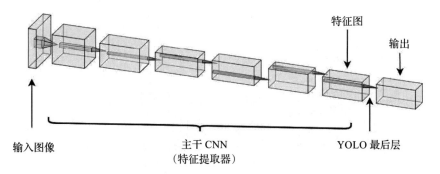

图 5-4 YOLO 架构概览（注意，主干是可交换的，并且其架构可能会有所不同）

网格的大小 $w \times h$，取决于两个因素：

- **完整特征提取器的步长**：对于 VGG-16，步长为 16，这意味着输出的特征量将是输入图像的十六分之一。
- **输入图像的大小**：由于特征量的大小与图像的大小成正比，因此输入越小，网格越小。

YOLO 的最后一层接受特征量作为输入。它由大小为 1×1 的卷积滤波器组成。从第 4 章中可以看出，可以使用大小为 1×1 的卷积层来更改特征量的深度，而不影响其空间结构。

YOLO 的层输出

YOLO 的最终输出是一个 $w \times h \times M$ 矩阵，其中 $w \times h$ 是网格的大小，M 对应于公式 $B \times (C + 5)$，其中：

- B 是每个网格单元的边界框数量。
- C 是类别的数量（在我们的示例中，有 20 个类别）。

注意，我们将类别的数量加 5。这是因为，对于每个边界框，我们需要预测 $C+5$ 个数：

- 计算边界框中心的坐标 t_x 和 t_y。
- 计算边界框的宽度 t_w 和高度 t_h。
- 预测目标在边界框中的置信度 c。
- $p_1, p_2, \cdots, p_C$ 是边界框包含类 $1, 2, \cdots, C$ 的目标的概率（在我们的示例中，$C=20$）。

图 5-5 总结了输出矩阵的显示方式。

在详细介绍如何使用该矩阵来计算最终边界框之前，我们需要引入一个重要概念——**锚框**。

锚框介绍

我们已经提到，t_x、t_y、t_w 和 t_h 用于计算边界框的坐标。为什么不让网络直接输出坐标（x、y、w 和 h）呢？实际上，YOLOv1 就是这样做的。不幸的是，由于目标的大小不同，这会导致很多错误。

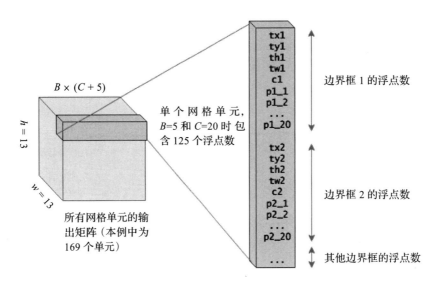

图 5-5 YOLO 的最终矩阵输出（本例中，$B=5$，$C=20$，$w=13$，$h=13$，大小为 $13 \times 13 \times 125$）

确实，如果训练数据集中的大多数目标很大，则网络将倾向于将 w 和 h 预测为非常大的值。在针对小目标使用训练过的模型时，通常会失败。为了解决这个问题，YOLOv2 引入了锚框。

锚框（也称为**先验框**）是在训练网络之前确定的一组边界框大小。例如，当训练神经网络用来检测行人时，将选择高而窄的锚框，如图 5-6 所示。

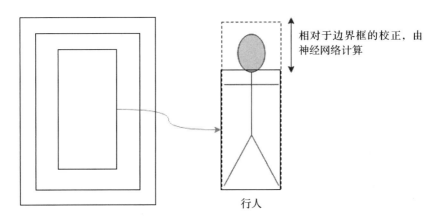

图 5-6 为检测行人而选择的三种边界框大小（左）及如何调整其中一个边界框以匹配行人（右）

锚框集合通常很小，实际中通常有 3～25 种不同的尺寸。由于这些框不能完全匹配所有目标，因此使用网络优化最近的锚框。在图 5-6 的示例中，我们使用最近的锚框来拟合图像中的行人，并使用神经网络来校正锚框的高度。这就是 t_x、t_y、t_w 和 t_h 所对应的，即对锚框的更正量。

当它们在文献中首次引入时，锚框是手动拾取的。通常，使用九种锚框大小：

❑ 三个正方形（小、中和大）

❑ 三个水平矩形（小、中和大）

❑ 三个垂直矩形（小、中和大）

但是，在 YOLOv2 论文中，作者认识到每个数据集的锚框大小是不同的。因此，在训练模型之前，作者建议分析数据以选择锚框的大小。要像以前一样检测行人，可以使用垂直矩形。要检测苹果，可以使用正方形锚框。

YOLO 如何改进锚框

实际上，YOLOv2 使用以下公式来计算每个最终边界框的坐标：

$$b_x = \text{sigmoid}(t_x) + c_x$$
$$b_y = \text{sigmoid}(t_y) + c_y$$
$$b_w = p_w \exp(t_w)$$
$$b_h = p_h \exp(t_h)$$

上述方程中各项解释如下：

❑ t_x、t_y、t_w 和 t_h 是最后一层的输出。

❑ b_x、b_y、b_w 和 b_h 分别是预测边界框的位置和大小。

❑ p_w 和 p_h 表示锚框的原始大小。

❑ c_x 和 c_y 是当前网格单元的坐标（左上角单元的坐标是（0,0），右上角单元的坐标是（w-1,0），而左下角单元的坐标是（0,h-1），……）。

❑ exp 是指数函数。

❑ sigmoid 是指 sigmoid 函数，见第 1 章。

尽管公式可能看起来很复杂，但图 5-7 可能有助于解释它们。

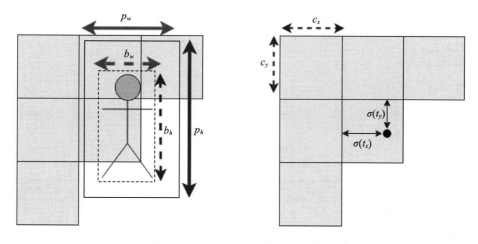

图 5-7　YOLO 如何改进和定位锚框

在图 5-7 中，我们看到左侧的实线是锚框，而虚线是改进的边界框。在右侧，圆点是边界框的中心。

神经网络的输出是带有原始数字的矩阵，需要转换为一个边界框列表。代码的简化版本如下所示：

```
boxes = []
for row in range(grid_height):
    for col in range(grid_width):
        for b in range(num_box):
            tx, ty, tw, th = network_output[row, col, b, :4]
            box_confidence = network_output[row, col, b, 4]
            classes_scores = network_output[row, col, b, 5:]

            bx = sigmoid(tx) + col
            by = sigmoid(ty) + row

            # anchor_boxes is a list of dictionaries containing the size of
each anchor
            bw = anchor_boxes[b]['w'] * np.exp(tw)
            bh = anchors_boxes[b]['h'] * np.exp(th)

            boxes.append((bx, by, bw, bh, box_confidence, classes_scores))
```

为了计算图像的边界框，需要针对每个推理运行此代码。在显示边界框之前，我们需要再进行一次后处理操作。

边界框的后处理

我们最终得到了预测边界框的坐标和大小，以及置信度和类别概率。现在，我们要做的就是将置信度乘以类别概率，并对其设定阈值以仅保留高概率的：

```
# Confidence is a float, classes is an array of size NUM_CLASSES
final_scores = box_confidence * classes_scores

OBJECT_THRESHOLD = 0.3
# filter will be an array of booleans, True if the number is above
threshold
filter = classes_scores >= OBJECT_THRESHOLD

filtered_scores = class_scores * filter
```

表 5-1 是这个操作的示例，其中有一个简单的样本，阈值为 0.3，边界框的置信度（对于此特定框）为 0.5。

表 5-1 边界框后处理示例

CLASS_LABELS	狗	飞机	鸟	大象
classes_scores	0.7	0.8	0.001	0.1
final_scores	0.35	0.4	0.0005	0.05
filtered_scores	0.35	0.4	0	0

然后，如果 filtered_scores 包含非空值，则意味着至少有一个高于阈值的类。我们保留具有最高分数的类：

```
class_id = np.argmax(filtered_scores)
class_label = CLASS_LABELS[class_id]
```

在本例中，class_label 将是"飞机"。

一旦我们将这种过滤应用于网格中的所有边界框，便得到了绘制预测所需的所有信息。图 5-8 所示的屏幕截图显示了这样做所获得的效果。

图 5-8　在图像上绘制原始边界框输出示例

许多边界框是重叠的。由于这架飞机覆盖了多个网格单元，因此它被多次检测到。要纠正这个问题，我们需要在后处理流程中的最后一步——**非极大值抑制**（Non-Maximum Suppression，NMS）。

非极大值抑制

非极大值抑制的思想是移除对于某个边界框具有最大概率重叠的框。因此，我们删除**非极大值**的框。为此，按概率对所有框进行排序，并首先选择概率最高的框。然后，对于每个框，计算与所有其他框的 IoU。

在计算一个框和其他框之间的 IoU 之后，移除 IoU 高于某个阈值（阈值通常在 0.5～0.9 之间）的框。

使用伪代码，NMS 如下所示：

```
sorted_boxes = sort_boxes_by_confidence(boxes)
ids_to_suppress = []
```

```
for maximum_box in sorted_boxes:
    for idx, box in enumerate(boxes):
        iou = compute_iou(maximum_box, box)
        if iou > iou_threshold:
            ids_to_suppress.append(idx)

processed_boxes = np.delete(boxes, ids_to_suppress)
```

> 实际上，TensorFlow 提供了自己的 NMS 实现 tf.image.non_max_suppression (boxes, ...)（请参考在 https：//www.tensorflow.org/api_docs/python/tf/image/non_max_suppression 处的文档），我们建议使用它（它已经过了很好的优化，并提供了有用的选项）。还请注意，大多数目标检测模型的后处理流程中都会使用 NMS。

在执行 NMS 后，我们得到了更好的单个边界框的结果，如图 5-9 所示。

图 5-9 NMS 后在图像上绘制的边界框示例

YOLO 推理总结

综上所述，YOLO 推理包括几个较小的步骤。YOLO 的架构如图 5-10 所示。

YOLO 推理步骤总结如下：

①接受输入图像，并使用 CNN 主干计算特征量。

②使用卷积层来计算锚框校正、目标分数和类别概率。

③使用这个输出计算边界框的坐标。

④筛选出阈值较低的框，然后使用非极大值抑制对其余的边界框进行后处理。

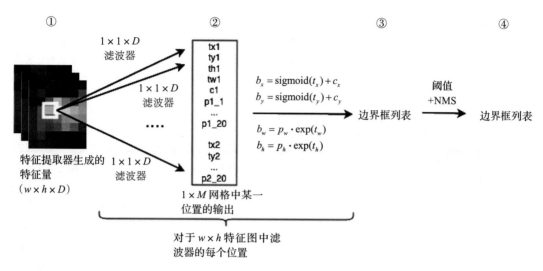

图 5-10　YOLO 的架构详图（在示例中，对于每个网格单元我们使用两个边界框）

在这个过程结束时，我们将得到最终的预测结果。

由于整个过程由卷积和滤波操作组成，因此网络可以接受任何大小和任何宽高比的图像。因此，它非常灵活。

5.3.3　训练 YOLO

我们概述了 YOLO 的推理过程。使用在线提供的预训练权重，可以直接实例化模型并生成预测结果。但是，你可能想要在特定数据集上训练模型。本节将介绍 YOLO 的训练过程。

如何训练 YOLO 主干

如前所述，YOLO 模型由两个主要部分组成——主干和 YOLO 头。主干可以使用各种各样架构。在训练完整模型之前，使用第 4 章介绍的迁移学习技术，借助 ImageNet 对主干进行传统分类任务的训练。尽管我们可以从头训练 YOLO，但这样做需要更多的时间。

Keras 使得在网络中使用预训练的主干变得非常容易：

```
input_image = Input(shape=(IMAGE_H, IMAGE_W, 3))
true_boxes = Input(shape=(1, 1, 1, TRUE_BOX_BUFFER , 4))

inception = InceptionV3(input_shape=(IMAGE_H, IMAGE_W,3),
weights='imagenet', include_top=False)

features = inception(input_image)
GRID_H, GRID_W =  inception.get_output_shape_at(-1)[1:3]
# print(grid_h, grid_w)
```

```
output = Conv2D(BOX * (4 + 1 + CLASS),
                        (1, 1), strides=(1,1),
                        padding='same',
                        name='DetectionLayer',
                        kernel_initializer='lecun_normal')(features)

output = Reshape((GRID_H, GRID_W, BOX, 4 + 1 + CLASS))(output)
```

在我们的实现中，我们将采用 YOLO 论文中提出的架构，因为它可以产生最佳效果。但是，如果要在移动设备上运行模型，则可能要使用较小的模型。

YOLO 损失

由于最后一层的输出非同寻常，因此相应的损失也将会很大。实际上，YOLO 的损失非常复杂。为了解释这一点，我们将损失分为几个部分，每个部分对应于最后一层返回的一种输出。网络会预测多种信息：

❏ 边界框的坐标和大小。

❏ 目标在边界框中的置信度。

❏ 类别分数。

损失的一般思想是，当误差很高时，我们希望损失也很大。损失将对不正确的值进行惩罚。但是，也只在有意义的情况下才这样做——如果边界框不包含任何目标，我们就不想对它的坐标进行惩罚，因为它们无论如何都不会被使用。

 原始论文中通常不提供神经网络的实现细节。因此，它们在不同的实现中会有所不同。这里概述的只是实现建议，而不是绝对的参考。建议大家阅读现有实现的代码，以了解如何计算损失。

边界框损失

损失的第一部分将指导网络学习权重，以预测边界框的坐标和大小：

$$\lambda_{\text{coord}} \sum_{i=0}^{S^2} \sum_{j=0}^{B} 1_{ij}^{\text{obj}} \left[(x_i - \hat{x}_i)^2 + (y_i - \hat{y}_i)^2 \right] + \lambda_{\text{coord}} \sum_{i=0}^{S^2} \sum_{j=0}^{B} 1_{ij}^{\text{obj}} \left[\left(\sqrt{w_i} - \sqrt{\hat{w}_i} \right)^2 + \left(\sqrt{h_i} - \sqrt{\hat{h}_i} \right)^2 \right]$$

虽然这个方程乍一看似乎令人畏惧，但实际上这部分相对简单。我们把它分解一下：

❏ λ 是损失的权重，它反映了我们在训练过程中给予边界框坐标的重要程度。

❏ Σ 是指对其后的内容进行求和。在这种情况下，我们对网格的每个部分（从 $i=0$ 到 $i=S^2$）和该网格的这个部分中的每个框（从 0 到 B）求和。

❏ 1_{ij}^{obj}（目标指示函数）表示当网格的第 i 部分和第 j 个边界框**负责**一个目标时，该函数等于 1。我们稍后将详细说明"负责"的含义。

❏ x_i、y_i、w_i 和 h_i 对应于边界框的坐标和大小。我们采用预测值（网络的输出）与目标值（也称为**真值**）之差。在这里，预测值具有符号（^）。

❏ 对差值进行平方，以确保它是正的。

❑ 注意取 w_i 和 h_i 的平方根。这样做是为了确保小边界框的误差比大边界框的误差受到更大的惩罚。

该损失的关键部分是**指示函数**。仅当边界框负责检测一个目标时，坐标才是正确的。对于图像中的每个目标，困难的部分是确定由哪个边界框负责。对于 YOLOv2，与被检测目标的 IoU 最高的锚框被视为负责边界框。在这里，基本原理是使每个锚框专门用于一种类型的目标。

目标置信度损失

损失的第二部分教导网络学习权重，以预测边界框是否包含目标：

$$\lambda_{\text{obj}}\sum_{i=0}^{S^2}\sum_{j=0}^{B}1_{ij}^{\text{obj}}\left(C_{ij}-\widehat{C}_{ij}\right)^2+\lambda_{\text{noobj}}\sum_{i=0}^{S^2}\sum_{j=0}^{B}1_{ij}^{\text{noobj}}\left(C_{ij}-\widehat{C}_{ij}\right)^2$$

我们已经介绍了这个函数中的大多数符号。其余的如下：

❑ C_{ij}：网格第 i 部分中的边界框 j 包含目标（任何类型）的置信度。

❑ 1_{ij}^{noobj}（无目标指示函数）：当网格的第 i 部分和第 j 个边界框不负责某个目标时，该函数等于 1。

一种简单的计算 1^{noobj} 的方法是（$1-1^{\text{obj}}$）。但是，这样做可能会在训练过程中引起一些问题。实际上，网格上有许多边界框。当确定其中一个负责特定目标时，可能会有其他适合此目标的候选框。我们并不想惩罚那些也适合该目标的其他候选的目标分数。因此，1^{noobj} 定义如下：

$$1^{\text{noobj}}==\begin{cases}1,&（框不负责任何目标）且（框没有与任何目标边界框重叠太多）\\0,&其他\end{cases}$$

实际上，对于位置（i,j）处的每个边界框，将计算与每个真值框的 IoU。如果 IoU 超过某个阈值（通常为 0.6），则将 1^{noobj} 设置为 0。这个思想的基本原理是避免惩罚包含目标但不负责这一目标的边界框。

分类损失

损失的最后一部分是分类损失，可确保网络学会为每个边界框预测正确的类别：

$$\sum_{i=0}^{S^2}1_i^{\text{obj}}\sum_{c\in\text{classes}}\left(p_i(c)-\hat{p}_i(c)\right)^2$$

这种损失与第 1 章中介绍的损失非常相似。请注意，虽然 YOLO 论文中提出的损失是 L2 损失，但许多实现也使用交叉熵作为分类损失。本部分损失可确保预测正确的目标类别。

YOLO 全部损失

YOLO 的全部损失就是之前的三项损失的总和。通过组合这三项损失，总损失会惩罚边界框坐标精调、目标分数和类别预测的误差。通过反向传播误差，我们能够训练 YOLO 网络以预测正确的边界框。

在本书的 GitHub 存储库中，读者可以找到 YOLO 网络的简化实现。特别是，该实现包含一个有大量注释的损失函数。

训练技巧

一旦正确定义了损失函数，就可以使用反向传播对 YOLO 进行训练。但是，为了确保损失函数不会发散并获得良好的性能，这里将详细介绍一些训练技巧：

- ❑ 使用增强（参见第 7 章）和失活（参见第 3 章）。如果没有这两个技巧，网络将过拟合训练数据，并且无法很好地泛化。
- ❑ 另一个技巧是多尺度训练。每 n 批网络的输入将更改为不同的大小。它迫使网络学会在各种输入维度上进行准确预测。
- ❑ 像大多数检测网络一样，YOLO 有针对图像分类任务的预训练模型。
- ❑ 尽管未在该论文中提及，但 YOLO 的官方实现使用了 burn in，即在训练开始时降低了学习率，以避免损失爆炸。

5.4 Faster R-CNN：强大的目标检测模型

YOLO 的主要优点是它的速度。虽然它可以取得非常好的效果，但现在它已经被更复杂的网络超过。在撰写本书时，Faster R-CNN（Faster Region with Convolutional Neural Network）被认为是最先进的。它也非常快，在现代 GPU 上可达到 4～5 FPS。本节将详细介绍其架构。

Faster R-CNN 架构是经过多年研究设计出来的。更准确地说，它是从两种架构（R-CNN 和 Fast R-CNN）逐步形成的。本节将重点介绍最新的架构 Faster R-CNN：

- ❑ "Faster R-CNN：towards real-time object detection with region proposal networks"（2015），Shaoqing Ren, Kaiming He, Ross Girshick, and Jian Sun。

这篇论文从前两个设计中汲取了很多知识。因此，可以在以下论文中找到架构的一些详细信息：

- ❑ "Rich feature hierarchies for accurate object detection and semantic segmentation"（2013），Ross Girshick, Jeff Donahue, Trevor Darrell, and Jitendra Mali。
- ❑ Fast R-CNN (2015), Ross Girshick。

与 YOLO 架构一样，建议先阅读本章，然后再阅读论文以获得更深入的理解。在本章中，我们将使用与论文中相同的符号。

5.4.1 Faster R-CNN 通用架构

YOLO 被认为是单次检测器，顾名思义，图像的每个像素都会被分析一次。这就是它超高速的原因。为了获得更准确的结果，Faster R-CNN 分为两个阶段：

❑ 第一阶段是提取**感兴趣区域**（Region of Interest，RoI）。RoI 是输入图像中可能包含目标的区域。对于每个图像，第一步会生成大约 2000 个 RoI。

❑ 第二阶段是**分类**（有时也称为检测）。对于 2000 个 RoI 中的每一个，我们将其大小调整为正方形以适应卷积网络的输入。然后，使用 CNN 对 RoI 进行分类。

> 在 R-CNN 和 Fast R-CNN 中，使用称为**选择性搜索**的技术生成感兴趣区域。由于这项技术速度较慢，因此已从 Faster R-CNN 论文中删除，此处不再赘述。此外，选择性搜索不涉及任何深度学习技术。

由于 Faster R-CNN 的两个阶段彼此独立，因此我们将分别介绍每个部分。然后，再介绍完整模型的训练细节。

第一阶段：区域候选法

使用**区域候选网络**（Region Proposal Network，RPN）来生成感兴趣区域。为了生成 RoI，区域候选网络使用卷积层。因此，它可以在 GPU 上实现并且非常快。

RPN 架构与 YOLO 架构有很多相似之处：

❑ 它也使用锚框，在 Faster R-CNN 论文中，使用了 9 种锚框尺寸（3 个垂直矩形、3 个水平矩形和 3 个正方形）。

❑ 它可以使用任何主干来生成特征量。

❑ 它也使用网格，并且网格的尺寸取决于特征量的大小。

❑ 它的最后一层输出数字，该数字允许将锚框精调为适合目标的适当边界框。

但是，该架构与 YOLO 并不完全相同。RPN 接受图像作为输入并输出感兴趣区域。每个感兴趣区域都包括一个边界框和一个目标概率。为生成这些数字，要使用 CNN 提取特征量。然后，用特征量生成区域、坐标和概率。图 5-11 描绘了 RPN 架构。

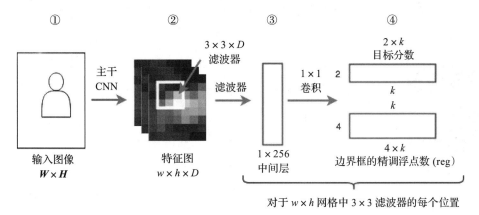

图 5-11 RPN 架构总览

图 5-11 所示的分步过程如下：

①网络接受图像作为输入，并对其使用多个卷积层。

②输出特征量。对特征量应用卷积滤波器。滤波器的大小为 $3 \times 3 \times D$，其中 D 是特征量的深度（在我们的示例中 $D = 512$）。

③在特征量的每个位置处，滤波器都会生成一个中间的 $1 \times D$ 向量。

④两个同级 1×1 卷积层分别计算目标分数和边界框坐标。k 个边界框中的每一个都有两个目标分数。还有四个浮点数可用于精调锚框的坐标。

经过后处理后，最终输出是 RoI 列表。在此步骤中，不会生成有关目标类别的信息，只有其位置信息。在下一阶段的分类中，我们将对目标进行分类并精调边界框。

第二阶段：分类

Faster R-CNN 的第二阶段是分类。它输出最终的边界框，并接受两个输入——上一步（RPN）中的 RoI 列表，以及从输入图像计算的特征量。

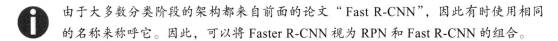 由于大多数分类阶段的架构都来自前面的论文"Fast R-CNN"，因此有时使用相同的名称来称呼它。因此，可以将 Faster R-CNN 视为 RPN 和 Fast R-CNN 的组合。

分类部分可以处理与输入图像对应的任何特征量。但是，由于特征图已经在区域候选阶段进行了计算，因此在这里可以简单地重用它们。这项技术有两个优点：

❑ **共享权重**：如果要使用不同的 CNN，则必须存储两个主干的权重，一个用于 RPN，另一个用于分类部分。

❑ **共享计算**：对于一个输入图像，只计算一个特征量，而不是两个。由于此操作是整个网络中最昂贵的，因此不必运行两次即可在计算性能上获得相应的增益。

Fast R-CNN 架构

Faster R-CNN 的第二阶段接受来自第一阶段的特征图以及 RoI 列表。对于每个 RoI，应用卷积层以获得类别预测和**边界框精调**信息。这些操作如图 5-12 所示。

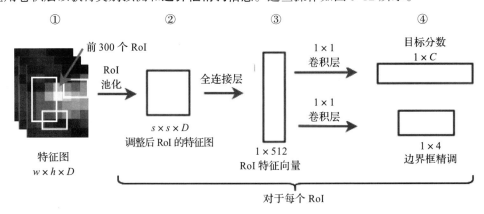

图 5-12 Fast R-CNN 架构总览

分类过程如下：

①从 RPN 步骤中接受特征图和 RoI。在原始图像坐标系中生成的 RoI 被转换为特征图坐标系。在我们的示例中，CNN 的步长为 16。因此，它们的坐标需要除以 16。

②调整每个 RoI 的大小，使其适合全连接层的输入。

③应用全连接层。它与任何卷积网络的最后层非常相似。我们获得一个特征向量。

④应用两个不同的卷积层，一个处理分类（称为 cls），另一个处理 RoI 的精调（称为 rgs）。

最终结果是类别分数和边界框精调浮点数，对其进行后处理可以生成模型的最终输出。

 特征量的大小取决于输入的大小和 CNN 的架构。例如，对于 VGG16，特征量的大小为 $w \times h \times 512$，其中 $w = $ input_width/16、$h = $ input_height/16。之所以说 VGG16 的步长为 16，是因为特征图中的一个像素等同于输入图像中的 16 个像素。

虽然卷积网络可以接受任何大小的输入（因为它们在图像上使用滑动窗口），但最终的全连接层（在第②步和第③步之间）接受固定大小的特征量作为输入。而且由于区域候选的大小不同（对于人使用垂直矩形，对于苹果使用正方形⋯⋯），这使得最后一层无法按原样使用。

为了避免这种情况，在 Fast R-CNN 中引入了一种技术——**感兴趣区域池化（RoI 池化）**。这会将特征图的可变大小区域转换为固定大小区域。然后，将调整后的特征区域传递到最终的分类层。

RoI 池化

RoI 池化层的目标很简单，即从可变大小的激活图中提取一部分，并将其转换为固定大小。输入的激活图子窗口的大小为 $h \times w$。目标激活图的大小为 $H \times W$。RoI 池化的工作原理是将其输入划分为一个网格，其中每个网格单元的大小为 $h/H \times w/W$。

我们来举个例子。如果输入的大小为 $h \times w = 5 \times 4$，并且目标激活图的大小为 $H \times W = 2 \times 2$，则每个网格单元的大小应为 2.5×2。因为只能使用整数，所以我们将生成某些大小为 3×2 的网格单元，以及另一些大小为 2×2 的网格单元。然后取每个网格单元的最大值，如图 5-13 所示。

 RoI 池化层与最大池化层非常相似。区别在于 RoI 池化适用于可变大小的输入，而最大池化仅适用于固定大小的输入。RoI 池化有时称为 RoI 最大池化。

在原始的 R-CNN 论文中，尚未引入 RoI 池化。因此，每个 RoI 都是从原始图像中提取出来的，调整大小后，直接被传递到卷积网络。由于大约有 2000 个 RoI，因此速度非常慢。Fast R-CNN 中的 Fast 来自 RoI 池化层带来的巨大加速。

	A	B	C	D	E	F	G	H	I	J	K
1	0.16	1.00	0.26	0.11	0.14	0.90	0.06	0.15			
2	0.13	0.05	0.58	0.34	0.58	0.13	0.78	0.53			
3	0.89	0.35	0.38	0.65	0.01	0.56	0.97	0.06			
4	0.47	0.97	0.78	0.99	0.82	0.90	0.32	0.89		0.97	0.99
5	0.58	0.13	0.12	0.50	0.99	0.35	0.83	0.39		0.96	0.93
6	0.21	0.59	0.96	0.93	0.08	0.55	0.13	0.89			
7	0.03	0.83	0.63	0.46	0.09	0.03	0.68	0.13			
8	0.82	0.35	0.20	0.48	0.80	0.41	0.46	0.08			

图 5-13   RoI 池化示例，RoI 大小为 5×4（从 B3 到 E7），输出大小为 2×2（从 J4 到 K5）

5.4.2   训练 Faster R-CNN

在详细介绍如何训练网络之前，我们来看一下 Faster R-CNN 的完整架构，如图 5-14 所示。

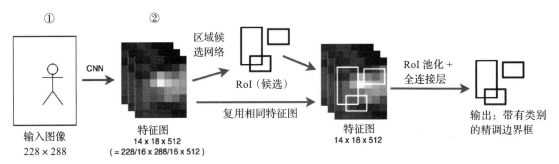

图 5-14   Faster R-CNN 的完整架构（注意，它可以使用任何大小的输入）

由于其独特的架构，Faster R-CNN 无法像常规 CNN 一样进行训练。如果对网络的两个部分分别训练，则每个部分的特征提取器将不会共享相同的权重。下面，我们将详细介绍每个部分的训练以及如何使两个部分共享卷积权重。

训练 RPN

RPN 的输入是图像，输出是 RoI 列表。正如之前看到的，每个图像都有 $H \times W \times k$ 个候选（其中 H 和 W 代表特征图的大小，k 是锚框的数量）。在此步骤中，尚未考虑目标的类别。

很难一次训练所有候选，因为图像大部分是由背景组成的，因此大多数候选都将经过训练以预测图像的背景。结果，网络将学会总是预测背景。取而代之的是一种采样技术。

建立了由 256 个真值锚框组成的小批量，其中 128 个为正（包含对象），其他 128 个为负（仅包含背景）。如果图像中的正样本少于 128 个，则使用所有可用的正样本，并用负样本填充该批次。

RPN 损失

RPN 的损失比 YOLO 的损失简单。它由两项组成：

$$L\left(\{p_i\},\{t_i\}\right)=\frac{1}{N_{\text{cls}}}\sum_i L_{\text{cls}}\left(p_i,\ p_i^*\right)+\lambda\frac{1}{N_{\text{reg}}}\sum_i p_i^* L_{\text{reg}}\left(t_i,\ t_i^*\right)$$

公式的各项解释如下：

❏ i 是训练批次中锚的索引。

❏ p_i 是锚成为目标的概率。p_i^* 是真值，如果锚为“正”，则为 1，否则为 0。

❏ t_i 是代表坐标精调的向量，t_i^* 是真值。

❏ N_{cls} 是训练批次中真值锚的数量。

❏ N_{reg} 是可能的锚位置数量。

❏ L_{cls} 是两个类别（目标和背景）的对数损失。

❏ λ 是一个平衡参数，用于平衡损失的两个部分。

最后，损失包含 $L_{\text{reg}}\left(t_i,\ t_i^*\right)=R\left(t_i-t_i^*\right)$，其中 R 是平滑 L1 损失函数，定义如下：

$$\text{smooth}_{L_1}(x)=\begin{cases}0.5x^2, & |x|<1\\|x|-0.5, & \text{其他}\end{cases}$$

引入了 smooth_{L_1} 函数以替代以前使用的 L2 损失。当误差过大时，L2 损失会变得太大，从而导致训练不稳定。

与 YOLO 一样，由于 p_i^* 项，回归损失仅用于包含目标的锚框。这两个部分分别除以 N_{cls} 和 N_{reg}。这两个值称为规一化项——如果更改批次的大小，损失不会失去其平衡。

最后，λ 是一个平衡参数。在论文配置中，$N_{\text{cls}}\approx256$ 和 $N_{\text{reg}}\approx2400$。作者将 λ 设置为 10，以便两项的总权重相同。

总之，与 YOLO 类似，这种损失会惩罚以下各项：

❏ 第一项的目标分类误差。

❏ 第二项的边界框精调误差。

但是，与 YOLO 的损失相反，它不处理目标类别，因为 RPN 仅预测感兴趣区域。除了损失和批次的构建方式外，RPN 像其他网络一样使用反向传播进行训练。

Fast R-CNN 损失

如前所述，Faster R-CNN 的第二阶段也称为 Fast R-CNN。因此，其损失通常被称为 Fast R-CNN 损失。尽管 Fast R-CNN 损失的公式与 RPN 损失不同，但在本质上非常相似：

$$L(p,u,t^u,v)=L_{\text{cls}}(p,u)+\lambda[u\geqslant1]L_{\text{loc}}(t^u,v)$$

公式中的各项解释如下：

❏ $L_{\text{cls}}(p,u)$ 是真值类别 u 和类别概率 p 之间的对数损失。

❏ $L_{\text{loc}}(t^u,v)$ 与 RPN 损失中的 L_{reg} 损失相同。

❏ 当 $\mu \geq 1$ 时，$\lambda[u \geq 1]$ 等于 1，否则为 0。

在 Fast R-CNN 训练期间，我们始终使用 id = 0 的背景类。实际上，RoI 可能会包含背景区域，因此对它们进行分类非常重要。$\lambda[u \geq 1]$ 项可避免对背景框的边界框误差进行惩罚。对于所有其他类别，由于 u 将大于 0，我们将对误差进行惩罚。

训练方案

如前所述，在网络的两个部分之间共享权重可使模型更快（因为 CNN 仅应用一次）且更轻。在 Faster R-CNN 论文中，推荐的训练过程称为**4 步交替训练**。简化过程如下：

①训练 RPN，以使其预测可接受的 RoI。

②使用经过训练的 RPN 的输出来训练分类部分。在训练结束时，RPN 和分类部分的卷积权重不同，因为它们是分别训练的。

③将 RPN 的 CNN 替换为分类部分的 CNN，这样它们就可以共享卷积权重了。冻结共享的 CNN 权重。再次训练 RPN 的最后一层。

④再次使用 RPN 的输出来训练分类的最后一层。

最后，我们获得了经过训练的网络，其中两个部分共享卷积权重。

5.4.3 TensorFlow 目标检测 API

由于 Faster R-CNN 一直在改进，因此本书不提供参考实现。相反，我们建议使用 TensorFlow 目标检测 API。它提供了由贡献者和 TensorFlow 团队维护的 Faster R-CNN 的实现，也提供了预训练的模型和代码来供你训练自己的模型。

目标检测 API 并非核心 TensorFlow 库的一部分，但它存储在单独的存储库中，该存储库已在第 4 章进行了介绍（https://github.com/tensorflow/models/tree/master/research/object_detection）。

使用预训练模型

目标检测 API 附带了几个在 COCO 数据集上训练的预训练的模型。这些模型的架构各不相同——尽管它们均基于 Faster R-CNN，但使用了不同的参数和主干。这会影响推理速度和性能。经验法则是推理时间随平均精度均值增加而增加。

针对自定义数据集进行训练

还可以训练模型以检测不在 COCO 数据集中的目标。为此，需要大量的数据。通常，建议每个目标类别至少有 1000 个样本。为了生成训练集，需要通过在训练图像周围绘制边界框来手动对其进行注释。

要使用目标检测，API 不涉及编写 Python 代码。相反，通过使用配置文件来定义架构。建议从现有的配置开始，然后从那里进行配置以获得良好的性能。本章的存储库中提供了一个演练。

5.5 本章小结

本章介绍了两个目标检测模型的架构。第一个是 YOLO，以其推理速度而闻名。我们研究了通用的架构、推理的工作原理以及训练过程。还详细介绍了用于训练模型的损失。第二个是 Faster R-CNN，以其最先进的性能而闻名。我们分析了网络的两个阶段以及如何训练它们。还描述了如何通过 TensorFlow 目标检测 API 来使用 Faster R-CNN。

在下一章中，我们将通过学习如何在有意义的部分对图像进行分割以及如何对其进行变换和增强来进一步扩展目标检测。

问题

1. 边界框、锚框和真值框之间的区别是什么？
2. 特征提取器的作用是什么？
3. 在 YOLO 和 Faster R-CNN 之间，应该选择哪种模型？
4. 锚框的用途是什么？

进一步阅读

- 由 Roy Shilkrot 和 David Millán Escrivá 编著的 *Mastering OpenCV 4*（https://www.packtpub.com/application-development/mastering-opencv-4-third-edition）一书包含实用的计算机视觉项目，其中包括高级目标检测技术。
- 由 David Millán Escrivá 和 Robert Laganiere 编著的 *OpenCV 4 Computer Vision Application Programming Cookbook*（https://www.packtpub.com/application-development/opencv-4-computer-vision-application-programming-cookbook-fourth-edition）一书涵盖了经典的目标描述符以及目标检测概念。

CHAPTER 6

第 6 章

图像增强和分割

我们已经掌握如何创建神经网络来输出比预测单个类更复杂的预测。本章将进一步介绍这一概念，并介绍用来编辑或生成全幅图像的**编码器 – 解码器模型**。同时将介绍从图像去噪到目标实例分割等更广泛的应用中如何使用编码器 – 解码器神经网络。本章附带几个实际的例子，例如在自动驾驶汽车语义分割中使用编码器 – 解码器。

本章将涵盖以下主题：

❑ 什么是编码器 – 解码器，以及如何训练它们进行像素级别的预测。

❑ 它们使用哪些新的层输出高维数据（反池化、反（转置）卷积、空洞卷积）。

❑ FCN 和 U-Net 如何处理语义分割。

❑ 如何拓展我们目前介绍的模型处理实例分割。

6.1　技术要求

读者可以在 Git 文件夹 https://github.com/PacktPublishing/Hands-On-Computer-Vision-with-TensorFlow-2/tree/master/Chapter06 中找到本章中解释说明这些概念的 Jupyter Notebook。

本章的后面将介绍 pydensecrf 库以改善分割结果。如 GitHub 页面所述（请参阅 https://github.com/lucasb-eyer/pydensecrf#installation 处的文档），该模块可以通过 pip 进行安装（pip install git+https://github.com/lucasb-eyer/pydensecrf.git），并需要一个 Cython 近期的版本（pip install -U cython）。

6.2　使用编码器 – 解码器进行图像变换

如第 1 章所述，计算机视觉中的多个任务需要像素级的结果。例如，语义分割方法对图像中的每个像素进行分类，智能编辑工具返回像素发生改变的图像（例如，去除不需要的元素）。本节将介绍如何依照该范式在这些应用中使用编码器－解码器，以及卷积神经网络（CNN）。

6.2.1　编码器－解码器概述

在处理复杂的应用之前，我们首先介绍一下什么是编码器－解码器，以及它们的用途。

编码和解码

编码器－解码器架构是一个非常通用的框架，可以应用在通信、密码学、电子学以及更多的领域。根据这个框架，**编码器**的功能是将输入样本映射到**隐空间**，也就是编码器定义的一组隐藏的结构化值。**解码器**是将元素从这个隐空间映射到预先定义的目标域的互补函数。例如，创建一个编码器用于解析媒体文件（其内容使用隐空间的元素表示），它可以与解码器配对，例如，以不同的文件格式输出媒体内容。我们现在常用的图像和音频压缩格式就是著名的例子。JPEG 工具对媒体内容进行编码，将它们压缩成轻量级的二进制文件，在显示时它们可以解码二进制文件恢复其像素值。

在机器学习领域，已经使用编码器－解码器网络很长时间了（例如，文本翻译）。编码器网络可以将源语言的句子作为输入（例如，法语句子），学习将它们投影到一个隐空间，在那里句子的含义将被编码成特征向量。与编码器一同训练的解码器网络，将编码的向量转换为目标语言的句子（例如，英语译本）。

 通常，称编码器－解码器模型中隐空间的向量为编码（code）。

请注意，编码器－解码器的一个共同特性是它们的隐空间小于输入和目标空间，如图 6-1 所示。

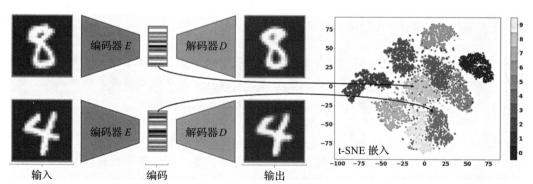

图 6-1　MNIST 数据集上训练自动编码器的例子（MNIST 版权属于 Yann LeCun 和 Corinna Cortes）

在图 6-1 中，训练编码器将 28×28 的图像转换为包括 32 个值的向量（编码），训练解码器恢复图像。可以使用类标签绘制这些编码，以突出数据集的相似性 / 结构（使用 t-SNE

将 32 维向量投影到二维平面，该方法由 Laurens van der Maatens 和 Geoffrey Hinton 开发，详见 notebook）。

设计或训练编码器的目的是提取或压缩样本中包含的语义信息（例如，在不需要该语言的语法特性下一个法语句子的意思）。然后，解码器应用目标领域的知识解压缩或产生这些信息（例如，将编码信息转换为一个适当的英语句子）。

自动编码

自动编码器（Auto-encoder，AE）是一类特殊的编码器 – 解码器。如图 6-1 所示，它们的输入域和输出域相同，尽管它们有个瓶颈（低维的隐空间），它们的目标是在不影响图像质量的情况下正确编码和解码图像。输入被缩小成一个压缩表示（像特征向量一样）。如果后面需要原始图像输入，使用解码器可以从压缩表示中重建它。

JPEG 工具可以称为自动编码器，因为它的目标是编码图像，然后再解码回来，而图像质量没有太多损失。输入和输出数据之间的距离一般是自动编码器算法要最小化的典型损失。对于图像，这个距离可以简单地按照输入图像和结果之间的交叉熵或者 L1 或 L2 损失（分别是曼哈顿和欧几里得距离）进行计算（如第 3 章所述）。

在机器学习领域，训练自动编码器网络十分方便，不仅是因为它们的损失比较简单，而且因为它们的训练不需要任何标签。输入图像自身就是用于计算损失的目标。

> 机器学习专家对于如何看待自动编码器有一些分歧。一些人认为这些模型是无监督的，因为它们的训练不需要另外的标签。其他一些人则认为 AE 不像真正的无监督方法（它们通常使用复杂的损失函数发掘未标注数据集的模式），它们有明确定义的目标（也就是输入图像）。因此，这些模型也常被称为自监督（也就是它们的目标直接来自输入）模型。

由于自动编码器的隐空间较小，其编码子网络必须学会正确压缩数据，而解码器必须学会以适当的映射将其解压缩回来。

> 如果没有瓶颈条件，这种恒等映射对于具有快捷路径（如 ResNet，参见第 4 章）的网络来说是很简单的，它们会简单地将全部输入信息从编码器传递到解码器。使用低维度的隐空间（瓶颈），可以迫使它们学习适当的压缩表示。

目的

对于更加通用的编码器 – 解码器，它们的应用非常多。它们常用来转换图像，将图像从一个域或者模式映射到另一域或者模式。例如，这些模型常用于**深度回归**，也就是估计摄像机与图像每个像素内容（深度）之间的距离。这是增强现实应用中的一个重要操作，例如它允许它们建立周边环境的三维表示，以便更好地与环境交互。

类似地，编码器 – 解码器也常用于**语义分割**（其定义请参见第 1 章）。这种情况下，训练的神经网络不是返回深度，而是返回每个像素的分类（参见图 6-2c）。本章第二部分将详细介绍这一应用。最后，编码器－解码器也因其更具艺术性的使用案例而闻名，例如将涂鸦艺术转化为伪现实主义图像，或估算晚上拍摄的图片的白天等效图片。

　　a）去除噪声　　　　　　　　　b）超分辨率　　　　　　　　c）语义分割

图 6-2　编码器－解码器应用示例（三个应用以及附加说明和实现细节包含在本章的 Jupyter Notebook 中）

> 图 6-2、图 6-10 和图 6-11 中用于语义分割的城市景象图像和它们的标签来自 Cityscapes 数据集（https://www.cityscapes-dataset.com）。Cityscapes 是一个很棒的数据集，用于自动驾驶识别算法的测试基准。该数据集背后研究人员 Marius Cordts 等非常友好地授权我们在本书中使用他们的图像进行分析，并演示本章的后面的一些算法（参考 Jupyter Notebook）。

　　现在我们来考虑自动编码器。为什么要训练网络返回其输入图像？同样，答案在于自动编码器的瓶颈特性。虽然编码和解码组件作为一个整体进行训练，但它们根据用例分别应用。

　　由于瓶颈的原因，编码器会在尽力保留信息的情况下压缩数据。因此，在训练数据集具有重复模式的情况下，网络将尝试揭示这些相关性以改进编码。因此，自动编码器的编码器部分可用于从其训练域中获得图像的低维表示。例如，它们提供的低维表示通常能够很好地保持图像之间的内容相似性。因此，它们有时用于数据集可视化，以突出显示聚类和模式（参见图 6-1）。

> 自动编码器不如 JPEG 这样的通用图像压缩算法好。事实上，AE 是特定于数据的，也就是说，它们只能有效地压缩来自它们所知道的领域的图像（例如，经过自然景观图像训练的自动编码器在人像上的效果会很差，因为视觉特征太不一样）。然而，与传统的压缩方法不同，自动编码器可以更好地理解它们所训练的图像、其重复出现的特征、语义信息等。

　　在某些情况下，可以训练自动编码器用作解码器，它们可以用于**生成式任务**。实际上，如果在训练过程中很好地构建了隐空间，解码器可以将隐空间中任何随机选取的向量转换成一幅图片！正如我们在本章后面和第 7 章中简要介绍的，训练一个用于生成图像的解码器实际上并不容易，为了让生成的图像更逼真，需要细致的工程（如下一章所述，对于 GAN 训练尤其如此）。

　　然而，在实际中**去噪自动编码器**是最为常用的 AE。这些模型的特别之处是将图像送入神经网络之前要进行一些有损变换。因为仍然训练这些模型返回原始图像（变换之前的），它们会学习去除这个有损操作，恢复一些缺失的信息（参见图 6-2a）。典型的模型是用于去除白噪声或者高斯噪声，或者恢复缺失内容（例如，被遮挡或移除的图块）的模型。这类自动编码器也用于**智能图像放大**（也称为**图像超分辨率**）。实际上，这些神经网络可以通过学习部分地去除由传统超分辨率算法（例如双线性插值）带来的伪影（也就是噪声）（参见图 6-2b）。

6.2.2　基本示例：图像去噪

我们将通过一个简单的例子——去除被污染的 MNIST 图像中的噪声，来分析自动编码器的有效性。

简单的全连接自动编码器

为了展示这些模型如此简单而高效，我们将选择一个浅层的、全连接的架构，其 Keras 实现如下：

```
inputs = Input(shape=[img_height * img_width])
# Encoding layers:
enc_1  = Dense(128, activation='relu')(inputs)
code   = Dense(64,  activation='relu')(enc_1)
# Decoding layers:
dec_1  = Dense(64,  activation='relu')(code)
preds  = Dense(128, activation='sigmoid')(dec_1)
autoencoder = Model(inputs, preds)
# Training:
autoencoder.compile(loss='binary_crossentropy')
autoencoder.fit(x_train, x_train) # x_train as inputs and targets
```

我们这里强调通常编码器 - 解码器具有对称的架构，带有低维的瓶颈。为了训练自动编码器，我们使用图像（x_train）同时作为输入和输出。一旦完成训练，这个简单的模型就可以用于嵌入数据集，如图 6-1 所示。

 我们选择 sigmoid 作为最后的激活函数，目的是让输出值像输入值一样在 0 和 1 之间。

图像去噪应用

训练上面的模型用于去噪非常简单，就是建立一个带噪声的训练图像的副本，将其作为输入送入神经网络：

```
x_noisy = x_train + np.random.normal(loc=.0, scale=.5, size=x_train.shape)
autoencoder.fit(x_noisy, x_train)
```

 本章前两个 notebook 介绍了训练细节，提供了分析和附加的提示（例如，在训练期间可视化预测的图像）。

6.2.3　卷积编码器－解码器

与其他基于神经网络的系统类似，编码器－解码器从卷积层和池化层中获益很多。深度自动编码器（Deep Auto-encoder，DAE）和其他架构很快在更加复杂的任务中广泛应用。

本节将首先介绍一些用于卷积编码器－解码器的新的层。然后，介绍基于这些操作的一些重要架构。

反池化、转置和膨胀

如在前面第 3 章和第 4 章中看到的，CNN 是优秀的特征提取器。这些卷积层将输入张量转换为越来越高层的特征图，同时池化层逐步地对数据进行下采样，进而得到紧凑的、语义丰富的特征。因此，CNN 提升了编码器性能。

然而，这一过程如何逆过来，将这些低维特征解码成完整的图像？正如我们将在下面的段落中介绍的那样，卷积和池化操作取代了进行图像编码的稠密层，相反的操作，如**转置卷积**（也称为**反卷积**）、**膨胀卷积**和**反池化**，被开发来更好地解码特征。

转置卷积（反卷积）

回到第 3 章，我们介绍了卷积层、它们执行的操作，以及它们的超参数（核尺寸 k、输入深度 D、核数量 N，填充 p 和步长 s）如何影响输出的维度（见图 6-3）。对于形状为 (H, W, D) 的输入张量，我们使用下面的方程计算输出的形状 (H_o, W_o, N)：

$$H_o = \frac{H-k+2p}{s}+1, \quad W_o = \frac{W-k+2p}{s}+1$$

现在，假设我们希望开发一个层实现卷积的逆空间转换。也就是说，给定形状为 (H_o, W_o, N) 的特征图及同样的超参数 k、D、N、p 和 s，我们希望像卷积操作一样，恢复出一个形状为 (H, W, D) 的张量。为了分离前面方程中的 H 和 W，我们需要一个具有以下性质的运算：

$$H = (H_o-1)s+k-2p, \quad W = (W_o-1)s+k-2p$$

这就是转置卷积的定义。正如第 4 章所述，这种新型的层由 ZFNet（ILSVRC 2013 的获胜算法）的研究人员 Zeiler 和 Fergus 提出（参考论文"Visualizing and understanding convolutional networks"，*Springer*，2014）。

通过 $k \times k \times D \times N$ 的核，这些层将一个 $H_o \times W_o \times N$ 的张量卷积为 $H \times W \times D$ 的图。为了实现这一点，首先对输入张量进行膨胀操作。如图 6-4 所示，膨胀操作由比率 d 定义，它在输入张量的每对行和列上（分别）插入 $d-1$ 个为零的行和列。在转置卷积中，膨胀比率被设置为 s（用于其反转的标准卷积的步长）。重采样后，张量填充 $p'=k-p-1$。膨胀和填充参数的定义都是为了恢复原始形状 (H, W, D)。实际上，张量最终使用步长 $s'=1$ 与该层的滤波器卷积，生成 $H \times W \times D$ 的图。常规卷积与转置卷积的对比如图 6-3 和图 6-4 所示。

图 6-3 是一个常规卷积操作。

图 6-4 是转置卷积。

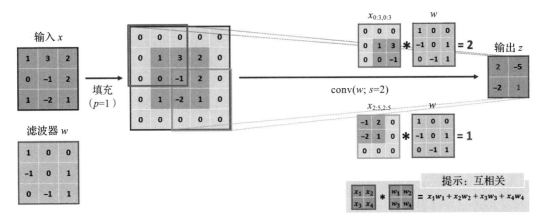

图 6-3   卷积层执行的操作示意（卷积层由 3×3 的核 w，填充 $p=1$，步长 $s=2$ 定义）

注意，在图 6-3 中，图像块和核之间的数学运算实际上是互相关（参阅第 3 章）。

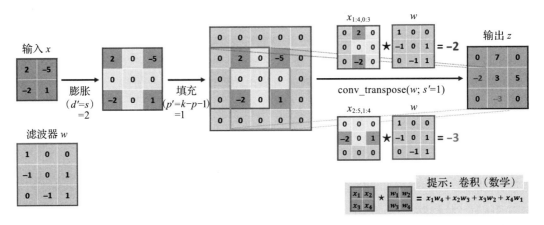

图 6-4   由转置卷积层执行的操作，对标准的卷积操作（由 3×3 的核 w，填充 $p=1$，膨胀 $d=2$ 定义，如图 6-3 所示）进行反向空间变换

此时注意，在图 6-4 中图像块和核之间的运算是数学卷积。

如果觉得这个过程有些抽象，记住以下这一点就足够了，转置卷积层常用于标准卷积的镜像，将内容与可训练的滤波器卷积，以提高特征图的空间维度。这使得这些层非常适合解码器架构。可以使用 `tf.layers.conv2d_transpose()`（参阅 https://www.tensorflow.org/api_docs/python/tf/layers/conv2d_transpose 处的文档）和 `tf.keras.layers.Conv2DTranspose()`（参阅 https://www.tensorflow.org/api_docs/python/tf/keras/layers/Conv2DTranspose 处的文档）实现，它们与标准的 `conv2d` 具有相同的签名。

标准卷积和转置卷积另一个微小的差异在实际中没有影响，但还是知道为好。回到第 3 章，我们提到 CNN 中的卷积层实际上执行的是互相关。如图 6-4 所示，转置卷积层实际上转置了内核索引，使用的是数学卷积运算。

转置卷积通常也被错误地称为反卷积。虽然有一种数学运算叫作反卷积，但它与转置卷积不同。反卷积实际上是卷积的完全恢复，返回原始张量。转置卷积仅近似于此过程，并返回具有原始形状的张量。图 6-3 和图 6-4 中原始张量形状与最终的张量匹配，但是值不相同。

转置卷积有时也称为微步幅卷积。实际上，输入张量的膨胀可以被看作使用很小的步长进行卷积。

反池化

如果步幅卷积经常用于 CNN 结构，然而平均池化和最大池化最常用于减少图像的空间维度。因此，Zeiler 和 Fergus 也提出了**最大反池化操作**（通常简称为**反池化**）以实现对最大池化的伪逆操作。他们将这个操作用在名为 deconvnet 的神经网络，用来解码和可视化 convnet（它是一个 CNN）的特征。在描述 ILSVRC 2013 获胜解决方案的论文 "Visualizing and understanding convolutional networks"（Springer，2014）中，他们解释道：尽管最大池化是不可逆的（也就是说，我们在数学上不能恢复该操作丢弃的非最大值），但是至少在空间采用方面可以定义一个操作来近似这种逆操作。

为实现这个伪逆操作，他们首先修改每个最大反池化层，使它沿着生成的张量输出池化掩膜。换句话说，该掩膜指示所选最大值的原始位置。最大反池化操作将池化张量（可能在这两者之间经历了其他保形操作）和池化掩膜作为输入。它使用后者将输入值分散到一个张量中，并将其放大到其预池化的形状。一张图片胜过千言万语，图 6-5 可以帮助你理解该操作。

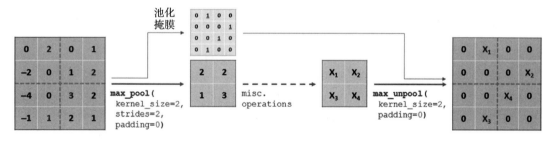

图 6-5　最大反池化操作的例子，以及编辑一个最大池化层输出池化掩膜

注意，与池化层类似，反池化操作是固定的、不可训练的操作。

上采样和尺寸调整

类似地，平均反池化操作是平均池化操作的镜像。平均池化操作选取 $k \times k$ 个元素的池化区域，将它们平均为一个值。因此，平均反池化操作选取张量中的一个元素，将其复制

到 $k \times k$ 区域，如图 6-6 所示。

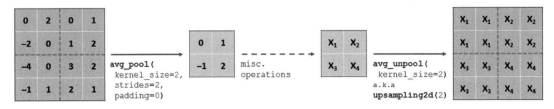

图 6-6 平均反池化操作（也称为上采样）示例

虽然平均反池化操作现在比最大反池化操作更常用，但它通常被称为**上采样**。例如，该操作可以通过 `tf.keras.layers.UpSampling2D()` 来实现（参考 https://www. tensorflow. org/api_docs/python/tf/keras/layers/UpSampling2D 处的文档）。当使用 `method=tf.image. ResizeMethod.NEAREST_NEIGHBOR` 作为参数调用，使用最邻近插值（如其名字所示）调整图像尺寸时，该方法与 `tf.image.resize()` 包装器没有什么不同。最后，注意双线性插值有时也用于特征图放大，而不需要增加任何需要训练的参数，例如，使用 `interpolation="bilinear"` 参数（代替默认的 `"nearest"`）去实例化 `tf.keras. layers.UpSampling2D()` 与使用 `method=tf.image.ResizeMethod.BILINEAR` 属性调用 `tf.image.resize()` 相同。

在解码器架构中，每个最邻近或者双线性放大之后通常是一个步长 $s=1$，padding 为 `"SAME"`（以保持新形状）的卷积。这些预定义的放大和卷积操作，对应于组成编码器的卷积和池化操作，允许解码器学习自身的特征，以便更好地恢复目标信号。

 一些研究人员，例如 Augustus Odena 等人，相比转置卷积，更喜欢这些操作，尤其在图像超分辨率任务中。实际上，转置卷积容易引起一些棋盘式的伪影（由于当核大小不是步长的倍数时的特征重叠），影响输出质量（参见论文 " Deconvolution and Checkerboard artifacts"，Distill, 2016）。

膨胀或空洞卷积

本章将介绍的最后一个操作与前面的操作稍有不同，因为它并不是对所提供的特征图上采样。相反，它的提出主要是为在不进一步牺牲数据空间维度的情况下，人为地增加卷积的感受野。为了实现这一点，这里也应用了膨胀卷积（参考 "转置卷积（反卷积）" 小节），尽管有很大不同。

实际上，膨胀卷积与标准的卷积类似，只不过有一个附加的超参数 d 定义应用在核上的膨胀操作。图 6-7 展示了这个过程如何人为地增加该层的感受野。

 这些层也称为空洞卷积。实际上，核膨胀增加了感受野，它是通过在核上空洞来实现的。

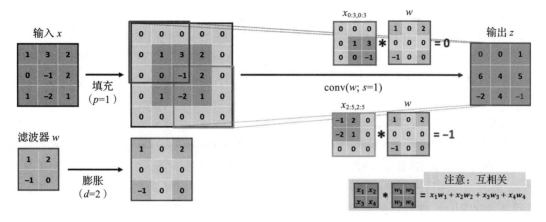

图 6-7 由膨胀卷积层执行的操作（该层由 w 为 $2×2$ 的内核、填充 $p=1$、步长 $s=1$，以及膨胀 $d=2$ 定义）

因为这些特性，该操作频繁用于现代的编码器 - 解码器，将图像从一个域映射到另一个域。在 TensorFlow 和 Keras 中，实例化膨胀卷积就是为 `tf.layers.conv2d()` 和 `tf.keras.layers.Conv2D()` 的参数 `dilation_rate` 在默认值 1 之上提供一个值。

这些为保持或增加特征图的空间性而开发的各种操作引出了多个 CNN 架构，这些架构用于像素级的密集预测和数据生成。

典型架构：FCN 和 U-Net

大多数卷积编码器 - 解码器遵循与全连接版编码器 - 解码器相同的模板，但利用其局部连接层的空间属性来获得更高质量的结果。在一个 Jupyter Notebook 中包含了典型的卷积自动编码器。然而，在本小节中，我们将介绍从这个基本模板派生出来的两个更高级的架构。FCN 和 U-Net 模型都是在 2015 年发布的，目前仍然很流行，并且通常用作更复杂系统的组件（在语义分割、域适应等方面）。

全卷积网络

如第 4 章中所述，全卷积网络（Fully Convolutional Network，FCN）基于 VGG-16 架构，使用 $1×1$ 卷积层替代了稠密层。我们没有提到的是，这些网络是使用上采样块进行扩展的，并用作编码器 - 解码器。FCN 架构由加州大学伯克利分校的 Jonathan Long、Evan Shelhamer 和 Trevor Darrell 提出，该架构很好地解释了前面提出的概念。

❑ 用于特征提取的 CNN 如何作为高效的编码器。

❑ 我们介绍的操作如何高效地上采样和解码这些特征图。

实际上，Jonathan Long 等人建议重用预训练的 VGG-16 作为特征提取器（请参阅第 4 章）。通过 5 个卷积块，每个块将空间维度除以 2，VGG-16 将图像高效地转换成了特征图。为了从最后的块（例如语义掩码）解码特征图，使用卷积层代替了用于分类的全连接层。最后一层是一个转置卷积，将数据块上采样到输入形状（也就是，步长 $s=32$，因为空间维度被 VGG 除以了 32）。

　　然而，Long 等人很快注意到这个名为 FCN-32 的架构容易产生粗糙的结果。如他们的论文" Fully convolutional networks for semantic segmentation"（IEEE CVPR 会议，2015）中的解释，最后一层的大步长限制了细节的比例。尽管 VGG 最后一块的特征包含了丰富的上下文信息，但是丢失了很多空间定义。因此，作者有了一个想法，即将最后一块的特征图与之前的块中更大的特征图进行融合。

　　在 FCN-16 中，是一个步长 $s=2$ 的转置层替代了 FCN-32 的最后一层，因此结果张量与第 4 块的特征图维数相同。使用一个跳跃连接，把两个张量的特征合并在一起（元素级相加）。最后，使用另一个步长 $s=6$ 的转置卷积，将结果扩展回输入的形状。在 FCN-8 中，使用第 3 块的特征，在最后的转置卷积中使用步长 $s=8$，将同样的过程重复一遍。为清楚起见，完整的架构如图 6-8 所示，Keras 实现在下一个示例中提供。

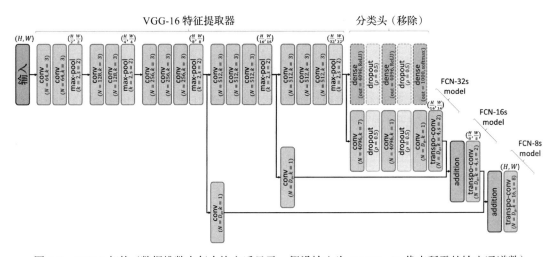

图 6-8　FCN-8 架构（数据维数在每个块之后显示，假设输入为 $H \times W$，D_o 代表所需的输出通道数）

　　图 6-8 说明了 VGG-16 如何充当特征提取器 / 编码器，以及如何使用转置卷积进行解码。图中还强调了 FCN-32 和 FCN-16 是更简单、更轻量级的架构，只有一个或者根本没有跳跃连接。

　　FCN-8 利用迁移学习和多尺度特征图的融合，可以输出细节清晰的图像。此外，由于其全卷积的性质，它可以用于编码和解码不同大小的图像。FCN-8 性能优异，用途广泛，在许多应用中仍被广泛使用，同时也启发了许多其他架构。

U-Net

　　在受 FCN 启发的许多解决方案中，U-Net 架构不仅是第一个，而且可能是最流行的（由 Olaf Ronneberger、Philipp Fischer 和 Thomas Brox 在同年由 Springer 发表的" U-net: Convolutional networks for biomedical image segmentation"论文中提出）。

它是针对语义分析（医学图像）开发的，与 FCN 有很多共同的属性。它也是由多块增加特征深度，同时减少空间维度的压缩编码器，和一个恢复图像分辨率的扩展解码器组成。此外，与 FCN 一样，使用跳跃连接将编码块连接到解码块。因此，解码块同时具有来自前一块的上下文信息和来自编码路径的位置信息。

U-Net 与 FCN 的区别主要有两个方面。与 FCN-8 不同，U-Net 是对称的，可以追溯到传统的 U 形编码器 – 解码器结构（因此得名）。此外，通过跳跃连接的特征图的合并是通过串联（沿通道轴）而不是相加来完成的。U-Net 架构如图 6-9 所示。与 FCN 一样，有一个 Jupyter Notebook 从零开始实现了它。

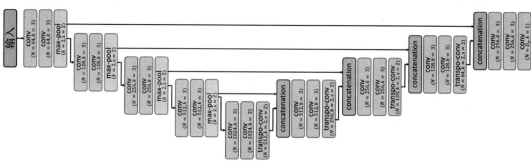

图 6-9　U-Net 架构

注意，虽然原始解码块具有用于上采样的 $s=2$ 的转置卷积，但是实现中通常使用最邻近缩放（请参阅上一小节）。考虑到它非常流行，已知 U-Net 已有很多变体，并且仍然启发了许多架构（例如，用残差块替换它的块，增强块内和块外的连接，等等）。

示例：图像超分辨率

我们来简单地将其中一个模型应用于一个新问题——图像超分辨率（完整的实现和其他提示可在相关 notebook 中找到）。

FCN 实现

记住刚才介绍的架构，FCN-8 的简化版本可以实现如下（请注意，实际模型在每个转置之前都有额外的卷积）：

```
inputs = Input(shape=(224, 224, 3))
# Building a pre-trained VGG-16 feature extractor as encoder:
vgg16 = VGG16(include_top=False, weights='imagenet', input_tensor=inputs)
# We recover the feature maps returned by each of the 3 final blocks:
f3 = vgg16.get_layer('block3_pool').output # shape: (28, 28, 256)
f4 = vgg16.get_layer('block4_pool').output # shape: (14, 14, 512)
f5 = vgg16.get_layer('block5_pool').output # shape: ( 7,  7, 512)
# We replace the VGG dense layers by convs, adding the "decoding" layers
instead after the conv/pooling blocks:
f3 = Conv2D(filters=out_ch, kernel_size=1, padding='same')(f3)
f4 = Conv2D(filters=out_ch, kernel_size=1, padding='same')(f4)
f5 = Conv2D(filters=out_ch, kernel_size=1, padding='same')(f5)
# We upscale `f5` to a 14x14 map so it can be merged with `f4`:
```

```
f5x2 = Conv2DTranspose(filters=out_chh, kernel_size=4,strides=2,
                       padding='same', activation='relu')(f5)
# We merge the 2 feature maps with an element-wise addition:
m1 = add([f4, f5x2])
# We repeat the operation to merge `m1` and `f3` into a 28x28 map:
m1x2 = Conv2DTranspose(filters=out_ch, kernel_size=4, strides=2,
                       padding='same', activation='relu')(m1)
m2 = add([f3, m1x2])
# Finally, we use a transp-conv to recover the original shape:
outputs = Conv2DTranspose(filters=out_ch, kernel_size=16, strides=8,
                          padding='same', activation='sigmoid')(m2)
fcn_8s = Model(inputs, outputs)
```

重用 VGG 的 Keras 实现和函数式 API，可以以最小的工作量创建 FCN-8 模型。

放大图像的应用

训练超分辨率神经网络的简单技巧是，在将图像送入模型之前，使用一些传统的放大方法（如双线性插值）将图像放大到目标维度。通过这种方式，将神经网络训练成降噪自动编码器，模型的任务是去除上采样带来的噪声，并恢复丢失的细节。

```
x_noisy = bilinear_upscale(bilinear_downscale(x_train)) # pseudo-code
fcn_8s.fit(x_noisy, x_train)
```

 正确的代码和完整的图像演示可以在 notebook 中找到。

如前所述，我们介绍的架构通常可用于各类任务，如从彩色图像进行深度估计、下一帧预测（就是从输入的一个视频帧序列中预测下一张图像的内容）以及图像分割。本章的第二部分将介绍后者，这在许多实际应用中是必不可少的。

6.3 理解语义分割

语义分割是一个更通用的任务术语，对应的任务是将图像分割成有意义的多个部分。在第 1 章中，已介绍过它包括目标分割和实例分割。不像前面章节中介绍的图像分类和目标检测，分割任务要求方法返回像素级的密集预测，也就是为输入图像的每个像素分配一个标签。

在详细说明为什么编码器 - 解码器为何如此擅长目标分割，以及如何进一步提升它们的结果之后，我们将介绍几个用于处理更复杂的实例分割任务的解决方案。

6.3.1 使用编码器 - 解码器进行目标分割

正如我们在本章前面所看到的，可以训练编码器 - 解码器网络将数据样本从一个域映射到另一个域（例如，从有噪声到没有噪声，或者从颜色到深度）。目标分割就可以看作是这样一种操作——从图像颜色域到分类域的映射。对于给定的值和上下文，我们希望为图像中的每个像素分配一个目标类型，返回具有相同高度和宽度的标签图。

训练编码器 – 解码器输入图像并返回标签图仍然需要考虑一些因素，我们现在来详细介绍。

概况

我们将介绍如何使用网络（如 U-Net）进行目标分割，以及如何将它们的输出进一步处理为精细的标签图。

解码为标签图

构建编码器 – 解码器来直接输出标签图——其中每个像素值代表一个类别（例如，1 代表狗，2 代表猫，等等）——将产生糟糕的结果。与分类器一样，我们需要一种更好的方法来输出分类值。

为了在 N 个类别中对图像进行分类，我们知道要在神经网络的最后一层输出 N 个 logit，表示每个类别的预测分数。我们还知道如何使用 softmax 操作将这些分数转换为概率，以及如何通过选择最高值（例如，使用 argmax）返回最有可能的类别。同样的机制也可以应用到像素级而不是图像级的语义分割。我们的网络不是输出包含每个完整图像的每类别分数的 N 个 logit 的列向量，而是返回一个 $H \times W \times N$ 的张量，其中包含每个像素的分数（见图 6-10）。

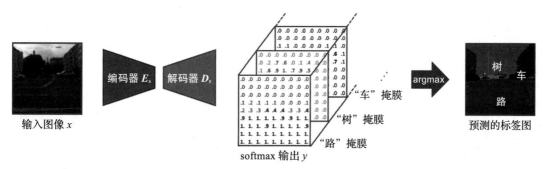

图 6-10　给定一个维度为 $H \times W$ 的图像，神经网络返回一个 $H \times W \times N$ 的概率图，其中有 N 个类别，使用 argmax 得到标签图

对于本章介绍的架构，获得这样的输出张量只需设置 $D_o=N$ 即可，即在构建模型时，将输出通道的数量设置为类别数量（参见图 6-8 和图 6-9）。然后就可以像分类器一样训练它们。使用交叉熵损失将 softmax 值与独热编码的真值标签图进行比较（事实上，对于分类来说比较的张量具有更多的维度不影响其计算）。此外，$H \times W \times N$ 预测可以通过选择沿通道轴的最高值的索引（即在通道轴上使用 argmax）类似地转换为每像素标签。

例如，前面介绍的 FCN-8 代码可用于训练目标分割的模型，如下所示：

```
inputs = Input(shape=(224, 224, 3))
out_ch = num_classes = 19 # e.g., for object segmentation over Cityscapes
# [...] building e.g. a FCN-8s architecture, c.f. previous snippet.
```

```
outputs = Conv2DTranspose(filters=out_ch, kernel_size=16, strides=8,
                          padding='same', activation=None)(m2)
seg_fcn = Model(inputs, outputs)
seg_fcn.compile(optimizer='adam', loss='sparse_categorical_crossentropy')
# [...] training the network. Then we use it to predict label maps:
label_map = np.argmax(seg_fcn.predict(image), axis=-1)
```

Git 存储库包含了为语义分割而构建和训练的 FCN-8 模型以及 U-Net 模型的完整示例。

使用分割损失和指标进行训练

使用先进的架构（如 FCN-8 和 U-Net）是构建高性能语义分割系统的关键。然而，大多数先进模型仍需要对正确的损失进行最优收敛。对于粗分类和密分类，交叉熵是训练模型的默认损失，对于后一种情况，应采取预防措施。

对于图像级和像素级分类任务，类别不均衡是一个常见的问题。想象一下在一个包含 990 只猫和 10 只狗的数据集训练模型。一个总是输出猫的模型将达到 99% 的训练准确率，但是在实际中没有多大意义。对于图像分类，通过添加或删除图像，让所有类别以相同比例出现可以避免这一问题。对于像素级的分类这个问题变得更难以处理。一些类别可能会在每张图像中出现，但只占一小部分像素，而其他一些类别可能会占图像的大部分区域（例如自动驾驶汽车应用中交通标志与道路类别）。无法编辑数据集来补偿这种不平衡。

为了防止分割模型偏向于数量更多的类，应该调整它们的损失函数。例如，通常的做法是加权每个类别对交叉熵损失的贡献。正如自动驾驶汽车语义分割的 notebook 和图 6-11 所示，一个类别在训练图像中出现得越少，它在损失中的权重就越大。这样，如果网络开始忽略数量较少的类，它将受到严重惩罚。

输入图像　　　　　　真值标签图　　　　　　每类权重图　　　　　　轮廓权重图

图 6-11　语义分割中的像素加权策略（像素越少，其对损失的权重越高）

权重图一般通过真值标签图计算。需要注意的是，如图 6-11 所示，不仅要根据类别，而且要根据像素与其他元素的相对位置等情况设置每个像素的权重。

另一个解决方案是使用其他不受类别比例影响的成本函数替换交叉熵。毕竟，交叉熵是准确函数的一个替代，之所以被采用，是因为它可微。然而，这个函数并没有真正表达模型的实际目标，即不管它们的区域是什么，都正确地分隔不同的类。因此，研究者们提出了几种特定于语义分割的损失函数和指标，以更明确地捕捉这一目标。

第 5 章中介绍的**交并比（IoU）**就是一个常用的指标。**Sørensen-Dice 系数**（通常简称为 **Dice 系数**）是另外一个指标。像 IoU 一样，Dice 系数也衡量两个集合重叠的程度：

$$Dice(A, B) = \frac{2|A \cap B|}{|A| + |B|}$$

式中，$|A|$ 和 $|B|$ 表示每个集合的基数，$|A \cap B|$ 表示它们共有元素的数量（交集的基数）。IoU 和 Dice 有些共同的属性，可以相互计算：

$$IoU(A, B) = \frac{Dice(A, B)}{2 - Dice(A, B)}, \quad Dice(A, B) = \frac{2 \times IoU(A, B)}{1 + IoU(A, B)}$$

在语义分割中，Dice 用于衡量预测掩膜与真值掩膜的重叠程度。对于一个类，分子代表正确分类的像素的数量，分母代表在预测和真值掩膜中属于该类的像素总数。作为指标，Dice 系数因此不依赖于一个类在图像中的相对像素数。对于多类任务，科学家通常计算每一类别的 Dice 系数（比较每一对预测掩膜和真值掩膜），然后取结果的平均值。

从方程中可以看到，Dice 系数定义在 0 和 1 之间，如果 A 和 B 没有交集则其值是 0，如果它们完全相交，其值是 1。因此，为了使用 Dice 作为神经网络要最小化的损失函数，需要对这个分值取反。总的来说，对于 N 个类别的语义分割，Dice 损失通常定义如下：

$$L_{Dice}(y, y^{true}) = 1 - \frac{1}{N} \sum_{k=0}^{N-1} Dice(y_k, y_k^{true}), \quad Dice(a, b) = \frac{\epsilon + 2 \sum_{i,j} (a \odot b)_{i,j}}{\epsilon + \sum_{i,j} a_{i,j} + \sum_{i,j} b_{i,j}}$$

让我们稍微澄清一下这个等式。如果 a 和 b 是两个独热张量，那么 Dice 分子（即它们的交集）可以通过应用它们之间的元素乘法（参见第 1 章），然后将得到的张量中的所有值相加得到。分母是通过对 a 和 b 所有元素求和得到的。最后，通常在分母上加一个小值 ϵ（例如，小于 1e-6 的值），以避免在张量什么都不包含时被零除，并将其加到分子上以平滑结果。

 注意，在实际中，不像真值独热张量，预测张量不包含任何二进制值。它们由从 0 到 1 的 softmax 连续概率值组成。因此，这个损失常称为 soft Dice。

在 TensorFlow 中，该损失实现如下：

```
def dice_loss(labels, logits, num_classes, eps=1e-6, spatial_axes=[1, 2]):
    # Transform logits in probabilities, and one-hot the ground-truth:
    pred_proba = tf.nn.softmax(logits, axis=-1)
    gt_onehot = tf.one_hot(labels, num_classes, dtype=tf.float32)
    # Compute Dice numerator and denominator:
    num_perclass = 2 * tf.reduce_sum(pred_proba * gt_onehot,
axis=spatial_axes)
    den_perclass = tf.reduce_sum(pred_proba + gt_onehot, axis=spatial_axes)
    # Compute Dice and average over batch and classes:
    dice = tf.reduce_mean((num_perclass + eps) / (den_perclass + eps))
    return 1 - dice
```

对于分割任务，Dice 和 IoU 都是重要的工具，它们的用途将在相关的 Jupyter Notebook 中进一步说明。

使用条件随机场进行后处理

正确地为每个像素标记标签是一个复杂的任务，经常会得到轮廓不佳和不正确的小区域的预测标签图。幸运的是，有一些方法可以对结果进行后处理，纠正一些明显的缺陷。在这些方法中，**条件随机场（Conditional Random Field，CRF）**因其整体性能而最受欢迎。

CRF 的理论超出了本书要讨论的范围，CRF 通过考虑原始图像中每个像素的上下文改进像素级的预测。如果两个相邻像素之间的颜色梯度很小（也就是说，没有颜色的突然变化），那么它们很可能属于同一类别。考虑到这个基于空间和颜色的模型，以及预测器提供的概率图（在本例中，为来自 CNN 的 softmax 张量），CRF 方法返回精确的标签图，它在视觉轮廓方面更好。

有几种现成可用的实现，比如 Lucas Beyer 的 `pydensecrf`（https://github.com/lucasbeyer/pydensecrf），它是 Philipp Krähenbühl 和 Vladlen Koltun 提出的具有高斯边缘的稠密 CRF 的 Python 装饰器（参见论文 "Efficient inference in fully connected CRFs with gaussian edge potentials"，Advances in neural information processing systems，2011）。本章的最后一个 notebook 中介绍了如何使用此框架。

示例：自动驾驶汽车中的图像分割

在如本章的开头所述，我们将把这一新知识应用在复杂的现实生活用例中，即自动驾驶车汽车交通图像的分割。

任务介绍

像人类的司机一样，自动驾驶汽车需要了解它们的环境，并发现周围的元素。将语义分割应用于前置摄像头的视频图像，可以让系统知道周围是否有其他车辆，知道是否有行人或自行车正在过马路，遵循交通线和标志，等等。

因此，这是一个关键的过程，研究人员正在努力改进模型。因此，有多个相关的数据集和基准。Cityscapes 数据集（https://www.cityscapes-dataset.com）是我们选择用于示范的最著名的数据集之一。该数据集由 Marius Cordts 等人分享（参考 "The Cityscapes Dataset for Semantic Urban Scene Understanding"，IEEE CVPR 会议论文集），它包含来自多个城市的视频序列，语义标签超过 19 个类别（道路、汽车、工厂等）。一个 notebook 专门用来开始这个基准测试。

典型的解决方案

本章最后 2 个 Jupyter Notebook，使用本节介绍的几个技巧训练 FCN 和 U-Net 模型来处理这个任务。展示了在计算损失时如何正确地权衡每个类别，以及如何对标签图进行后处理，等等。

由于整个解决方案相当长，而且 Notebook 更适合展现代码，如果读者对这个用例感兴趣，请继续阅读。这样，我们就可以把本章的其余部分用于介绍另一个有趣问题——实例分割。

6.3.2 比较困难的实例分割

对于训练用于目标分割的模型, softmax 的输出代表每个像素属于 *N* 个类别之一的概率。然而, 它却无法表示两个像素或者像素块是否属于某一类的相同实例。例如, 在图 6-10 中给出的预测标签图, 我们无法统计树或者建筑实例的数量。

下面将通过拓展两个已经解决的相关的任务 (目标分割与目标检测) 来介绍实现实例分割的两种不同方法。

从目标分割到实例分割

首先, 我们将介绍几个工具从刚刚介绍过的模型中提取实例掩膜。U-Net 的作者推广了这个微调编码器 – 解码器的思想, 因此它的输出可以用于实例分割。Alexander Buslaev、Victor Durnov 和 Selim Seferbekov 深化了这一个思想, 赢得了 Kaggle 2018 年数据科学杯 (https://www.kaggle.com/c/data-science-bowl-2018), 这是一场受资助的医学应用高级实例分割竞赛。

谨慎对待边界

如果语义掩膜获得的元素分离得很好 / 没有重叠, 将这个掩膜分割成可区分的每个实例是一项并不十分复杂的任务。有很多算法可以估计二元矩阵中图块的轮廓或者为每个图块提供一个单独的掩膜。对于多类别实例分割, 可以对目标分割方法返回的每类掩膜重复这一过程, 将它们进一步分割成实例。

但是, 首先需要获得精确的语义掩膜, 彼此靠近的元素可能会作为一个独立的图块返回。因此, 至少对于不重叠的元素, 如何确保分割模型更关注生成轮廓精确的掩膜? 我们已经知道了答案, 即唯一的方法就是训练神经网络相应地调整训练损失来做到这一点。

为生物医学应用而开发的 U-Net 可以在显微图像中分割神经元结构。为了训练神经网络正确地分割临近的细胞, 作者们决定对损失函数加权以惩罚几个实例边界上错误分类的像素。如图 6-11 所示, 这一策略与前面介绍的每类损失加权非常类似, 尽管这里是针对每个像素计算加权。U-Net 的作者提出了一个公式用来在真值类掩膜上计算权重图。对于每个像素和每个类, 该公式考虑了像素到两个最近的类实例的距离。两个距离越小, 权重越高。权重图可以预先计算, 与真值掩膜一起存储, 并在训练过程中一起使用。

注意, 在多类别场景中逐像素权重可以与逐类加权结合。针对图像的某些区域, 对网络进行更严重的惩罚的理念也适用于其他应用 (例如, 为了更好地分割制造对象的关键部件)。

我们提到了 Kaggle 2018 年数据科学杯的获奖者, 他们对这一理念提出了值得注意的见解。对于每个类, 他们定制的 U-Net 输出两个掩膜: 预测每像素类概率的常用掩膜, 以及捕捉类边界的第二个掩膜。在类掩膜的基础上, 预先计算了真值边界掩膜。经过适当的训练, 从两个预测的掩模中得到的信息可以用来获得每一类别分离良好的元素。

实例掩膜后处理

如前面部分所述，获得精确的掩膜后，可以通过适当的算法从它们之中识别出非重叠的实例。后处理通常使用形态学函数（如**掩膜腐蚀**与**膨胀**）来完成。

分水岭变换是另一个常见的算法家族，可以进一步将类掩膜分割成实例。这些算法采用单通道张量，并将其视为地形表面，其中每个值代表一个高程。我们将不再详细说明所使用的各种方法，它们可以提取山脊的顶部，代表实例边界。该变换有几种可用的实现，一些基于 CNN，参考多伦多大学的 Min Bai 和 Raquel Urtasun 的用于实例分割的深度分水岭变换（参见论文"Deepwatershed transform for instance segmentation"，IEEE CVPR 会议论文集，2017 年）。受 FCN 架构的启发，他们的网络接受预测语义掩膜和原始 RGB 图像作为输入，并返回可用于识别山脊的能量图。

由于 RGB 信息，这个解决方案甚至可以很好地分离重叠实例。

从目标检测到实例分割：Mask R-CNN

从目标检测角度解决实例分割是第二个方法。第 5 章介绍的解决方法是返回图像中出现的目标实例的边界框。下面将展示如何将这些结果转化为更精细的实例掩膜。更确切地说，我们将介绍 Mask R-CNN，它是 Faster R-CNN 的一种拓展。

在边界框中应用语义分割

在第 1 章中介绍目标检测时，我们解释这个过程一般作为预处理步骤，提供包含单个实例的图像块用于后续分析。基于这一思想，实例分割分为两步：

1）使用目标检测模型返回目标类每个实例的边界框。

2）将每个图像块送入语义分割模型，得到实例掩膜。

如果预测的边界框准确（每个框里包括一个完整的、单独的元素），分割网络的任务就会很简单——在对应的图像块中分类哪些像素属于所获取的类，哪些像素属于背景的一部分或属于另一个类。

因为我们已经有了实现它的必要的工具（目标检测和语义分割模型），所以解决实例分割的方法具有一定的优势！

使用 Faster R-CNN 构建实例分割模型

我们可以简单地将预训练的检测网络和预训练的分割网络连在一起，如果以端对端的方式将两个网络连接并一起训练，它将会工作得更好。通过这些公共层反向传播分割损失将会使提取的特征对于检测和分割两个任务更有意义。这源于脸书人工智能实验室（Facebook AI Research，FAIR）的 Kaiming He 等人在 2017 年提出 Mask R-CNN 时的最初想法（参见论文"Mask R-CNN"，IEEE CVPR 会议论文集）。

 这个名字是否听起来耳熟，Kaiming He 也是 ResNet 和 Faster R-CNN 的主要创造者。

Mask R-CNN 主要基于 Faster R-CNN。和 Faster R-CNN 类似，Mask R-CNN 由一个区域候选网络，后跟两个针对每个候选区域的预测类和方框偏移的分支组成（请参阅第 5 章）。然而，作者使用第 3 个并行分支扩展了模型，输出每个区域中元素的二进制掩膜（如图 6-12 所示）。请注意，这个额外的分支只由几个标准卷积和转置卷积组成。如作者在论文中强调的，与其他顺序实例分割方法相比，这里的并行处理继承了 Faster R-CNN 的思想。

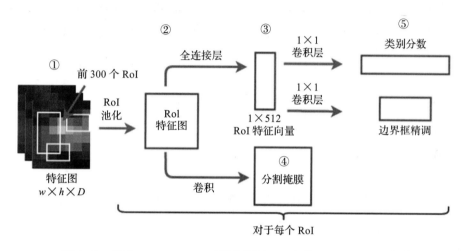

图 6-12　基于 Faster R-CNN（请参见图 5-12）的 Mask R-CNN 架构

得益于这种并行性，He 等人将分类任务和分割任务解耦。分割分支定义为输出 N 个二进制掩膜（和任何语义分割模型一样，每个类一个），只有对应于另一个分支预测的类的掩膜才被认为是最终的预测并用于训练损失。换句话说，只有实例类的掩膜会应用到分割分支的交叉熵损失。如作者所述，这会让分割分支在没有其他类的竞争中预测标签图，从而简化了这个任务。

 Mask R-CNN 作者们的另一个重要贡献是使用 RoI Align 层取代了 Faster R-CNN 的 RoI 池化层。两者之间的区别十分微小，但却提供了不可忽略的准确性提升。RoI 池化会引起量化，例如，离散化子窗口单元的坐标（请参考第 5 章和图 5-13）。这并不会真正影响分类分支的预测（它对于小的不对齐鲁棒性很好），但会影响分割分支像素级预测的质量。为避免这种情况，He 等人简单地去除了离散化并使用双线性插值代替以获得单元的内容。

Mask R-CNN 在 COCO 2017 挑战赛中表现突出，现在被广泛使用。你可以找到很多在线的实现，例如，在 `tensorflow/models` 存储库的文件夹中就有专门用于目标检测和实例分割的实现（https://github.com/tensorflow/models/tree/master/research/object_detection）。

6.4 本章小结

本章讨论了几种像素级的应用范例。介绍了编码器-解码器和一些特别的架构，将它们应用在从图像去噪到语义分割等多个任务。展示了如何将不同的解决方案组合起来处理更高级的问题，如实例分割。

当我们处理越来越复杂的任务时，新的挑战也会随之而来。例如，在语义分割中，精确标注用于训练的图像是非常耗时的任务。通常缺少现成的数据集，还需采取一些特殊措施以避免过拟合。此外，由于训练图像和它们的真值很繁重，因此精心设计的数据流水线对于高效的训练十分必要。

因此，下一章将深入介绍如何使用 TensorFlow 高效地扩充和服务训练批。

问题

1. 自动编码器的特殊之处是什么？
2. FCN 基于哪种分类架构？
3. 如何训练语义分割模型，使其不忽略数量较少的类别？

进一步阅读

❑ Kaiming He、Georgia Gkioxari、Piotr Dollar 和 Ross Girshick 的论文 "Mask R-CNN" (http://openaccess.thecvf.com/content_iccv_2017/html/He_Mask_R-CNN_ICCV_2017_paper.html)：
本章提到的这篇撰写优美的会议论文介绍了 Mask R-CNN，提供了附加插图和细节，可以帮助理解该模型。

第三部分
高级概念和计算机视觉新进展

最后一部分将介绍现代计算机视觉领域中的几个挑战，并为那些希望将计算机视觉应用于新颖用例的人提供必要的技术。第7章将介绍旨在有效处理大量数据的 TensorFlow 工具。但对于相反的情况，即数据过度稀缺的情况，我们还将介绍域适应以及基于计算机图形、GAN 和 VAE 的图像生成。为了解如何从视频中提取信息，第8章介绍循环神经网络的理论以及一些示例应用。第9章讨论在终端设备上实现计算机视觉的相关挑战，并教你如何在手机和 Web 浏览器中部署解决方案。

本部分包含以下几章：

❑ 第7章 在复杂和稀缺数据集上训练
❑ 第8章 视频和循环神经网络
❑ 第9章 优化模型并在移动设备上部署

CHAPTER 7

第7章

在复杂和稀缺数据集上训练

数据是深度学习应用的生命和血液。严格来说，训练数据应该通畅地流入神经网络，它应该包含为了它们的任务而准备的方法所需要的全部有意义的信息。然而，数据集通常结构复杂，或者存储在异构设备上，这使得将其内容送到模型的过程变得复杂。另外的情况是没有相关的训练图像和标签注解，使模型无法得到学习所需要的信息。

幸好，对于前一种情况，TensorFlow 提供了丰富的框架来设置优化后的数据流水线——tf.data。对于后一种情况，研究人员在训练数据稀缺时提出了多项替代方案，比如数据增强、合成数据集的生成、域适应等。这些替代方案也将给我们机会详细阐述生成模型，如变分自编码器（Variational Auto-Encoder，VAE）和生成式对抗网络（Generative Adversarial Network，GAN）。

本章将涵盖以下主题：

❑ 如何使用 tf.data 构建高效的输入流水线，提取并处理各种样本。

❑ 如何增强和渲染图像，以补充稀缺的训练数据。

❑ 域适应方法是什么，它们如何帮助训练更鲁棒的模型。

❑ 如何使用生成模型（如 VAE 和 GAN）创建新图像。

7.1　技术要求

同样，用于介绍本章内容的几个 Jupyter Notebook 和相关的源文件可以在本书专门的 Git 存储库中找到（https://github.com/PacktPublishing/Hands-On-Computer-Vision-with-TensorFlow-2/tree/master/Chapter07）。

notebook 展示以 3D 模型渲染所生成的图像时需要一些额外的 Python 包，如 vispy（http://vispy.org）和 plyfile（https://github.com/dranjan/python-plyfile）。notebook 本身提

供了安装说明。

7.2　高效数据服务

定义良好的输入流水线不仅可以减少训练模型的时间，而且会帮助更好地预处理训练样本以指导网络得到更好性能的配置。本节，我们将深入研究 TensorFlow tf.data API，说明如何建立高效流水线。

7.2.1　TensorFlow 数据 API

尽管 tf.data 已经在 Jupyter Notebook 中多次出现，但我们还没有很好地介绍这个 API，以及它各方面的情况。

TensorFlow 数据 API 背后的直觉

在详细介绍 tf.data 前，我们将提供一些背景来说明它与深度学习模型训练的相关性。

快速提供图像和需要大量数据的模型

神经网络是一种需要大量数据的方法。在训练过程中，可以迭代的数据集越大，神经网络就越精确、越鲁棒。正如我们在实验中已经注意到的那样，训练网络是一项繁重的任务，可能需要数小时甚至数天。

随着 GPU/TPU 硬件性能越来越高，每个训练迭代中前向传递和反向传播所需的时间正在持续减少。现在的速度是如此之快，神经网络消耗训练批的速度往往比典型输入流水线所能产生数据速度要快。在计算机视觉中尤其如此。图像数据集通常太大而无法完全预处理，而且动态读取或解码图像文件会导致明显的延迟（当在每个训练中重复百万次时尤其如此）。

来自惰性结构的灵感

更普遍的是，随着几年前大数据的兴起，出现了大量的文献、框架和最佳实践，为各类应用的大量数据处理和提供给出了解决方案。为了给神经网络提供清晰高效的数据送入框架，TensorFlow 开发者带着这些框架和实践建立了 tf.data API。更准确地说，该 API 的目标是定义在当前步骤完成前将数据送入下一步骤的流水线（API 官方指南请参考 https://www.tensorflow.org/guide/ performance/datasets）。

如 Derek Murray（谷歌 TensorFlow 专家之一）在几个在线演示（其中一个演示是视频记录的，参见 https://www.youtube.com/watch?v=uIcqeP7MFH0）中介绍的，使用 tf.data API 建立的流水线可与函数式语言中的惰性列表相媲美。它们可以以按需调用的方式逐批迭代巨大或无限大（例如新数据样本动态生成）的数据集。它们提供 map()、reduce()、filter() 和 repeat() 等操作以处理数据和控制数据流动。它们可以与 Python 生成器相比，但是具有更高级的接口，更重要的是，具有 C++ 计算性能基础。尽管可以在主训练循环中手工实现多线程的 Python 生成器以并行处理和提供批数据，但 `tf.data` 以开箱即用（而且可能方式更优）的方式实现了这些功能。

TensorFlow 数据流水线的结构

如前所述，数据科学家已经拥有了如何对待大数据集处理和流水线的丰富知识，`tf.data` 流水线的结构直接遵循了这些最佳实践。

提取 – 转换 – 加载

实际上，API 指南还对用于训练和提取、转换及加载（Extract-Transform-Load，ETL）过程的数据流水线进行了并行处理。ETL 是计算机科学中一种常见的数据处理范式。在计算机视觉领域，负责向模型输入训练数据的 ETL 流水线通常类似于图 7-1 所示的流水线。

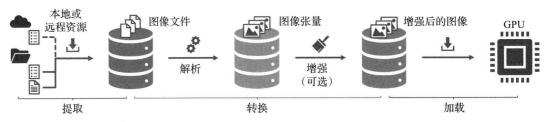

图 7-1 为训练计算机视觉模型提供数据的典型 ETL 流水线

提取步骤包括选择数据源和提取内容。这些数据源可以在文档中明确列出（例如，CSV 文件包含所有图像的文件名），也可以是隐含的（例如，所有数据集的图像已经存储在特定的文件夹中）。数据源可以存储在不同的设备上（本地或者远程），列出不同的数据源并提取它们的内容也是提取器的任务。例如，在计算机视觉领域中数据集通常太大，不得不将它们存储在多个硬盘驱动器上。要以有监督的方式训练神经网络，需要提取图像的标签注解或真值（例如，CSV 文件中包含的类别标签，存储在其他文件夹中真值分割掩膜，等等）。

接着对提取的数据样本进行**转换**。最常用的转换是将提取的数据样本解析成常用的格式。这意味着将从图像文件中读取的字节解析成矩阵表示（例如，将 JPEG 或者 PNG 字节解码成图像张量）。也有其他一些重负荷的转换，如剪切、缩放图像到相同的尺寸，或者使用各种随机操作增强它们。同样，对于有监督学习的注释也是如此。例如，将它们解析成损失函数可以处理的张量。

一旦准备好，就将数据**加载**到目标结构。对于机器学习方法的训练，这意味着将批样本送入到负责执行模型的设备，如所选择的 GPU。处理过的数据集也可以缓存或存储在其他地方供以后使用 / 重用。

在 Jupyter Notebook 中已经看到过这种 ETL 过程，例如，在第 6 章中设置的 Cityscapes 输入流水线。输入流水线将处理结果作为批传递给训练过程前，会在提供的输入 / 真值文件名上进行迭代、解析并增强其内容。

API 接口

`tf.data.Dataset` 是 `tf.data` API 提供的核心类（请参阅 https://www.tensorflow.org/api_docs/python/tf/data/Dataset 处的文档）。该类的实例代表的是遵循刚才介绍的惰性列表范例的数据源。

可以以多种方式初始化数据集，这取决于它们的内容最初是如何存储的（以文件、numpy 数组、张量或者其他方式）。例如，数据集可以基于图像文件列表：

```
dataset = tf.data.Dataset.list_files("/path/to/dataset/*.png")
```

数据集可以在自身上使用很多方法以提供经过转换的数据集。例如，下面的函数返回了新的数据集实例，将文件内容转换（也就是解析）成相同尺寸的图像张量：

```
def parse_fn(filename):
    img_bytes = tf.io.read_file(filename)
    img = tf.io.decode_png(img_bytes, channels=3)
    img = tf.image.resize(img, [64, 64])
    return img  # or for instance, `{'image': img}` if we want to name this
input
dataset = dataset.map(map_func=parse_fn)
```

传递给 `.map()` 的函数迭代时将在数据集的每个样本上执行。的确，必要的转换之后，数据集可以作为任何惰性列表或生成器，如下所示：

```
print(dataset.output_types)  # > "tf.uint8"
print(dataset.output_shapes) # > "(64, 64, 3)"
for image in dataset:
    # do something with the image
```

所有的数据样本作为张量返回之后，可以容易地加载到负责训练的设备上。为了让事情变得更简单，`tf.estimator.Estimator` 和 `tf.keras.Model` 实例可以直接接收 `tf.data.Dataset` 对象作为训练的输入（对于评估器，数据集操作必须被包装成返回数据集的函数），如下所示：

```
keras_model.fit(dataset, ...)      # to train a Keras model on the data
def input_fn():
    # ... build dataset
    return dataset
tf_estimator.train(input_fn, ...) # ... or to train a TF estimator
```

随着评估器和模型与 `tf.data` API 紧密集成，TensorFlow 2 使得数据预处理和数据加载模块化和清晰化。

7.2.2　设置输入流水线

记住 ETL 过程，我们将开发一些由 `tf.data` 提供的至少对于计算机视觉应用最常用且最重要的方法。对于全部内容，请读者参考文档（https://www.tensorflow.org/api_docs/python/tf/data）。

提取（从张量、文本文件、TFRecord 文件等）

数据集通常为特殊的需求（公司收集图像以训练更智能的算法，研究人员设置基准，等等）而创建，因此很少能看到两个数据集具有相同的结构和格式。幸运的是，TensorFlow 开发人员很好地意识到了这一点，因此提供了很多工具用来列出和提取数据。

从 NumPy 和 TensorFlow 数据提取

首先，如果数据样本已经由程序加载（例如，已加载为 NumPy 或者 TensorFlow 结构），则可以使用 `.from_tensors()` 或者 `.from_tensor_slices()` 静态方法将它们直接传给 `tf.data`。

两个方法均接受嵌套数组或张量结构，但是后者会沿第一个轴将数据切片为样本，如下所示：

```
x, y = np.array([1, 2, 3, 4]), np.array([5, 6, 7, 8])
d = tf.data.Dataset.from_tensors((x,y))
print(d.output_shapes) # > (TensorShape([4]), TensorShape([4]))
d_sliced = tf.data.Dataset.from_tensor_slices((x,y))
print(d_sliced.output_shapes) # > (TensorShape([]), TensorShape([]))
```

可以看到，第二个数据集 `d_sliced` 最后包含 4 对样本，每个样本只包含一个值。

从文件提取

如前面的例子所示，数据集可以使用 `.list_files()` 静态方法在文件上迭代。该方法创建一个字符张量数据集，每个张量包含文件列表中一个文件的路径。每个文件可以使用 `tf.io.read_file()` 之类的操作（`tf.io` 包含文件相关的操作）打开。

为了在二进制或文本文件上迭代，`tf.data` API 也提供了一些特殊的数据集。`tf.data.TextLineDataset()` 可以用于逐行读取文档（对于一些列出图像文件或者在文本文件中列出标签的公开数据集非常有用），`tf.data.experimental.CsvDataset()` 可以解析 CSV 文件，并逐行返回文件内容。

 `tf.data.experimental` 不能确保与其他模块向后兼容。当读者拿到这本书时，一些方法可能已经移到 `tf.data.Dataset` 中，或者简单地删除了（对于一些 TensorFlow 局限的临时解决方案）。请读者自行查阅相关文档。

从其他输入（生成器、SQL 数据库、range 等）中提取

尽管我们没有全部列出它们，但最好记住可以从非常广泛的数据源定义 `tf.data.Dataset`。例如，在数字上简单迭代的数据集可以使用静态方法 `.range()` 初始化。数据集也可以通过 `.from_generator()` 从 Python 生成器创建。最后，即使数据存储在 SQL 数据库中，TensorFlow 也提供了一些工具来查询它，包括：

```
dataset = tf.data.experimental.SqlDataset(
    "sqlite", "/path/to/my_db.sqlite3",
    "SELECT img_filename, label FROM images", (tf.string, tf.int32))
```

对于更特殊的数据集实例化方法，请读者查阅 `tf.data` 文档。

样本转换（解析、增强等）

ETL 流水线的第二个步骤是转换。转换可以分为两类：影响单个数据样本的转换和将数据集作为整体进行编辑的转换。下面将介绍第一种转换，并解释如何预处理样本。

解析图像和标签

在上一小节我们为 `dataset.map()` 编写的 `parse_fn()` 方法中，调用 `tf.io.read_file()` 读取数据集列出的文件名对应的文件，接着调用 `tf.io.decode_png()` 将字节转换为图像张量。

 `tf.io` 还包含 `decode_jpeg()`、`decode_gif()` 等。它还提供更通用的 `decode_image()`，该函数可以判断图像所用的格式（请参考 https://www. tensorflow.org/api_docs/python/tf/io 处的文档）。

然而，有很多方法可以用于计算机视觉标签解析。很明显，如果标签也是图像（例如，对于图像分割与编辑），那么刚才提到的方法完全可以重用。如果标签使用文本文件存储，可以使用 `TextLineDataset` 或 `FixedLengthRecordDataset`（请参阅 https://www. tensorflow.org/api_docs/python/tf/data 处的文档）在标签上迭代，一些模块，如 `tf.strings`，可以解析行 / 记录。例如，假设，我们有一个数据集，使用文本文件每行列出图像文件的文件名和类别标识符，并使用逗号隔开。每个图像 / 标签对可以使用以下方式解析：

```
def parse_fn(line):
    img_filename, img_label = tf.strings.split(line, sep=',')
    img = tf.io.decode_image(tf.io.read_file(img_filename))[0]
    return {'image': img, 'label': tf.strings.to_number(img_label)}
dataset = tf.data.TextLineDataset('/path/to/file.txt').map(parse_fn)
```

可以看到，TensorFlow 提供了多个辅助函数进行字符串的处理和转换、读取二进制文件、解码 PNG 或 JPEG 文件等。通过这些函数，流水线可以以工作量最小的方式处理异构数据。

解析 TFRecord 文件

虽然列出所有图像文件，然后不断重复地打开和解析它们是一个直接的流水线解决方案，但它可能是次优的。一个接一个地加载和解析图像很耗费资源。将大量的图像存储在二进制文件中将使磁盘的读操作（或者远程文件的流操作）更高效。因此，通常建议 TensorFlow 用户使用 TFRecord 文件格式，该格式基于谷歌协议缓存，是一个与语言无关、与平台无关的序列化结构数据的可扩展机制（请参阅 https://developers.google.com/protocol-buffers 处的文档）。

TFRecord 文件是收集数据样本（例如图像、标签和元数据）的二进制文件。TFRecord 文件包含了序列化的 `tf.train.Example` 实例，它基本上是个命名组成样本的每个数据元素（根据该 API 称作特征）的字典（例如，`{'img': image_sample1, 'label':`

label_sample1,...}）。每个样本包含的元素/特征都是一个 `tf.train.Feature` 实例或者其子类的实例。这些对象以字节列表、浮点数列表、整数列表的方式存储数据的内容（请参阅 https://www.tensorflow.org/api_docs/python/tf/train 处的文档）。

由于它是专门为 TensorFlow 开发的，`tf.data` 可以很好地支持这个文件格式。为了使用 TFRecord 文件作为输入流水线的数据源，TensorFlow 用户可以将这些文件传递给 `tf.data.TFRecordDataset(filenames)`（请参阅 https://www.tensorflow.org/api_docs/python/tf/data/TFRecordDataset 处的文档），它们可以在所包含的序列化 `tf.train.Example` 元素上迭代。要解析它们的内容，可以采用如下代码：

```
dataset = tf.data.TFRecordDataset(['file1.tfrecords','file2.tfrecords'])
# Dictionary describing the features/tf.trainExample structure:
feat_dic = {'img': tf.io.FixedLenFeature([], tf.string), # image's bytes
            'label': tf.io.FixedLenFeature([1], tf.int64)} # class label
def parse_fn(example_proto): # Parse a serialized tf.train.Example
    sample = tf.parse_single_example(example_proto, feat_dic)
    return tf.io.decode_image(sample['img'])[0], sample['label']
dataset = dataset.map(parse_fn)
```

`tf.io.FixedLenFeature(shape, dtype, default_value)` 让流水线知道从序列化的样本中可以得到什么样的数据，然后用一个命令对其进行解析。

> 在 Jupyter Notebook 中，我们详细介绍了 TFRecord，一步一步解释了如何预处理数据，并将其存储为 TFRecord 格式，以及如何使用这些文件作为 tf.data 流水线的数据源。

编辑样本

`.map()` 方法是 `tf.data` 流水线的核心。除了解析样本，它也用于编辑样本。例如，在计算机视觉领域，对于一些应用，通常需要将输入图像裁减/缩放到相同的尺寸（例如，使用 `tf.image.resize()`）或者独热目标标签（`tf.one_hot()`）。

如本章后面所详细介绍的，建议将可选的训练数据增强封装为一个函数，传递给 `.map()`。

数据集转换（打乱顺序、压缩、并行化等）

API 还提供很多函数以进行数据集转换，改变其结构，或者与其他数据源合并。

结构化数据集

在数据科学和机器学习领域，过滤数据、打乱样本顺序、将样本分成批等操作非常常见。`tf.data` API 为这些操作提供了简单的解决方案（请参考 https://www.tensorflow.org/api_docs/python/tf/data/Dataset 处的文档）。例如，一些数据集常用的方法如下：

❑ `.batch(batch_size, ...)` 返回一个新的完成数据样本批操作后的数据集（`tf.data.experimental.unbatch()` 则执行相反的操作）。注意，如果 `.map()` 在 `.batch()` 之后调用，则映射函数将批数据作为输入。

❑ `.repeat(count=None)` 重复数据 count 次数（如果 count=None，则是无限次）。

❑ `.shuffle(buffer_size, seed, ...)` 在填充缓冲区后相应打乱元素顺序（例如，如果 `buffer_size = 10`，则数据集将虚拟地分成由 10 个元素组成的子集，随机排列每个子集的元素，最后逐个返回）。缓冲区越大，打乱顺序就变得越随机，但过程计算量也越大。

❑ `.filter(predicate)` 依照 predicate 函数的布尔输出来决定保留/去除元素。例如，如果希望过滤数据集在线存储的元素，则可使用下面的方法：

```
url_regex = "(?i)([a-z][a-z0-9]*)://([^ /]+)(/[^ ]*)?|([^ @]+)@([^ @]+)"
def is_not_url(filename): #NB: the regex isn't 100% sure/covering all cases
    return ~(tf.strings.regex_full_match(filename, url_regex))
dataset = dataset.filter(is_not_url)
```

❑ `take(count)` 返回最多包含前面 count 个元素的数据集。

❑ `skip(count)` 返回不包含前面 count 个元素的数据集。以上两个函数都可以用于数据集分割，例如，分割训练和验证集如下所示：

```
num_training_samples, num_epochs = 10000, 100
dataset_train = dataset.take(num_training_samples)
dataset_train = dataset_train.repeat(num_epochs)
dataset_val   = dataset.skip(num_training_samples)
```

受其他数据处理框架（例如 `.unique()`、`.reduce()` 和 `.group_by_reducer()`）的启发，通常有很多用于结构化数据或控制数据流的方法。

合并数据集

一些方法也可用于数据集合并。两个最直接的方法是 `.concatenate(dataset)` 和静态的 `.zip(datasets)`（请参阅 https://www.tensorflow.org/api_docs/python/tf/data/Dataset 处的文档）。前者将当前数据集的样本与提供的数据集连接，后者将数据集的元素组合成元组（与 Python 的 `zip()` 类似），如下所示：

```
d1 = tf.data.Dataset.range(3)
d2 = tf.data.Dataset.from_tensor_slices([[4, 5], [6, 7], [8, 9]])
d = tf.data.Dataset.zip((d1, d2))
# d will return [0, [4, 5]], [1, [6, 7]], and [2, [8, 9]]
```

另一个常用于不同数据源数据合并的方法是 `.interleave(map_func, cycle_length, block_length, ...)`（请参阅 https://www.tensorflow.org/api_docs/python/tf/data/Dataset#interleave 处的文档）。它将在数据集的元素上使用 map_func 函数，并对结果交叉。我们回到"解析图像和标签"小节中介绍的例子，其中图像文件和类别列表存储在文本文件中。如果有多个这样的文本文件，并且希望把所有图像合并成单个数据集，则可以按如下方式使用 `.interleave()`：

```
filenames = ['/path/to/file1.txt', '/path/to/file2.txt', ...]
d = tf.data.Dataset.from_tensor_slices(filenames)
```

```
d = d.interleave(lambda f: tf.data.TextLineDataset(f).map(parse_fn),
                 cycle_length=2, block_length=5)
```

cycle_length 参数确定当前处理的元素的数量。在上面的例子中，cycle_length = 2 意味着函数在处理第 3 和第 4 个文件前，将并行处理头 2 个文件，以此类推。block_length 参数控制每个元素返回的连续样本的数量。block_length = 5 意味着方法在迭代下一个文件前，将从文件中产生最大 5 个连续行。

有了所有这些方法和更多其他可用的方法，就可以用最小的工作量来建立复杂的数据提取和转换流水线，如一些以前的 notebook（例如，CIFAR 和 Cityscapes 数据集）中所述。

加载

tf.data 的另一个优点是所有操作均注册到 TensorFLow 操作图，提取和处理的样本均以 Tensor 实例返回。因此，我们不需要太多关注 ETL 最后一步，也就是加载。与其他 TensorFlow 操作或张量类似，该库可以很好地将它们加载到目标设备——除非我们希望自己选择设备（例如，使用 tf.device() 封装数据集的创建）。当开始在 tf.data 数据集上迭代数据时，生成的样本可以直接送入模型。

7.2.3　优化和监控输入流水线

虽然该 API 简化了高效输入流水线的设置，但应该遵循一些最佳实践来充分利用它的能力。在分享 TensorFlow 创建者的一些建议后，我们也会介绍如何监控和重用流水线。

遵循最佳实践进行优化

API 提供了几个方法和选项来优化数据处理和数据流，我们现在来详细介绍。

并行和预存取

默认情况下，大多数数据集的方法都是逐个地处理样本，而没有并行化。然而，可以轻松改变这一点，充分利用多个 CPU 核。例如，.interleave() 和 .map() 方法都有一个 num_parallel_calls 参数，可以指定它们可以创建进程的数量（请参阅 https://www.tensorflow.org/api_docs/python/tf/data/Dataset 处的文档）。图像提取和转换的并行化可以极大地降低生成训练批需要的时间，因此合理设置 num_parallel_calls（例如，设置为处理机器拥有的 CPU 核的数量）很重要。

TensorFlow 还提供了一个 .interleave() 函数的并行版 tf.data.experimental.parallel_interleave()（请参阅 https://www.tensorflow.org/versions/r2.0/api_docs/python/tf/data/experimental/parallel_interleave 处的文档），并提供了一些附加选项。例如，它有一个 sloppy 参数，如果设置为 True，则允许每个进程具备条件后尽快返回输出。一方面，这意味着数据不再以确定的顺序返回，另一方面这可以提高流水线的性能。

tf.data 另一个与性能相关的特性可能就是数据样本的预存取。当使用数据集的 .prefetch(buffer_size) 方法时,该特性允许输入流水线在处理当前样本时开始准备下一个样本,而不是等待下一次数据集调用时才准备。例如,这允许 TensorFlow 在 CPU 上准备下一个训练批,同时模型在 GPU 上处理当前批。

在生产者 - 消费者模式中,预存取基本上使数据准备和训练操作并行成为可能。通过很小的变化就可以进行并行调用和预存取,这将极大地减少训练时间,如下所示:

```
dataset = tf.data.TextLineDataset('/path/to/file.txt')
dataset = dataset.map(parse_fn, num_threads).batch(batch_size).prefetch(1)
```

受 TensorFlow 官方指南的启发(https://www.tensorflow.org/guide/ performance/datasets),图 7-2 说明了这些最佳实践可以带来的性能收益。

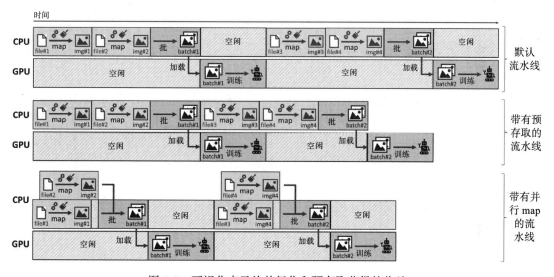

图 7-2 可视化表示从并行化和预存取获得的收益

通过不同优化的组合,可以进一步减少 CPU/GPU 的空闲时间。预处理时间方面的性能提升变得非常显著,正如本章其中一个 Jupyter Notebook 所示。

合并操作

知道这一点也很有用,就是 tf.data 提供了一些组合关键操作的函数,以获得更高的性能或更可靠的结果。

例如,tf.data.experimental.**shuffle_and_repeat**(buffer_size,count, seed) 将打乱顺序与重复操作合并在一起,使得数据集在每轮以不同的方式打乱顺序变得非常容易(请参考 https://www.tensorflow.org/versions/r2.0/api_docs/python/tf/data/experimental/shuffle_ and_repeat 处的文档)。

回到优化方面,tf.data.experimental.**map_and_batch**(map_func, batch_ size, num_parallel_batches, ...)(请参考 https:// www.tensorflow.org/versions/r2.0/

api_docs/python/tf/data/experimental/map_and_batch 处的文档）将 map_func 函数和结果
批操作一起应用。通过合并这两个操作，此解决方案避免了一些计算开销，因此应优先
使用。

 TensorFlow 2 正在实现几个工具来自动优化 tf.data 操作，例如，将多个 .map()
调用组合在一起、将 .map() 操作矢量化并直接与 .batch() 结合、组合 .map()
和 .filter() 等，因此 map_and_batch() 将消失。一旦 TensorFlow 社区完全实
现和验证这个自动优化，就不再需要 map_and_batch()（同样，当读者阅读本章
时，可能已经这样了）。

传递选项以确保全局属性

在 TensorFlow 2 中，可以设置数据集全局选项，这将会影响所有后续操作。tf.data.
Options 是一个可以通过 .with_options(options) 方法传递给数据集的数据结构，
拥有几个可以参数化数据集的属性（请参阅 https://www.tensorflow.org/api_docs/python/tf/
data/Options 处的文档）。

例如，如果 .experimental_autotune 布尔属性设置为 True，TensorFlow 将根据
目标机器的容量对所有数据集的操作自动微调 num_parallel_calls 的数值。

当前名称为 .experimental_optimization 的属性包含了一组与数据集操作自动
优化相关的子选项（参阅前面的信息提示）。例如，它自己的 .map_and_batch_fusion
属性可以设置为 True，允许 TensorFlow 自动合并 .map() 和 .batch() 调用；.map_
parallelization 设置为 True，允许 TensorFlow 自动并行化映射函数等，如下所示：

```
options = tf.data.Options()
options.experimental_optimization.map_and_batch_fusion = True
dataset = dataset.with_options(options)
```

还有很多其他的选项（可能还会有更多的选项）。尤其是当输入流水线的性能很关键时，
建议读者看一下文档。

监控和重用数据集

我们介绍了优化 tf.data 流水线的多个工具，但是如何确保它们对性能产生积极影响
呢？是否有一些工具可以指出哪些操作降低了数据流动的速度？下面将通过展示如何监控
输入流水线以及如何缓存和恢复它们供以后使用，来回答这些问题。

收集性能数据

TensorFlow2 的一个新特性是可以收集一些关于 tf.data 流水线的统计信息，例如它
们的延迟（对于整个进程或每个操作）或每个元素产生的字节数。

可以通过全局选项通知 TensorFlow 收集数据集的这些指标（请参阅前面的段落）。
tf.data.Options 实例具有一个来自 tf.data.experimental.StatsOption 类
的字段 .experimental_stats（请参阅 https://www.tensorflow.org/versions/r2.0/api_docs/

python/tf/data/experimental/StatsOptions 处的文档）。该类定义了几个与前面提到的数据集指标相关的选项（例如，设置 `.latency_all_edges` 为 `True` 以测量延迟）。它还有一个 `.aggregator` 属性，可以接收 `tf.data.experimental.StatsAggregator` 实例（请参阅 https://www. tensorflow.org/versions/r2.0/api_docs/python/tf/data/experimental/StatsAggregator 处的文档）。顾名思义，此对象将附加到数据集并聚合请求的统计信息，提供可以在 TensorBoard 中记录和可视化的摘要，如下面的代码示例所示。

 在编写本书时，这些特性仍然是高度实验性的，尚未完全实现。例如，没有简单的方法来记录包含聚合统计信息的摘要。考虑到监控工具的重要性，我们仍然讨论了这些功能，相信它们很快就会完全可用了。

数据集统计信息的汇集和存储（例如，使用 TensorBoard）如下所示：

```
# Use utility function to tell TF to gather latency stats for this dataset:
dataset = dataset.apply(tf.data.experimental.latency_stats("data_latency"))
# Link stats aggregator to dataset through the global options:
stats_aggregator = tf.data.experimental.StatsAggregator()
options = tf.data.Options()
options.experimental_stats.aggregator = stats_aggregator
dataset = dataset.with_options(options)
# Later, aggregated stats can be obtained as summary, for instance, to log
them:
summary_writer = tf.summary.create_file_writer('/path/to/summaries/folder')
with summary_writer.as_default():
    stats_summary = stats_aggregator.get_summary()
    # ... log summary with `summary_writer` for Tensorboard (TF2 support
coming soon)
```

请注意，不仅可以获取整个输入流水线的统计信息，还可以获取其内部操作的统计信息。

缓存和重用数据集

最后，TensorFlow 提供了几个函数来缓存生成的样本或者存储 `tf.data` 流水线的状态。

可以调用数据集的 `.cache(filename)` 方法来缓存样本。如果缓存了，数据将不需要在下一次迭代（也就是，下一轮）时进行同样的转换。请注意，根据应用方法的时间，缓存数据的内容将有所不同。以下面的例子为例：

```
dataset = tf.data.TextLineDataset('/path/to/file.txt')
dataset_v1 = dataset.cache('cached_textlines.temp').map(parse_fn)
dataset_v2 = dataset.map(parse_fn).cache('cached_images.temp')
```

第一个数据集将缓存由 `TextLineDataset` 返回的样本，也就是文本行（缓存的数据存储在指定的文件 `cached_textlines.temp` 中）。由 `parse_fn` 执行的转换（例如，打开和解码每个文本行对应的图像文件）在每轮都将不得不重复。另外，第二个数据集缓存 `parse_fn` 返回的样本，也就是图像。这在下一轮时将节省宝贵的计算时间，但也意味着缓存所有结果图像，这样内存是低效的。因此，缓存应该仔细考虑。

最后，还可以保存数据集的状态，例如，如果训练以某种方式停止了，可以重启而无须重复迭代前面输入的批。如文档中所述，这一特性对在小规模不同批上训练模型是有用的（这样有过拟合的风险）。对于评估器，一种存储数据集迭代器状态的解决方案是设置钩子函数 tf.data.experimental.CheckpointInputPipelineHook（请参阅 https://www.tensorflow.org/api_docs/python/tf/data/ experimental/CheckpointInputPipelineHook 处的文档）。

意识到配置和优化数据流对于机器学习应用非常重要，TensorFlow 开发者不断提供新的特性以改进 tf.data API。如本章所述和相关 Jupyter Notebook 说明的，充分利用这些特性——即使是实验性的——可以大大减少实现开销和训练时间。

7.3　如何处理稀缺数据

能够有效地提取和转换数据以训练复杂的应用是很根本的，但是这也需要首先假设有足够的用于这些任务的数据可用。毕竟，神经网络是一种渴求数据的算法，即使身处大数据时代，足够大的数据集收集起来仍然很不容易，注释数据则更加困难。注释一幅图像可能需要几分钟时间（例如，为语义分割模型创建真值标签图），并且部分注释可能还需要由专家验证/纠正（例如，为医学图片进行标记时）。在某些情况下，图像本身可能不容易获得。例如，在为工业工厂建立自动化模型时，给每一个被制造的物体和它们的组件拍照太费时费钱了。

因此，**数据稀缺**是计算机视觉中的一个常见问题，尽管缺乏训练图像或准确的注释，人们还是花费了大量精力来训练健壮的模型。本节将介绍多年来研究人员提出的几种解决方案，并演示它们对各种任务的优势和局限性。

7.3.1　增强数据集

我们在第 4 章中已经提到了第一种方法，并且在之前的 notebook 中我们已经将它用到了一些应用中。像 tf.data，终于轮到展示什么是**数据增强**以及如何在 TensorFlow 2 中应用它了。

概述

如前所述，增强数据集意味着对其内容进行随机转换，以便获得每个数据不同外观的版本。我们将介绍这一过程的好处，以及一些相关的最佳实践。

为什么增强数据集

数据增强可能是处理训练集过小的最常见和最简单的方法。实际上，它可以通过提供不同外观版本的图像来增加图像的数量。这些不同的版本是通过应用随机转换组合获得的，如尺度抖动、随机翻转、旋转、色移等。数据增强还可以帮助防止过拟合，在小图像集上训练大模型时，过拟合是经常会发生的。

但是，即使有足够的训练图像可用，仍然需要考虑数据增强。实际上，数据增强还有其他好处。即使是大型数据集也会有偏差，而数据增强可以弥补其中的一些偏差。我们将用一个例子来说明这个概念。假设我们想要针对画笔和钢笔的图片构建一个分类器。然而，每类的照片都是由两个不同的小组收集的，事先没有形成一个细致精确的采集规定（例如，选择哪种相机型号或照片的光照条件）。因此，画笔的训练图像明显比钢笔的训练图像更暗、噪声更大。由于神经网络被训练使用任何视觉线索来进行正确预测，在这样一个数据集上学习的模型可能最终依赖这些明显的光线或噪声差异来对对象进行分类，而不是单纯关注对象表征（例如它们的形状和纹理）。一旦投入生产，这些模型将会表现得很差，因为它们不能依赖这些偏差来分类图像。上述示例如图 7-3 所示。

图 7-3　在一个有偏差数据集上训练分类器，导致无法将其知识应用到目标数据上

随机给图像添加一些噪声或者随机调整它们的亮度会阻止网络依赖这些线索。因此，这些数据增强将在一定程度上补偿数据集的偏差，并使上述视觉差异不可预测，无法被网络利用（也就是说，可以防止模型针对有偏差的数据集出现过拟合）。

数据增强也可以用来改善数据集的覆盖范围。训练数据集无法覆盖所有的图像变化（否则我们就不需要建立机器学习模型来处理新的不同的图像了）。例如，如果一个数据集的所有图像都是在相同光线下拍摄的，那么在这些图像上训练的识别模型针对不同光线条件下拍摄的图像会表现得很差。这些模型基本上没有被告知光照条件是要考虑的，应该学会忽略它，从而去关注实际的图像内容。因此，在将训练图像传递给网络之前，随机编辑它们的亮度可以让模型了解这种视觉属性。通过更好地让模型覆盖目标图像的可变性，数据增强有助于训练更鲁棒的解决方案。

注意事项

数据增强可以有多种形式，在添加该过程时应该考虑几个问题。首先，数据增强既可以离线完成，也可以在线完成。离线增强是指在训练开始之前对所有图像进行转换，并保存不同版本以备以后使用。在线增强意味着在训练的输入流水线内生成每个新批数据时，应用图像转换。

由于数据增强操作的计算量可能很大，因此预先应用它们并存储结果，可能相比在线增强在输入流水线延迟方面具有优势。然而，这意味着要有足够的内存空间来存储数据增强后的数据集，这通常会限制生成的不同版本的数量。通过在运行中随机转换图像，在线解决方案可以为每轮训练提供不同外观版本的样本。虽然计算成本更高，但这意味着为网络呈现更多的变化。因此，选择离线增强或是在线增强取决于可用设备的内存 / 处理能力，以及我们所期望为网络呈现的可变性。

可变性本身由我们选择应用的转换决定。例如，如果只应用随机的水平和垂直翻转操作，那么这意味着每幅图像最多有四个不同的版本。根据原始数据集的大小，你可以考虑应用离线转换，并存储四倍于原始数据集的数据集。另外，如果考虑随机裁剪、随机色移等操作，则可能的图像变体数量将接近无穷。

因此，在设置数据增强时，要做的第一件事是列出相关转换（以及适合的参数）。可能的操作列表非常庞大，但对于目标数据和用例，并不是所有操作都是有意义的。例如，只有当图像内容可以自然地上下颠倒时，才应该考虑垂直翻转（例如大型系统的特写图像或鸟瞰图 / 卫星图像）。垂直翻转的城市场景图像（例如 Cityscapes 图像）对模型一点帮助都没有，因为它们应该永远不会遇到这种上下颠倒的图像（但愿如此）。

类似地，需要注意适当地设置一些转换（如裁剪或亮度调整）的参数。如果一幅图像变得太暗或太亮以至于内容无法识别，或者如果关键元素被裁剪掉，那么模型将无法从对这张编辑过的图像的训练中学习到任何东西（如果过多的图像被不适当地放大，甚至可能会使模型感到困惑）。因此，在保留其语义内容的同时为数据集（相对于目标用例）的转换操作进行筛选和参数设置，以添加有意义的变体，是很重要的。

图 7-4 给出了一些示例，说明在自动驾驶应用中哪些是无效的增强，哪些是有效的增强。

| 原始图像（Cityscapes） | 增强图像 ✗
（过暗） | 增强图像 ✗
（过度放大及不合实际的翻转） | 增强图像 ✓
（真实亮度） | 增强图像 ✓
（真实色调 / 亮度及翻转） |

图 7-4 自动驾驶应用中的有效 / 无效增强

同样重要的是要记住，数据增强不能完全弥补数据的稀缺性。如果我们想要一个模型能够识别猫，但是只有波斯猫的训练图像，那么没有图像转换可以帮助模型识别其他品种的猫（例如，斯芬克斯猫）。

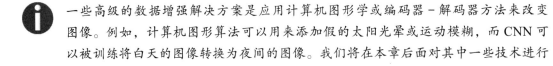

一些高级的数据增强解决方案是应用计算机图形学或编码器 - 解码器方法来改变图像。例如，计算机图形算法可以用来添加假的太阳光晕或运动模糊，而 CNN 可以被训练将白天的图像转换为夜间的图像。我们将在本章后面对其中一些技术进行探索。

最后，在某些情况下，还需要记得转换标签。尤其是当进行几何变换时，这还涉及检测和分割标签。如果一幅图像经过大小调整或旋转，那么它的标签图或边界框也应该进行同样的操作以保持对齐（参见第 6 章中的 Cityscapes 实验）。

使用 TensorFlow 增强图像

在解释了为什么和什么时候应该增强图像之后，现在是时候详细说明如何增强图像了。我们将介绍 TensorFlow 提供的一些有用的图像转换工具，并分享一些具体的例子。

TensorFlow 图像模块

Python 提供了各种各样的框架来操作和转换图像。除了一般的 OpenCV（https://opencv.org）和 Python 图像处理库（Python Imaging Library，PIL）（http://effbot.org/zone/pil-index.htm），有些包专门为机器学习系统提供数据增强方法。其中，Alexander Jung 开发的 imgaug（https://github.com/aleju/imgaug）和 Marcus D.Bloice 开发的 Augmento（https://github.com/mdbloice/Augmentor）可能是使用最为广泛的，两者都提供了大量的操作和简洁的界面。Keras 也提供了预处理和增强图像数据集的函数。它的 ImageDataGenerator（https://keras.io/preprocessing/image）可用于实例化带有数据增强的图像批生成器。

TensorFlow 有自己的图像处理模块，可以无缝集成 `tf.data` 流水线——**`tf.image`**（参考 https://www.tensorflow.org/api_docs/python/tf/image 处的文档）。这个模块包含了各种各样的函数，其中一些实现了常见的与图像相关的度量指标（例如，`tf.image.psnr()` 和 `tf.image.ssim()`），另一些可用于将图像从一种格式转换为另一种格式（例如，`tf.image.rgb_to_grayscale()`）。但是最重要的是，`tf.image` 可以实现多种图像转换。这些函数大多成对出现——一个实现固定操作（例如，`tf.image.central_crop()`、`tf.image.flip_left_right()` 和 `tf.image.adjust_jpeg_quality()`），另一个实现随机操作（例如，`tf.image.random_crop()`、`tf.image.random_flip_left_right()` 和 `tf.image.random_jpeg_quality()`）。随机函数通常采用一组值作为参数，并从这些值中随机抽取转换属性（例如 `tf.image.random_jpeg_quality()` 参数中的 `min_jpeg_quality` 和 `max_jpeg_quality`）。

由于可以直接适用于图像张量（单幅或成批），对于在线增强，推荐使用 `tf.data` 流水线中的 `tf.image`（将操作分组到传递给 `.map()` 的函数）。

示例：为自动驾驶应用增强图像

在前一章中，我们介绍了一些最先进的语义分割模型，并将它们应用到了城市场景中，以指导自动驾驶汽车。在相关的 Jupyter Notebook 中，我们提供了一个 `_augmentation_fn(img, gt_img)` 函数，该函数会传递给 `dataset.map()` 来增强图片及其真值标签图。虽然当时没有提供详细的解释，但这个增强函数很好地说明了 `tf.image` 是如何增强复杂数据的。

例如，它同时为转换输入图像及其密集标签这两个问题提供了简单的解决方案。假设我们希望有一些样本随机水平翻转。如果对输入图像调用 `tf.image.random_flip_left_right()` 一次，对真值标签图调用一次，那么只有一半的概率这两个图像将经历相同的转换。

保证成对图像采用同一组几何变换的解决方案如下：

```
img_dim, img_ch = tf.shape(img)[-3:-1], tf.shape(img)[-1]
# Stack/concatenate the image pairs along the channel axis:
stacked_imgs = tf.concat([img, tf.cast(gt_img, img.dtype)], -1)
# Apply the random operations, for instance, horizontal flipping:
stacked_imgs = tf.image.random_flip_left_right(stacked_imgs)
# ... or random cropping (for instance, keeping from 80 to 100% of the
images):
rand_factor = tf.random.uniform([], minval=0.8, maxval=1.)
crop_shape = tf.cast(tf.cast(img_dim, tf.float32) * rand_factor, tf.int32)
crop_shape = tf.concat([crop_shape, tf.shape(stacked_imgs)[-1]], axis=0)
stacked_imgs = tf.image.random_crop(stacked_imgs, crop_shape)
# [...] (apply additional geometrical transformations)
# Unstack to recover the 2 augmented tensors:
img = stacked_imgs[..., :img_ch]
gt_img = tf.cast(stacked_imgs[..., img_ch:], gt_img.dtype)
# Apply other transformations in the pixel domain, for instance:
img = tf.image.random_brightness(image, max_delta=0.15)
```

因为大多数的 `tf.image` 几何函数对于图像可以拥有的通道数量没有任何限制，预先沿着通道轴连接图像是一个确保它们经历相同几何操作的简单技巧。

前面的示例还说明了如何简单地通过对参数的随机抽样进一步实现某些操作的随机化的。

`tf.image.random_crop(images, size)` 返回从图像中随机位置所获取的固定尺寸的剪裁图像。从 `tf.random.uniform()` 中选择一个尺寸因子，我们所得到的剪裁图像将不仅在原始图像中位置是随机分布的，而且在维度上也随机分布。

最后，这个示例还提醒我们，不是所有的转换都应该同时应用于输入图像及其标签图。试图调整标签图的亮度或饱和度有可能是没有意义的（在某些情况下还会引发异常）。

最后，还要强调数据增强这一过程应始终在我们的考虑范围内。即使是在大数据集上进行训练时，只要谨慎地选择和应用随机变换，图像增强也能使模型更加健壮。

7.3.2 渲染合成数据集

但是，如果根本没有图像可以用于训练呢？计算机视觉中一种常见的解决方案是使用合成数据集。下面将解释什么是合成图像、如何生成它们，以及它们的局限性是什么。

概述

我们首先来阐明什么是合成图像，以及为什么它们在计算机视觉中使用如此频繁。

3D 数据库的兴起

正如前面提到的，完全缺乏训练图像并不是一种罕见情况，尤其是在工业领域。为每个新元素收集数百张图像以进行识别代价是很高的，有时甚至是完全不切实际的（例如，当目标对象还没有产生或者只能在一些遥远的地方使用时）。

然而，对于工业应用和其他应用来说，目标对象或场景的 3D 模型（如 3D 计算机辅助设计（Computer-aided Design，CAD）蓝图或深度传感器捕获的 3D 场景）的使用已经越来越普遍。3D 模型的大型数据集甚至已经在网络上成倍增加。随着计算机图形学的发展，越来越多的专家使用这种 3D 数据库来渲染合成图像，以此来训练他们的识别模型。

合成数据的好处

综上所述，合成图像是由计算机图形库从 3D 模型中生成的图像。多亏了娱乐产业，计算机图形学确实取得了长足的进步，现在的渲染引擎可以从 3D 模型（比如视频游戏、3D 动画电影和特效）中生成高度逼真的图像。科学家们很快就看到了计算机视觉的潜力。

如果拥有目标对象或场景的一些详细 3D 模型，那么可以用现代 3D 引擎渲染伪真实图像的巨大数据集。例如，通过适当的脚本，你可以在不同角度、不同距离、不同光照条件或背景等情况下呈现目标对象的图像。使用各种渲染方法，甚至可以模拟不同类型的摄像机和传感器（例如，深度传感器，如微软公司的 Kinect 或 Occipital 公司的 Structure）。

由于有了对场景或图像内容的完全控制，你还可以很容易地获得每个合成图像的各种真值标签（例如，渲染模型或对象掩膜的精确 3D 位置）。举例来说，针对驾驶场景，来自巴塞罗那自治大学（Universitat Autònoma de Barcelona）的一组研究人员构建了城市环境的虚拟副本，并利用它们生成城市场景的多个数据集，名为 SYNTHIA（http://synthia-dataset.net）。这个数据集类似于 Cityscapes（https://www.cityscapes-dataset.com），但是数据量更大。

另一个来自达姆施塔特工业大学（Technical University of Darmstadt）和英特尔实验室的团队成功地演示了自动驾驶模型，这些模型是基于从场景逼真的视频游戏《侠盗猎车手5（GTA5）》中获取的图像（https://download.visinf.tu-darmstadt.de/data/from-games）进行训练的。

上述三个数据集样本如图 7-5 所示。

Cityscapes-真实的 (Cordts et al.)　　Synthia-合成的 (Hernández et al.)　　Playing for Data-合成的 (Richter et al., GTA V)

图 7-5 来自 Cityscapes、SYNTHIA 和 *Playing for Data* 数据集的样本，标签在图像上

除了生成静态数据集，3D 模型和游戏引擎也可以用来创建交互式仿真环境。毕竟，基于仿真的学习是常用的教授人类复杂技能的方法，例如当在真实条件中学习太过危险或复杂时（如模拟失重环境来教宇航员在太空中如何执行任务，构建模拟平台来帮助外科医生在虚拟病人身上学习，等等）。如果它对人类有效，为什么机器不行呢？许多公司和研究实验室已经开发了大量的模拟框架，涵盖了各种应用（机器人技术、自动驾驶、监测等）。

在这些虚拟环境中，人们可以训练和测试他们的模型。在每一个时间步长，模型从环境中接收一些视觉输入，使用它们来采取进一步的行动，并返回来影响模拟环境，等等（这种交互式训练实际上是强化学习的核心，正如第 1 章中介绍的）。

合成数据集和虚拟环境被用来弥补真实训练数据的稀缺，或者避免直接将不成熟的解决方案应用于复杂或危险情况。

从 3D 模型生成合成图像

计算机图形学本身就是一个广阔而迷人的领域。下面将简单地为那些需要为其应用呈现数据的人介绍一些有用的工具和现成的框架。

3D 模型渲染

从 3D 模型生成图像是一个复杂的、多步骤的过程。大多数 3D 模型都由网格表示，由顶点（即 3D 空间中的点）分隔的一组面（通常是三角形）表示模型的表面。一些模型还包含纹理或颜色信息，指示每个顶点或面应该是什么颜色。最后，模型可以放置到更大的 3D 场景中（平移 / 旋转）。假设有一个由其内在参数（例如焦距和主点）及其在 3D 场景中姿态所定义的虚拟相机，我们的任务是渲染相机在场景中看到的东西。上述过程简化后如图 7-6 所示。

图 7-6　3D 渲染流水线的简化表示（3D 模型来自 LineMOD 数据集，见 http://campar.in.tum.de/Main/StefanHinterstoisser）

所以，将一个 3D 场景转换为二维图像意味着进行多个转换，比如将每个模型的面从与相对于对象的 3D 坐标转换至相对于整个场景的坐标（世界坐标），然后转换至相对于相机的坐标（相机坐标），最后到相对于图像空间的二维坐标（图像坐标）。所有这些投影都可以直接用矩阵乘法来表示，但这只是渲染过程的一小部分。还有，应该适当地对表面颜色进行插值，考虑可见性（被其他元素遮挡的元素不应该被绘制），还应该应用真实的光线效果（例如光照、反射、折射），等等。

以上操作数量多、计算量大。幸运的是，最初构建 GPU 就是为了高效地执行这些操作，而且已开发出了像 OpenGL（https://www.opengl.org）这样的框架来协助计算机图形与 GPU 交互（例如，在 GPU 中加载顶点 / 面作为缓冲区，或者定义名为着色器的程序来指定如何映射和着色场景）并使一些过程更加高效。

　　大多数现代计算机语言都提供了构建在 OpenGL 之上的库，例如 Python 的 PyOpenGL（http://pyopengl.sourceforge.net）或面向对象的 vispy（http:// vispy.org）。Blender（https://www.blender.org）等应用程序提供了图形界面来构建和渲染 3D 场景。虽然掌握所有这些工具需要一些努力，但它们非常通用，可以极大地帮助渲染任何类型的合成数据。

　　尽管如此，请记住，正如前面提到的，很多实验室和公司已经共享了许多高级框架来提供专门用于机器学习应用的合成数据集。例如，萨尔茨堡大学的 Michael Gschwandtner 和 Roland Kwitt 开发了 BlenSor（https://www.blensor.org），这是一个基于 Blender 的应用，用于模拟各种传感器（见论文"BlenSor: Blender sensor simulation toolbox"，Springer，2011）。最近，Simon Brodeur 和一组来自不同背景的研究人员共同开发了 HoME-Platform，为智能系统模拟各种室内环境（见论文"HoME: A household multimodal environment"，ArXiv, 2017）。

　　当手动设置完整的渲染流水线或使用特定的模拟系统时，在这两种情况下，最终的目标是渲染大量有真值的训练数据和足够多的变化版本（如不同视角、光照条件、纹理等）。

为了更好地说明这些概念，我们有一个完整的 notebook 专门用于从 3D 模型渲染合成数据集，并且简要涵盖了部分概念，如 3D 网格、着色器和视图矩阵，其中还利用 vispy 实现了一个简单的渲染器。

合成图像的后处理

　　虽然目标对象的 3D 模型通常在工业环境中可用，但很少有它们所在环境的 3D 表示（例如，工业工厂的 3D 模型）。3D 对象或场景看起来则是孤立的，没有适当的背景。但是就像任何其他的视觉内容一样，如果模型没有接受过处理背景／混乱的训练，那么一旦面对真实的图像，它们的性能表现就不会很理想。因此，研究者通常会对合成图像进行后处理，例如将其与相关背景的图像合并（用相关环境图像中的像素值代替空白背景）。

　　虽然一些增强操作可以由渲染流水线来处理（比如亮度变化或运动模糊），但在训练过程中，其他 2D 转换也常用于合成数据。这些额外的后处理也能减少过拟合的风险，增加模型的健壮性。

2019 年 5 月，TensorFlow Graphics 发布。该模块提供了一个计算机图形流水线，来从 3D 模型中生成图像。因为这个渲染流水线是由新颖的可微操作组成的，它可以与 NN 紧密结合，或者集成到 NN 中（这些图形操作是可微的，所以训练损失可以通过它们反向传播，就像任何其他的 NN 层一样）。随着越来越多的特性被添加到 TensorFlow Graphics 中（例如用于 TensorBoard 的 3D 可视化附加组件和额外的渲染选项），它肯定会成为处理 3D 应用或依赖合成训练数据应用的解决方案核心组件。更多信息以及详细教程参见相关的 GitHub 存储库（https://github.com/tensorflow/graphics）。

问题：现实差距

尽管合成图像的渲染使各种计算机视觉应用成为可能，但是，它并不是数据稀缺的完美补救方法（至少现在还不是）。虽然计算机图形框架现在可以渲染超逼真的图像，但它们需要详细的 3D 模型（具有精确的表面和高质量的纹理信息）。收集数据来建立这样的模型甚至不比直接为目标对象建立真实图像数据集简单。

由于 3D 模型有时会简化几何图形或缺乏纹理信息，真实的合成数据集并不常见。这种渲染的训练数据和真实目标图像之间的现实差距会影响模型的性能。在训练合成数据时，模型学会依赖的视觉线索可能并不会出现在真实图像中（真实图像可能有不同的饱和颜色、更复杂的纹理或表面等）。

即使 3D 模型正确地描绘了原始对象，这些对象的外观也经常会随着时间而改变（如发生磨损）。

目前，许多研究人员正在致力于解决计算机视觉的现实差距。一些专家正在致力于构建更逼真的 3D 数据库或开发更高级的仿真工具，而另一些专家则在研究新的机器学习模型，使这些模型能够将它们从合成环境中获得的知识转移到真实环境中。后一种方法将是本章最后一小节的主题。

7.3.3   利用域适应和生成模型（VAE 和 GAN）

我们在第 4 章中简要介绍了迁移学习策略中的域适应方法。它们的目标是将模型从一个源领域（即一种数据分布）获得的知识转移到另一个目标领域。得到的模型应该能够正确地识别来自新分布中的样本，即使它们没有直接在这个分布上训练过。这适用于无法获得目标领域训练样本，但可以将其他相关数据集作为训练替代品的情况。

假设我们想训练一个模型对真实场景中的家居工具进行分类，但是只能访问到制造商提供的整洁的产品图片。如果没有域适应，在这些广告图片上训练的模型将不能在杂乱、光线差和存在其他差异的实际目标图像上正常运行。

在合成数据上训练识别模型以便将其应用于真实图像也成为域适应方法的一种常见应用。实际上，具有相同语义内容的合成图像和真实图像可以看作是两种不同的数据分布，即具有不同细节、噪声等级别的两个域。

在本节中，我们将考虑以下两种不同风格的方法：

❑ 针对训练模型的域适应方法，使得它们在源和目标领域的性能表现相近。

❑ 对训练图像进行调整，使其与目标图像更接近的方法。

训练模型使其对领域变化具有鲁棒性

第一个域适应的方法是鼓励模型关注在源领域和目标领域都可以找到的鲁棒特征。根据训练过程中目标数据的可用性，研究人员已经提出了遵循这种路线的多种解决方案。

有监督的域适应

有时，除了更大的源数据集（例如，合成图像数据集）之外，你可能足够幸运，能够访问来自目标域的一些图片和相关标注集。这在工业领域是典型的情况，公司必须在收集足够的目标图像来训练识别模型的高成本和仅使用合成数据来训练模型会导致的性能下降之间，找到一个折中方案。

值得庆幸的是，多项研究表明，在训练集中加入哪怕是少量的目标样本，都能提高算法的最终性能。通常是由于以下两个主要原因：

❑ 即使很少，这也为模型提供了一些关于目标领域的信息。为了将所有样本的训练损失最小化，网络必须学习如何处理这些新增的图像（甚至可以通过加重这些图像的损失来加强这一点）。

❑ 根据定义，由于源分布和目标分布是不同的，混合数据集就显示出了更大的视觉差异性。如前所述，模型必须学习更加鲁棒的特征，这在应用于目标图像时是有益的（例如，模型在处理各种数据时做了更好的准备，从而更好地应对目标图像的分布）。

我们在第 4 章（首先在一个大的源数据集上训练模型，然后在较小的目标训练集上对它们进行微调）中探索的迁移学习方法也可以直接拿来类比。如前所述，源数据越接近目标域，这样的训练方案就越高效，反之亦然（在 Jupyter Notebook 中，我们强调了这些限制，如果在合成图像上训练自动驾驶汽车分割模型的话，这就与目标分布相差太远了）。

无监督的域适应

在准备训练数据集时，收集图像通常不是主要问题，正确地注释这些图像才是，因为这是一个烦琐而昂贵的过程。因此，许多域适应算法都聚焦于，当只有源图像、对应的注释和目标图像可用时的场景。由于没有真值，这些目标样本不能直接用通常的有监督方式来训练模型。取而代之的是，研究人员一直在探索无监督的方案，以利用这些图像提供的目标域的视觉信息。

例如，Mingsheng Long 等人（来自清华大学）在 "Learning Transferable Features with Deep Adaptation Networks" 的研究中，在模型的某些层上添加了约束，使得无论输入图像属于哪个域，它们生成的特征图都具有相同的分布。这种方法提出的训练方案可以简化为：

1）在几次迭代中，以有监督的方式在源批数据上对模型进行训练。

2）每隔一段时间，将训练集输入模型，并计算想要适应的层生成的特征图分布（例如，平均值和方差）。

3）同样，将目标图像集输入模型，并计算得到的特征图的分布。

4）优化每一层，减少两种分布之间的距离。

5）重复整个过程，直到收敛。

不需要目标标签，这些解决方案迫使网络在源数据上训练时，去学习能够在两个领域之间迁移的特征（通常，约束被添加到最后的卷积层以控制特征提取，因为前几个层通常就已经足够了）。

其他方法则考虑了在这些训练场景中始终可用的隐形标签——每个图像所属的域（即源或目标领域）。这些信息可以用来训练一个有监督的二值分类器，即给定一个图像或特征量，它的任务是预测它是来自源领域还是目标领域。这个二值模型可以与主模型一起进行训练，以指导它提取可能属于这两个领域中任何一个的特征。

例如，Hana Ajakan、Yaroslav Ganin 等人（来自 Skoltech）在他们的 "Domain-Adversarial Neural Networks"（DANN）（发表在 JMLR，2016）论文中提出增加一个第二头部到训练模型（在特征提取层之后），其任务是确定输入数据的领域（二值分类）。然后按如下方式进行训练（同样进行了简化）：

1）生成一批源图像及其与任务相关的真值，对主网络进行训练（通过主分支进行正常的前馈和反向传播）。

2）生成带有域标签的源图像和目标图像的混合批数据，并通过特征提取器和第二分支前馈，第二分支试图预测每个输入（源或目标）的正确域。

3）通常通过第二分支反向传播域分类损失到各层，但是在通过特征提取器反向传播之前，将梯度值逆转。

4）重复整个过程直到收敛，也就是说，直到主网络能够按照预期执行其任务，而领域分类分支不能正确地预测领域。

本训练过程如图 7-7 所示。

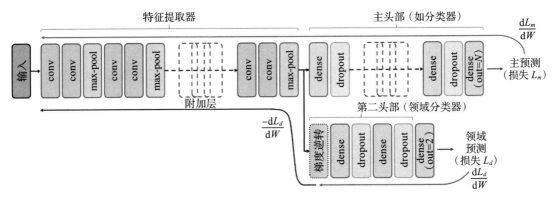

图 7-7　将 DANN 概念用于分类器的训练

 通过对数据流或主要损失权重的适当控制，这三个步骤可以在一次迭代中完成。这一点在本章的 Jupyter Notebook 中进行了说明。

这个方案因其巧妙性而受到广泛关注。在通过特征提取器传播之前，通过逆转域分类损失的梯度（即乘以 -1），它的层将学会最大化这种损失，而不是最小化它。这种方法被称为对抗式，因为第二头部会不断尝试正确地预测领域，而上游的特征提取器要学会混淆它。具体来说，这导致特征提取器学习的特征不能用于区分输入图像的领域，但对网络的主要任务很有用（因为对主头部的正常训练是并行进行的）。训练之后，领域分类头部可以简单地丢弃。

注意，使用 TensorFlow 2 调整特定操作的梯度相当简单。这可以通过应用 @tf.custom_ gradient 装饰器来完成（参考 https://www.tensorflow.org/api_docs/python/tf/custom_gradient 处的文档），以提供自定义的梯度操作。这样，我们可以对 DANN 执行以下操作，该操作在特征提取器之后领域分类层之前调用，以便在反向传播时逆转梯度：

```
# This decorator specifies the method has a custom gradient. Along with its
normal output, the method should return the function to compute its
gradient:
@tf.custom_gradient
def reverse_gradient(x): # Flip the gradient's sign.
    y = tf.identity(x) # the value of the tensor itself isn't changed
    return y, lambda dy: tf.math.negative(dy) # output + gradient method
```

DANN 之后，许多其他域适应方法也被提出（例如，ADDA 和 CyCaDa），它们遵循类似的对抗方案。

 在某些情况下，目标图像的注释是可用的，但没有达到所需的密度（例如，当目标任务是像素级语义分割时，只有图像级的类别标签）。针对这种情况，研究人员已经提出了自动标记算法。例如，利用在源数据上训练的模型，在稀疏标签的指导下对目标训练图像的密集标签进行预测。然后将这些源标签添加到训练集中，以优化模型。这个过程不断重复，直到目标标签看起来足够正确，混合数据训练的模型收敛为止。

领域随机化

最后，我们可能根本没有可用的目标数据来进行训练（没有图像、没有注释）。那么，模型的性能将会完全依赖于源数据集的相关性（例如，所渲染的合成图像的逼真程度以及与任务的相关程度）。

这种情况将合成图像的数据增强概念推向了极致，此时可以考虑领域随机化。该技术主要由工业专家在进行探索，其思路是在大数据变化上训练模型（如 "Domain randomization for transferring deep neural networks from simulation to the real world"，IEEE，2017）。举例来说，如果我们只获得了希望网络认识的对象的 3D 模型，但不知道这些对象可能出现在什么样的场景中，那么可以用 3D 模拟引擎去生成大量随机图像背景、灯光、场景布局等。他们的主张是，如果模拟数据中有足够的可变性，真实的数据对模型来说就像是另一种变体。只要目标域与随机训练域有一定的重叠，训练后的网络就不是完全无头绪的。

 显然，我们不能期望这样的神经网络表现得像在目标样本上训练过的神经网络一样好，但领域随机化是在极端情况下的一个不错的解决方案。

用 VAE 和 GAN 生成更大或更真实的数据集

我们将在本章中介绍的第二种主要的域适应方法，将让我们有机会介绍过去几年来机器学习领域最有趣的发展——生成模型，更准确地说是 VAE 和 GAN。自从它们被提出来后，就非常流行，这些模型已经衍生成各种各样的解决方案。因此，在介绍这些模型如何应用于数据集生成和域适应之前，先做一个一般性的介绍。

判别模型和生成模型

到目前为止，我们所研究的大多数模型都是判别模型。假设给定一个输入 x，它们学习正确的参数 W，以便从考虑的参数中返回 / 判别正确的标签 y（例如，x 是输入图像，而 y 是图像类别标签）。判别模型可以解释为函数 $f(x; W)=y$，也可以解释为学习条件概率分布 $p(y|x)$（表示在 x 条件下 y 的概率，例如，给定特定的图片 x，它的标签是 $y=$ "猫的图片"的概率是多少？）的模型。

还有第二类模型我们还没有引入——生成模型。给定从未知概率分布 $p(x)$ 中抽取的样本 x，生成模型则试图模拟这个分布。例如，给定一些代表猫的图像 x，生成模型将试图推断数据分布（在所有可能的像素组合中，是什么使这些图片成了猫的图片），以生成新的、可能属于同一集合的猫图像。

换句话说，判别模型学会了根据特定的特征来识别一张图片（例如，它可能是一张猫的图片，因为它描绘了一些有胡须、爪子、尾巴等的东西）。生成模型则学习从输入域中采样新的图像，以重新生成它的典型特征（例如，一张看似合理的新的猫图片，该图片通过生成并结合典型的猫特征得到）。

作为函数，生成式 CNN 需要一个输入，并将其处理成一个新的图像。通常，网络受到噪声向量的制约，该噪声向量是从随机分布中采样的张量 z（例如 $z \sim \mathcal{N}(0, 1)$，表示从 $\mu=0$ $\sigma=1$ 的正态分布中随机采样的 z）。对于它们接收到的每一个随机输入，模型都会从学习建模的分布中提供一个新的图像。在可用的情况下，生成式网络也可以受到标签 y 的制约。在这种情况下，生成式网络必须对条件分布 $p(x|y)$ 建模（例如，考虑到标签 $y=$ "猫"，对特定图像 x 采样的概率是多少）。

 大多数专家认为，生成模型是下一阶段机器学习的关键技术。为了能够在参数有限的情况下生成大量的、不同的新数据，网络必须提炼数据集的知识，以揭示其结构、关键特征等信息，它们必须了解数据。

VAE

虽然自动编码器也可以学习数据分布的某些知识，但它们的目标只是重建编码样本，即根据编码特征从所有可能的像素组合中区分出原始图像。通常的自动编码器并不意味着生成新的样本。如果从它们的隐空间中随机抽取一个编码向量，我们很有可能从它们的解码器中得到一幅杂乱的图像。这是因为它们的隐空间是不受约束的，而且通常不是连续的（也就是说，隐空间中通常有较大的区域不与任何有效图像相对应）。

变分自编码器（Variational Auto-Encoder，VAE）是一种特殊的自动编码器，被设计成拥有连续的隐空间，因此它们可以被用作生成模型。VAE 的编码器不是直接提取图像 x 对应的编码，而是提供图像所属的隐空间分布的简化估计。

通常，构建的编码器返回两个向量，分别表示多元正太分布的均值 $\mu \in \mathbb{R}^n$ 和标准差 $\sigma \in \mathbb{R}^n$（对于 n 维隐空间）。形象地说，均值代表了隐空间中图像最可能出现的位置，而标准差控制圆拱形区域的大小，图像也可能出现在该区域。从编码器定义的这个分布中，抽取一个随机编码 z 并传递给解码器。解码器的任务是根据 z 恢复图像 x。因为 z 对于同一幅图像会有轻微的变化，解码器必须学会处理这些变化，以返回输入图像。

为了说明它们的区别，图 7-8 将 AE 和 VAE 并排进行了描述。

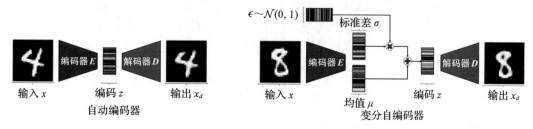

图 7-8 常用自动编码器和变分自动编码器的比较

> 梯度不能通过随机抽样操作反向流回。为了能够在 z 采样的情况下通过编码器反向传播损失，使用了一个重新参数化的技巧。这里不再是直接对 $z \sim \mathcal{N}(\mu, \sigma^2)$ 抽样，此操作可近似为 $z = \mu + \epsilon\sigma$，$\epsilon \sim \mathcal{N}(0, 1)$。这样，$z$ 可以通过可微运算得到，考虑作为附加输入传递给模型的随机向量 ϵ。

在训练过程中，损失——通常是均方误差（Mean-Squared Error，MSE）——用来测量输出图像与输入图像的相似程度，就像我们对普通自动编码器所做的那样。然而，VAE 模型增加了另一个损失，以确保其编码器估计的分布是明确定义的。如果没有这个约束，VAE 可能会像普通的 AE 那样，返回无效的 σ 和作为图像代码的 μ。第二个损失基于 Kullback-Leibler 散度（以其提出者命名，通常简写为 KL 散度）。KL 散度度量两个概率分布之间的差异。它被改编成一种损失，以确保由编码器定义的分布足够接近标准正态分布 $\mathcal{N}(0, 1)$：

$$L_{KL}(\mathcal{N}(\mu, \sigma), \mathcal{N}(0, 1)) = \frac{1}{2}(\sigma^2 + \mu^2 - \log(\sigma^2) - 1)$$

结合上述重新参数化技巧和 KL 损失，自动编码器成为强大的生成模型。一旦模型被训练，它们的编码器就可以被丢弃，给定随机向量 $z \sim \mathcal{N}(0, 1)$ 作为输入，解码器可以直接用于产生新的图像。举例来说，图 7-9 显示了一个隐空间为 $n=2$ 维的简单卷积 VAE 的结果网格，经过训练可以生成类似 MNIST 的图像（更多细节和源代码参见 Jupyter Notebook）。

为了生成这个网格，我们不是随机选取不同的向量 z，而是对其均匀采样以覆盖部分二维隐空间，从而得到 z 在（−1.5，−1.5）到（1.5，1.5）范围内输出图像的网格图。这样，我们就可以观察到隐空间的连续性，以及由此产生的图像内容如何从一个数字变化到另一个数字。

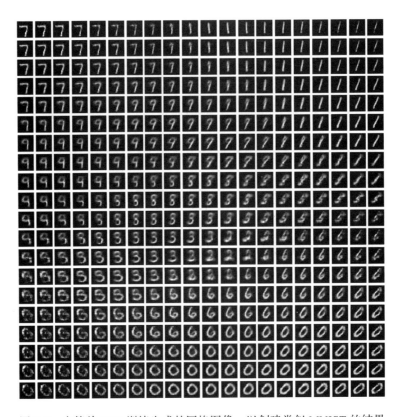

图 7-9   由简单 VAE 训练生成的网格图像，以创建类似 MNIST 的结果

GAN

由蒙特利尔大学的 Ian Goodfellow 等人于 2014 年提出的生成式对抗网络（Generative Adversarial Network，GAN）无疑是生成式任务最流行的解决方案。

正如其名称所示，GAN 使用一种对抗方案，因此它们可以以无监督的方式进行训练（该方案启发了本章前面介绍的 DANN 方法）。假设只有一些图像 x，我们希望训练一个生成器网络来建模 $p(x)$，也就是说，创建新的有效图像。因此，我们没有合适的真值数据来直接与新图像进行比较（因为它们是新的）。由于不能使用典型的损失函数，我们让生成器与另一个网络——鉴别器——相对抗。

鉴别器的任务是评估一幅图像是来自原始数据集（真实图像）还是由另一个网络生成的（假图像）。就像 DANN 中的域鉴别头一样，该鉴别器在监督下被训练成基于隐式图像标签（真与假）的二值分类器。生成器试图欺骗鉴别器，并与鉴别器对抗，它产生新的图像并添加噪声向量 z 使鉴别器相信它们是真实图像（即从 $p(x)$ 采样的图像）。

当鉴别器预测生成图像的二值分类时，它的结果会一直反向传播到生成器中。因此，生成器完全从鉴别器的反馈中学习。举例来说，如果鉴别器学会检查图像是否包含胡须，并将包含胡须的图像标记成真实图像（如果想要创建猫的图像的话），然后生成器从反向传播收到这个反馈，并学会绘制胡须（尽管只有鉴别器实际输入了猫的图像！）。图7-10展示了生成手写数字图像的GAN概念。

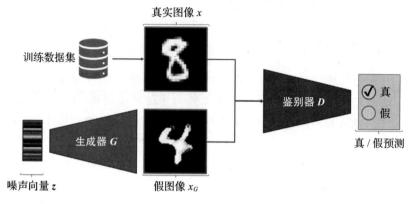

图 7-10　GAN 示意

GAN 受到博弈论的启发，它们的训练可以解释为两方的零和极大极小博弈。游戏的每个阶段（即训练迭代）如下：

1）生成器 G 接收 N 个噪声向量 z，并输出许多图像 x_G。

2）N 个假图像与从训练集中选择的 N 个真实图像 x 混合。

3）在混合图像上训练鉴别器 D，试图判别哪些图像是真实的，哪些是虚假的。

4）生成器 G 在另一批 N 个噪声向量上进行训练，试图生成图像以使 D 以为它们是真实的。

因此，在每次迭代中，鉴别器 D（由 P_D 参数化）试图将博弈奖励 $V(G, D)$ 最大化，而生成器 G（由 P_G 参数化）试图将其最小化：

$$\min_G \max_D V(G, D) = \min_G \max_D \mathbb{E}_x [\log D(x, P_D)] + \mathbb{E}_z[1\text{-}\log D(G(z, P_G), P_D)]$$

注意，这个等式假设标签为真时为 1，标签为假时为 0。$V(G, D)$ 的第一项表示鉴别器 D 估计出的图像 x 是真实的平均对数概率（对于每个图像 D 应该返回 1）。它的第二项表示 D 估计的生成器输出为假的平均对数概率（对于每个输出 D 应该返回 0）。因此，奖励 $V(G, D)$ 被用来训练鉴别器 D 作为一个分类度量，D 必须使之最大化（尽管在实践中，出于减少损失的习惯，人们宁愿训练网络最小化 $V(G, D)$）。

理论上，$V(G, D)$ 也应该用来训练生成器 G，这次需要最小化该数值。但是，如果 D 过于自信，它的第二项的梯度就会趋于 0（并且第一项对 P_G 的导数总是零，因为 P_G 在其中没有任何作用）。这种梯度消失可以通过一个小的数学变化来避免，用下面的损失来训练 G：

$$L(G)=-\mathbb{E}_z[\log D(G(z, P_G), P_D)]$$

根据博弈论，这个极大极小博弈的结果是 G 和 D 之间的均衡，这种均衡称为纳什均衡

（Nash equilibrium），由数学家约翰·福布斯·纳什（John Forbes Nash Jr）定义。虽然在实践中很难用 GAN 实现，但是最终训练的结果应该是，D 无法区分真或假（即对于所有样本 $D(x)=1/2$，$D(G(z))=1/2$），以及用 G 建模目标分布 $p(x)$。

虽然很难训练，但 GAN 可以产生真实度较高的结果，因此通常用于生成新的数据样本（GAN 可以应用于任何数据形式：图像、视频、语音、文本等）。

VAE 更容易训练，而 GAN 通常返回更干脆的结果。使用 MSE 来评估生成的图像，VAE 结果可能会略微模糊，因为模型倾向于返回平均图像，以使损失最小化。在 GAN 中，生成器不能用这种方法进行欺骗，因为鉴别器可以很容易地将模糊图像识别为假的。VAE 和 GAN 都可以用于为图像级识别任务生成更大的训练数据集（例如，准备一个 GAN 创建新的狗图像，另一个创建新的猫图像，并在更大的数据集上训练狗和猫的分类器）。

在我们提供的 Jupyter Notebook 中，给出了 VAE 和 GAN 的实现。

利用条件 GAN 增强数据集

GAN 的另一个巨大优势是，它们可以适应于任何类型数据的条件。可以训练**条件生成式对抗网络（conditional GAN，cGAN）**来建模条件分布 $p(x|y)$，即生成以一组输入值 y 为条件的图像。条件输入 y 可以是图像、分类或连续标签、噪声向量等，或者它们的任何组合。

在条件 GAN 中，对鉴别器进行编辑，以接收成对输入的图像 x（真或假）及其对应的条件变量 y（即 $D(x, y)$）。虽然它的输出仍然是一个介于 0 和 1 之间的值，以用于度量输入的真实程度，但是它的任务略有变化。要被认为是真实的，图像不仅应该看起来像是从训练数据集中获取的，还应该与它的配对变量对应。

例如，假设我们希望训练一个生成器 G 来创建手写数字的图像。如果这样的生成器可以输出所需数字的图像，而不是随机数字的图像，那么它将更加有用（也就是说，画一个 $y=3$ 的图像，y 是分类数字标签）。如果没有向鉴别器给出 y，生成器将学会生成逼真的图像，但是并不能保证图像描述的是所需的数字（例如，可能会从 G 获得真实度较高的数字 5 的图像，而不是数字 3 的）。向 D 给出条件信息，网络会立即发现假的并不对应于 y 的图像，迫使 G 生成有效的 $p(x|y)$ 模型。

Pix2Pix 模型由来自伯克利 AI 研究中心的 Phillip Isola 等人提出，是一个图像－图像（image-to-image）的条件生成式对抗网络（即 y 是一幅图像），已在几个任务上进行了演示，如手绘草图转换成图片、语义标签转换成实际图片，等等（见"Image-to-image translation with conditional adversarial networks"，IEEE，2017）。虽然 Pix2Pix 模型在有监督环境下工作得最好，当目标图像可用时，会给 GAN 目标增加一个 MSE 损失，最近的解决方案消除了这一约束，例如，伯克利 AI 研究中心 Jun-Yan Zhu 等人的 CycleGAN 案例（与 Pix2Pix 发明者合作，于 2017 年发表于 IEEE），或者由谷歌大脑的 Konstantinos Bousmalis 和同事提出的 PixelDA 案例（见 " Unsupervised pixel-level domain adaptation with generative adversarial networks"，IEEE，2017）。

与其他最新的条件 GAN 一样，PixelDA 可以作为一种域适应方法，将训练图像从源领域映射到目标领域。例如，PixelDA 生成器可以从一组小的、未标记的真实图像中学习，生成看起来真实的合成图像。因此，它可以用来增强合成数据集，这样，在这些数据集上训练的模型就不会受到现实差距的影响。

尽管生成模型以其颇具艺术感的应用而闻名（GAN 生成的肖像画已经在许多美术馆展出），但生成模型是一种强大的工具，从长远来看，它可能成为理解复杂数据集的核心。但是近年来，尽管训练数据稀缺，许多公司已经开始使用它们来训练更健壮的识别模型了。

7.4　本章小结

虽然计算能力的指数级增长和更大数据集的可用性导致了深度学习时代的到来，但这并不意味着数据科学中的最佳实践应该被忽视，也不意味着相关数据集容易用于所有应用。

本章深入研究了 tf.data API，介绍了如何优化数据流。然后，介绍了解决数据稀缺问题的不同兼容解决方案：数据增强、合成数据生成和域适应。后一种解决方案给了我们展示 VAE 和 GAN 的机会，它们是一种强大的生成模型。

定义良好的输入流水线的重要性将在下一章中强调，因为我们将把神经网络应用到更高维度的数据：图像序列和视频。

问题

1. 给定张量 a=[1,2,3] 和张量 b=[4,5,6]，如何建立 tf.data 流水线，分别输出从 1 到 6 的每个值？

2. 根据 tf.data.Options 的文档，如何确保每次运行，数据集总是以相同的顺序返回样本？

3. 当没有目标标签可供训练时，我们介绍的哪些域适应方法可以使用？

4. 鉴别器在 GAN 中扮演什么角色？

进一步阅读

❑ Frahaan Hussain 编写的 *Learn OpenGL*（https://www.packtpub.com/game-development/learn-opengl）；

对于计算机图形感兴趣并渴望学习如何使用 OpenCV 的读者，这本书是一个很好的入门书籍。

❑ Patrick D. Smith 编写的 *Hands-On Artificial Intelligence for Beginners*（https://www.packtpub.com/big-data-and-business-intelligence/hands-artificial-intelligence-beginners）：

虽然是为 TensorFlow 1 编写的，但这本书用了完整的一章来讲述生成式网络。

第 8 章

视频和循环神经网络

到目前为止,在本书中我们仅考虑了静态图像。然而,在本章中我们将会介绍应用于视频分析的技术。从自动驾驶汽车到视频流网站,计算机视觉技术已经发展到能够处理图像序列的程度了。

我们将介绍一种新的神经网络——**循环神经网络**(Recurrent Neural Network,RNN),它是专为视频等序列输入而设计的。作为一种实际应用,我们将它们与**卷积神经网络**(Convolutional Neural Network,CNN)结合起来以检测短视频片段中包含的动作。

本章将涵盖以下主题:

❏ RNN 简介。

❏ 长短期记忆网络的内部工作原理。

❏ 计算机视觉模型在视频中的应用。

8.1 技术要求

本书的 GitHub 存储库(https://github.com/PacktPublishing/Hands-On-Computer-Vision-with-TensorFlow-2/tree/master/Chapter08)中提供了 Jupyter Notebook 形式的注释代码。

8.2 RNN 简介

RNN 是一种适用于序列(或循环)数据的神经网络。序列数据的示例包括句子(单词序列)、时间序列(例如,股票价格序列)或视频(帧序列)。由于每个时间步骤都与前一个相关,因此它们被视为循环数据。

虽然 RNN 最初是为时间序列分析和自然语言处理任务而开发的，但现在已应用于各种计算机视觉任务。

我们将首先介绍 RNN 背后的基本概念，然后再尝试对它们的工作原理有一个大致的了解。然后，再描述如何学习其权重。

8.2.1 基本形式

为了介绍 RNN，我们将以视频识别为例。假设视频由 N 帧组成，将视频进行分类的简单方法是对每帧应用 CNN，然后取输出的平均值。

尽管它可以提供不错的结果，但它并不能反映出视频的某些部分比其他部分更重要的事实。而且，重要的部分并不总是比无意义的部分占用更多帧。平均输出的风险将是丢失重要信息。

为避免这个问题，从第一帧到最后一帧，逐帧将 RNN 应用于视频的所有帧。RNN 的主要特性是充分组合所有帧中的特征，以产生有意义的结果。

 我们不会将 RNN 直接应用于帧的原始像素。如本章后面所述，我们首先使用 CNN 生成特征量（一组特征图，其概念见第 3 章）。提醒一下，特征量是 CNN 的输出，它通常用较小的维度表示输入。

为此，RNN 引入了一个称为**状态**的新概念。可以将状态描绘为 RNN 的记忆。实际上，状态是一个浮点矩阵。状态从零矩阵开始，并随视频的每一帧而更新。在这个过程的最后，最终状态被用于生成 RNN 的输出。

RNN 的主要组成部分是 RNN 单元，RNN 单元将应用于每一帧。单元接收当前帧和前一状态作为输入。对于由 N 帧组成的视频，图 8-1 描绘了一个简单的循环网络的展开表示。

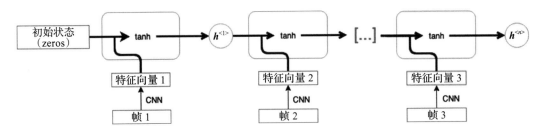

图 8-1　基本 RNN 单元

具体来说，我们从一个空状态（$h^{<0>}$）开始。在第一步，该单元将当前状态（$h^{<0>}$）与当前帧（帧 1）组合以生成一个新状态（$h^{<1>}$）。然后，将相同的过程应用于下一帧。在此过程结束时，产生最终状态（$h^{<n>}$）。

请注意此处的词汇 RNN，它是指接受图像并返回最终输出的组件。RNN 单元是指将帧和当前状态组合在一起并返回下一个状态的子组件。

实际上，单元将当前状态与帧结合起来以生成新状态。根据以下公式进行组合：

$$h^{<t>} = \tanh(W_{rec}h^{<t-1>} + W_{input}x^{<t>} + b)$$

式中：

❏ b 是偏置。

❏ W_{rec} 是循环权重矩阵，W_{input} 是权重矩阵。

❏ $x^{<t>}$ 是输入。

❏ $h^{<t-1>}$ 是当前状态，$h^{<t>}$ 是新状态。

隐藏状态未按原样使用。权重矩阵 V 用于计算最终预测：

$$\hat{y}^{<t>} = \text{softmax}(Vh^{<t>})$$

在本章中，我们将使用 V 形标志（<>）来表示时间信息。其他源文件中可能会使用不同的约定。但是请注意，带帽子的 y（$\hat{y}$）通常表示神经网络的预测值，而 y 表示真值。

当应用于视频时，RNN 可以用于对整个视频或每个单帧进行分类。在前一种情况下，例如当预测视频是否暴力时，将仅使用最终预测 $\hat{y}^{<t>}$。在后一种情况下，例如为了检测哪些帧可能包含某种信息，将使用每个时间步骤的预测。

8.2.2　对 RNN 的基本理解

在详细介绍网络如何学习 W_{input}、W_{rec} 和 V 的权重之前，我们先尝试理解基本 RNN 的工作原理。一般的思想是，如果输入中的某些特征进入隐藏状态，则 W_{input} 将影响结果；如果某些特征保持隐藏状态，则 W_{rec} 将影响结果。

我们使用具体示例——对暴力视频和舞蹈视频进行分类——来说明。

由于枪击可能是非常突然的，因此它在视频的所有帧中仅代表少数帧。理想情况下，网络将学习 W_{input}，因此，当 $x^{<t>}$ 包含枪击信息时，暴力视频的概念将被添加到状态中。此外，必须以防止暴力概念从状态中消失的方式来学习 W_{rec}。这样，即使枪击动作仅出现在前几帧中，视频仍将被归类为暴力视频（请参见图 8-2）。

但是，要对舞蹈视频进行分类，我们将采取另一种行为。理想情况下，网络将学习 W_{input}，以便当 $x^{<t>}$ 包含似乎正在跳舞的人时，仅在该状态下稍微增加舞蹈的概念（请参见图 8-2）。

事实上，如果输入的是体育视频，我们就不希望将被错误分类为跳舞人群的单个帧更改为跳舞状态。由于跳舞视频主要由包含跳舞人群的帧组成，因此，通过一点一点地增加状态，我们就可以避免错误分类。

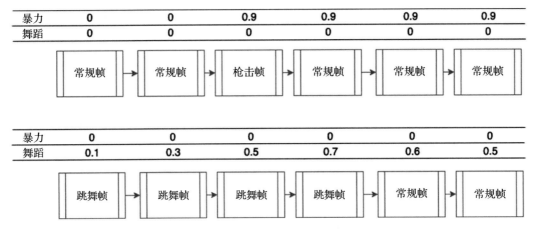

暴力	0	0	0.9	0.9	0.9	0.9
舞蹈	0	0	0	0	0	0

常规帧	常规帧	枪击帧	常规帧	常规帧	常规帧

暴力	0	0	0	0	0	0
舞蹈	0.1	0.3	0.5	0.7	0.6	0.5

跳舞帧	跳舞帧	跳舞帧	跳舞帧	常规帧	常规帧

图 8-2   根据视频内容，隐藏状态应如何演变的简化表示

而且，必须学习 W_{rec} 才能使舞蹈逐渐从状态中消失。这样，如果视频的介绍部分是关于舞蹈的，而整个视频不是，它就不会这样分类。

8.2.3   学习 RNN 权重

实际上，网络的状态要比包含每个类别的权重的向量复杂得多，就像前面的示例一样。W_{input}、W_{rec} 和 V 的权重不能手工设计。幸运的是，它们可以通过**反向传播**（参见第 1 章）来学习。一般的思想是，通过基于网络产生的误差对权重进行纠正来学习权重。

通过时间反向传播

但是，对于 RNN，不仅要通过网络深度反向传播误差，而且还要通过时间反向传播误差。首先，通过对所有时间步长的单个损失（L）求和来计算总损失：

$$L^{<t>}(\boldsymbol{y}, \hat{\boldsymbol{y}}) = \sum_t L(\boldsymbol{y}^{<t>}, \hat{\boldsymbol{y}}^{<t>})$$

这意味着可以分别计算每个时间步长的梯度。为了大大简化计算，我们假设 tanh=identity（即假设没有激活函数）。例如，在 t=4 时，通过应用链式规则来计算梯度：

$$\frac{\partial L^{<4>}}{\partial W_{rec}} = \frac{\partial L^{<4>}}{\partial \hat{\boldsymbol{y}}^{<4>}} \frac{\partial \hat{\boldsymbol{y}}^{<4>}}{\partial \boldsymbol{h}^{<4>}} \frac{\partial \boldsymbol{h}^{<4>}}{\partial W_{rec}}$$

式中一个复杂之处是，等式右边的第三项不容易推导出来。实际上，为了得到 $\boldsymbol{h}^{<4>}$ 对 W_{rec} 的导数，所有其他项均不得依赖于 W_{rec}。然而，$\boldsymbol{h}^{<4>}$ 也依赖于 $\boldsymbol{h}^{<3>}$，并且 $\boldsymbol{h}^{<3>}$ 依赖于 W_{rec}，因为 $\boldsymbol{h}^{<3>}$=tanh($W_{rec}\boldsymbol{h}^{<2>}+W_{input}\boldsymbol{x}^{<3>}+b$)，以此类推，直到 $\boldsymbol{h}^{<0>}$ 为止，它完全由零组成。

为了正确地推导这一项，我们将总导数公式应用于该偏导数：

$$\frac{\partial \boldsymbol{h}^{<4>}}{\partial W_{rec}} \rightarrow \frac{\partial \boldsymbol{h}^{<4>}}{\partial W_{rec}} + \frac{\partial \boldsymbol{h}^{<4>}}{\partial \boldsymbol{h}^{<3>}} \frac{\partial \boldsymbol{h}^{<3>}}{\partial W_{rec}} + \frac{\partial \boldsymbol{h}^{<4>}}{\partial \boldsymbol{h}^{<3>}} \frac{\partial \boldsymbol{h}^{<3>}}{\partial \boldsymbol{h}^{<2>}} \frac{\partial \boldsymbol{h}^{<2>}}{\partial W_{rec}}$$

一个项等于它本身加上其他（非空）项，这似乎很奇怪。但是，由于要考虑偏导数的总导数，因此需要考虑所有项以生成梯度。

注意到所有其他项保持不变，我们得到以下方程：

$$\frac{\partial h^{<n+1>}}{\partial h^{<n>}} = W, \ \frac{\partial h^{<t>}}{\partial W_{rec}} = h^{<t>}$$

因此，前面介绍的偏导数可以表示如下：

$$\frac{\partial h^{<4>}}{\partial W_{rec}} = h^{<3>} + h^{<2>} W_{rec} + h^{<1>} (W_{rec})^2$$

总之，我们注意到梯度将取决于所有先前的状态以及 W_{rec}。这个概念称为**时间反向传播**（Backpropagation Through Time，BPTT）。由于最新状态取决于它之前的所有状态，因此只有考虑它们来计算误差才有意义。当我们对每个时间步长的梯度求和以计算总梯度时，由于对于每个时间步长我们都必须返回到第一时间步长来计算梯度，因此隐含了大量的计算。由于这个原因，众所周知，RNN 的训练速度很慢。

此外，我们可以推广前面的公式，以显示 $\frac{\partial L^{<t>}}{\partial W_{rec}}$ 依赖于 W_{rec} 的（$t-2$）次幂。当 t 很大时，这是非常有问题的。事实上，如果 W_{rec} 的项小于 1，则随着指数升高，它们变得非常小。更糟的是，如果大于 1，则梯度趋于无穷大。这些现象分别称为**梯度消失**和**梯度爆炸**（它们已在第 4 章中进行了介绍）。幸运的是，存在着解决方法可以避免这个问题。

截断反向传播

为了避免长时间的训练，可以按每 k_1 个时间步长而不是每个步长来计算梯度。这会将梯度运算的次数除以 k_1，从而使得网络的训练更快。

除了在所有时间步长上进行反向传播外，还可以将传播限制为过去的 k_2 个步长。这有效地限制了梯度消失，因为梯度最多将取决于 W^{k_2}。这也限制了计算梯度所需的计算。然而，网络将不太可能学习长期的时间关系。

这两种技术的组合称为**截断传播**，其两个参数通常称为 k_1 和 k_2。必须对它们进行调整，以确保在训练速度和模型性能之间取得良好的平衡。

这种技术虽然强大，但仍然是解决基本 RNN 问题的方法。下一节将介绍可完全解决此问题的架构变化。

8.2.4 长短期记忆单元

正如之前看到的，常规 RNN 会遭受梯度爆炸问题。因此，有时很难训练它们在数据序列中的长期关系。此外，它们将信息存储在单一状态矩阵中。例如，如果枪击发生在一段很长视频的最开始，那么在到达视频结尾时，RNN 的隐藏状态不太可能不会被噪声覆盖。这段视频可能未归类为暴力视频。

为了规避这两个问题，Sepp Hochreiter 和 Jürgen Schmidhuber 在他们的论文"Long Short-Term Memory"（Neural Computation，1997）中提出了基本 RNN 的一种变体，即**长短期记忆（Long Short-Term Memory，LSTM）**单元。这些年来，随着许多变体的引入，它有了很大的改进。在本节中，我们将概述其内部工作原理，并说明为什么梯度消失不再是个问题。

LSTM 基本原理

在详细介绍 LSTM 背后的数学知识之前，我们先尝试对它的工作原理有一个大致的了解。为此，我们将以应用于奥运会（Olympic Games）的实时分类系统为例。该系统必须为每一帧检测出在奥运会的长视频中播放的是哪种运动。

如果网络看到人们在排队，它能推断出这是什么运动吗？是足球运动员在演唱国歌，还是运动员在准备 100 米赛跑比赛？如果没有关于此前帧中所发生情况的信息，则预测将不会准确。我们之前介绍的基本 RNN 架构将能够把这些信息存储在隐藏状态中。但是，如果运动是一项又接一项地交替进行，那将会更加困难。实际上，这个状态用于生成当前预测。基本 RNN 无法存储不会立即使用的信息。

LSTM 架构通过存储一个记忆矩阵来解决此问题，该记忆矩阵称为**单元状态**，记为 $C^{<t>}$。在每个时间步长，$C^{<t>}$ 包含有关当前状态的信息。但是，此信息将不会直接用于生成输出。相反，它将被门过滤。

 注意，LSTM 的单元状态不同于简单 RNN 的状态，如下面的等式所示。LSTM 的单元状态在转换为最终状态之前会进行过滤。

门是 LSTM 的核心思想。门是一个矩阵，它将逐项与 LSTM 中的另一个元素相乘。如果门的所有值均为 0，则其他元素的任何信息都不会通过。另一方面，如果门的值都在 1 附近，则其他元素的所有信息都将通过。

提醒一下，逐项乘法，也称为**元素乘法**或**哈达玛积**（Hadamard product），其示例可以描述如下：

$$\begin{bmatrix} a & b \\ c & d \end{bmatrix} \odot \begin{bmatrix} e & f \\ g & h \end{bmatrix} = \begin{bmatrix} a \times e & b \times f \\ c \times g & d \times h \end{bmatrix}$$

在每个时间步长，使用当前输入和上一个输出来计算三个门矩阵：

❏ **输入门**：应用于输入，以确定哪些信息可以通过。在我们的示例中，如果视频显示的是观众，则我们不希望使用此输入来生成预测。该门将大部分为零。

❏ **遗忘门**：应用于单元状态，以确定要遗忘的信息。在我们的示例中，如果视频中显示主持人在讲话，那么我们可能会想要忘记当前的运动，因为接下来我们可能会看到一项新的运动。

❑ **输出门**：它将与单元状态相乘，以确定要输出的信息。我们可能希望保持"以前的运动是足球"的单元状态，但是此信息对于当前帧不会有用。输出该信息将干扰即将到来的时间步长。通过将该门设置为零，我们可以有效地保留此信息以备后用。

下面将介绍如何计算门和候选状态，并说明为什么 LSTM 受梯度消失的影响较小。

LSTM 内部工作原理

首先，我们来详细说明门的计算方式：

$$i^{<t>}=\sigma(W_i \cdot [h^{<t-1>}, x^{<t>}]+b_i)$$
$$f^{<t>}=\sigma(W_f \cdot [h^{<t-1>}, x^{<t>}]+b_f)$$
$$o^{<t>}=\sigma(W_o \cdot [h^{<t-1>}, x^{<t>}]+b_o)$$

如前面的方程所述，这三个门的计算方法相同——即将权重矩阵（W）与先前的输出（$h^{<t-1>}$）和当前输入（$x^{<t>}$）相乘。注意，激活函数为 sigmoid（σ）。结果是，门的值始终在 0 到 1 之间。

候选状态（$\widetilde{C}^{<t>}$）以类似的方式计算。但是，使用的激活函数是双曲正切而不是 sigmoid：

$$\widetilde{C}^{<t>}=\tanh(W_C \cdot [h^{<t-1>}, x_t]+b_C) \tag{1}$$

注意，这个公式与基本 RNN 架构中用于计算 $h^{<t>}$ 的公式完全相同。但是，$h^{<t>}$ 是隐藏状态，而在这种情况下，我们正在计算**候选单元状态**。为了计算新的单元状态，我们将前一个与候选单元状态结合起来。两种状态分别由遗忘门和输入门控制：

$$C^{<t>}=f^{<t>}\odot C^{<t-1>}+i^{<t>}\odot \widetilde{C}^{<t>} \tag{2}$$

最后，将从单元状态来计算 LSTM 隐藏状态（输出），如下所示：

$$h^{<t>}=o^{<t>}\odot\tanh(C^{<t>}) \tag{3}$$

LSTM 单元的简化表示如图 8-3 所示。

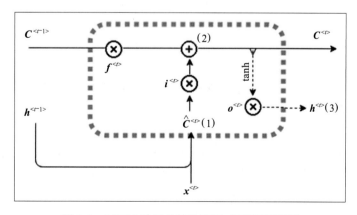

图 8-3　LSTM 单元的简化表示（忽略门运算）

LSTM 权重也使用时间反向传播来计算。由于 LSTM 单元中的信息路径众多,因此梯度计算更加复杂。但是,我们可以注意到,如果遗忘门 $f^{<t>}$ 的项接近 1,则信息可以从一个单元状态传递到另一个单元状态,如以下等式所示:

$$\frac{\partial C^{<t>}}{\partial C^{<t-1>}} = f^{<t>}$$

由于这个原因,通过将遗忘门偏置初始化为一个项为 1 的向量,我们可以确保信息通过多个时间步长进行反向传播。因此,LSTM 受梯度消失的影响较小。

对 RNN 的介绍到此结束,现在,我们开始进行视频的实际分类。

8.3 视频分类

从电视到网络流媒体,视频格式正变得越来越流行。自从计算机视觉诞生以来,研究人员就试图一次能将计算机视觉应用于一张以上的图像。虽然在起初受到了计算能力的限制,但最近已经开发了强大的视频分析技术。在本节中,我们将介绍与视频有关的任务,并详细介绍其中一项——视频分类。

8.3.1 计算机视觉应用于视频

以每秒 30 帧的速度处理视频的每一帧意味着每分钟可以分析 30×60=180 帧。在深度学习兴起之前,这个问题实际上是计算机视觉中早就面临的。然后,设计了一些技术来有效地分析视频。

最显著的技术是**采样**。我们每秒只能分析一到两帧,而不是所有帧。虽然效率更高,但是如果一个重要场景出现得很短暂,例如早些时候提到的枪击,我们可能会丢失信息。

一种更先进的技术是**场景提取**。这在分析电影时特别受欢迎。一种算法可以检测出视频何时从一个场景切换到另一个场景。例如,如果摄像机从特写转变为广角,我们将分析每个取景框中的帧。即使特写镜头确实很短,并且广角镜头占用许多帧,我们也只能从每个镜头中提取一帧。场景提取可以通过使用快速高效的算法来完成。它们处理图像的像素,并评估两个连续帧之间的差异。差异较大表示发生了场景变化。

此外,第 1 章中描述的所有与图像有关的任务也适用于视频。例如,超分辨率、分割和样式转换通常针对视频。但是,视频的时间方面会以如下视频特定任务的形式创建新的应用:

- ❑ **动作检测**:视频分类的一种变体,此处的目标是对一个人正在完成的动作进行分类。动作范围从跑步到踢足球,但也可以精确到如正在表演舞蹈或正在演奏乐器。
- ❑ **下一帧预测**:给定 N 个连续帧,这将预测 $N+1$ 帧会是什么样的。
- ❑ **超慢动作**:也称为**帧插值**。该模型必须生成中间帧,以使慢动作看起来不那么抖动。
- ❑ **目标跟踪**:历史上,这是使用经典计算机视觉技术(例如描述符)完成的。但是,现在将深度学习应用于跟踪视频中的目标。

在这些视频特定任务中，我们将重点关注动作检测。下一小节将介绍一个动作视频数据集，并介绍如何将 LSTM 应用于视频。

8.3.2　使用 LSTM 分类视频

我们将利用 UCF101 数据集（https://www.crcv.ucf.edu/data/UCF101.php），该数据集是由 K.Soomro 等人组合而成的（请参考 "UCF101：A Dataset of 101 Human Actions Classes From Videos in The Wild"，CRCV-TR-12-01，2012）。图 8-4 是数据集中的一些示例。

图 8-4　来自 UCF101 数据集的示例图像

该数据集由 13 320 个视频片段组成。每个片段包含执行 101 种可能动作之一的人。

要对视频进行分类，我们将使用两步过程。事实上，循环网络没有馈入原始像素图像。虽然从技术上讲它可以被提供完整图像，但为减少维度并减少 LSTM 的计算量，预先使用了 CNN 特征提取器。因此，网络架构如图 8-5 所示。

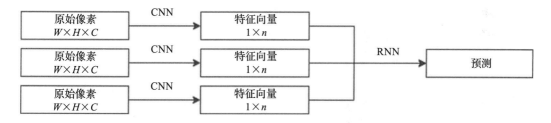

图 8-5　使用 CNN 和 RNN 的组合对视频进行分类（在此简化示例中，序列长度为 3）

如前所述，通过 RNN 对误差进行反向传播很困难。尽管可以从头开始训练 CNN，但要达到低于标准的结果也需要花费非常大量时间。因此，我们使用预先训练的网络，并应用第 4 章中介绍的迁移学习技术。

出于同样的原因，不对 CNN 进行微调并保持其权重不变也是一种惯例做法，因为它不会带来任何性能改进。由于 CNN 在训练的所有轮次均保持不变，因此特定帧将始终返回相同的特征向量。这使我们可以缓存特征向量。由于 CNN 步骤最耗时，因此缓存结果意味着只计算一次特征向量，而不是每轮计算一次，从而节省了大量训练时间。

因此，我们将分两步对视频进行分类。首先，提取特征并将其缓存。完成此操作后，在提取的特征上训练 LSTM。

从视频中提取特征

为了生成特征向量，我们将使用在 ImageNet 数据集上训练过的预训练 Inception 网络，对不同类别的图像进行分类。

我们将删除最后一层（全连接层），仅保留最大池化操作后生成的特征向量。

另一个选择是将该层的输出保留在平均池化之前，即较高维的特征图。但是，在我们的示例中，我们不需要空间信息——无论动作发生在帧的中间还是角落，预测都是相同的。因此，我们将使用二维最大池化层的输出。由于 LSTM 的输入将是六十四分之一（对于大小为 299×299 的输入图像，64=8×8= 特征图的大小），这将使训练更快。

TensorFlow 允许使用单行来访问预训练的模型，如第 4 章中所述：

```
inception_v3 = tf.keras.applications.InceptionV3(include_top=False,
weights='imagenet')
```

添加最大池化操作，将 8×8×2048 的特征图转换为 1×2048 的向量：

```
x = inception_v3.output
pooling_output = tf.keras.layers.GlobalAveragePooling2D()(x)

feature_extraction_model = tf.keras.Model(inception_v3.input,
pooling_output)
```

我们将使用 `tf.data` API 以加载视频中的帧。出现的第一个问题是所有的视频长度并不相同。图 8-6 是帧数的分布图。

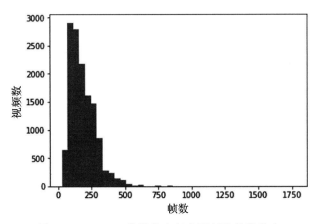

图 8-6　UCF101 数据集中每个视频的帧数分布

在使用数据之前，对其进行快速分析始终是一个好的做法。手动检查并绘制分布图，可以节省大量的实验时间。

与大多数深度学习框架一样，使用 TensorFlow 时，一批中的所有示例都必须具有相同的长度。满足此要求的最常见解决方案是填充（padding），我们用实际数据填充第一个时间步，用零填充最后一个时间步。

在我们的示例中，我们不会使用视频中的所有帧。以每秒 25 帧的速度，大多数帧看起来都是相似的。通过仅使用帧的子集，将减少输入的大小，从而加快训练过程。要选择此子集，可以使用以下任一选项：

❑ 每秒提取 N 帧。

❑ 从所有帧中采样 N 帧。

❑ 分割场景中的视频，每个场景提取 N 帧，如图 8-7 所示。

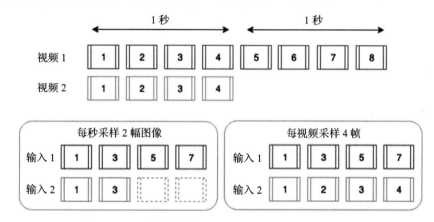

图 8-7　两种采样技术的比较（虚线矩形表示零填充）

由于视频长度的变化很大，每秒提取 N 帧也会导致输入长度的变化很大。尽管这可以通过填充来解决，但最终会得到一些主要由零组成的输入，这可能导致训练性能不佳。因此，我们将从每个视频采样 N 幅图像。

使用 TensorFlow 数据集 API 将输入提供给特征提取网络：

```
dataset = tf.data.Dataset.from_generator(frame_generator,
          output_types=(tf.float32, tf.string),
          output_shapes=((299, 299, 3), ()))
```

在上面的代码中，我们指定了输入类型和输入形状。生成器将返回具有三个通道的形状为 299×299 的图像，以及表示文件名的字符串。文件名稍后将用于按视频对帧进行分组。

frame_generator 的作用是选择将由网络处理的帧。我们使用 OpenCV 库从视频文件中读取。对于每个视频，每 N 帧采样一个图像，其中 N 等于 num_frames/SEQUENCE_LENGTH，而 SEQUENCE_LENGTH 是 LSTM 输入序列的大小。该生成器的简化版本如下所示：

```
def frame_generator():
    video_paths = tf.io.gfile.glob(VIDEOS_PATH)
    for video_path in video_paths:
```

```
capture = cv2.VideoCapture(video_path)
num_frames = int(cap.get(cv2.CAP_PROP_FRAME_COUNT))
sample_every_frame = max(1, num_frames // SEQUENCE_LENGTH)
current_frame = 0

label = os.path.basename(os.path.dirname(video_path))
while True:
    success, frame = capture.read()
    if not success:
        break

    if current_frame % sample_every_frame == 0:
        img = preprocess_frame(frame)
        yield img, video_path

    current_frame += 1
```

我们遍历视频中的帧，仅处理一个子集。在视频结束时，OpenCV 库将返回 success 为 False，并且循环将终止。

> 注意，就像在任何 Python 生成器中一样，我们使用 yield 关键字来代替使用 return 关键字。这使我们可以在循环结束之前开始返回帧。这样，网络就可以开始训练，而无须等待所有帧被预处理。

最后，遍历数据集以生成视频特征：

```
dataset = dataset.batch(16).prefetch(tf.data.experimental.AUTOTUNE)
current_path = None
all_features = []

for img, batch_paths in tqdm.tqdm(dataset):
    batch_features = feature_extraction_model(img)
for features, path in zip(batch_features.numpy(), batch_paths.numpy()):
    if path != current_path and current_path is not None:
        output_path = current_path.decode().replace('.avi', '')
        np.save(output_path, all_features)
        all_features = []
    current_path = path
    all_features.append(features)
```

在前面的代码中，请注意我们遍历批输出，并比较视频文件名。之所以这样做是因为批大小不一定与 N（每个视频采样的帧数）相同，因此，一个批可能包含来自多个连续序列的帧，如图 8-8 所示。

我们读取网络的输出，当读到另一个文件名时，会将视频特征保存到文件中。请注意，仅当帧顺序正确时，此技术才有效。如果改动数据集，它将不再起作用。视频特征与视频保存在同一位置，但扩展名不同（为 .npy 而不是 .avi）。

这个步骤遍历数据集的 13 320 个视频，并为每个视频生成特征。在现代 GPU 上，每个视频采样 40 帧大约需要一小时。

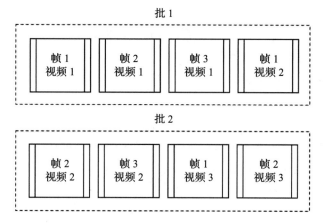

图 8-8　批大小为 4 的输入表示，每个视频 3 个采样帧

训练 LSTM

既然已经生成了视频特征，我们可以使用它们来训练 LSTM。这个步骤与本书前面所述的训练步骤非常相似——定义模型、输入流水线，启动训练。

定义模型

我们的模型是一个简单的序贯模型，使用 Keras 层定义：

```
model = tf.keras.Sequential([
    tf.keras.layers.Masking(mask_value=0.),
    tf.keras.layers.LSTM(512, dropout=0.5, recurrent_dropout=0.5),
    tf.keras.layers.Dense(256, activation='relu'),
    tf.keras.layers.Dropout(0.5),
    tf.keras.layers.Dense(len(LABELS), activation='softmax')
])
```

我们应用了失活，这是第 3 章中引入的概念。LSTM 的 dropout 参数控制将多少个失活应用于输入权重矩阵。recurrent_dropout 参数控制将多少个失活应用于上一个状态。类似于掩膜，recurrent_dropout 随机忽略先前状态激活的一部分以避免过拟合。

我们模型的第一层是 Masking 层。当用空帧填充图像序列以对其进行批量处理时，LSTM 会不必要地遍历那些添加的帧。添加 Masking 层可确保 LSTM 层在遇到零矩阵之前，在序列的实际结尾处停止。

 该模型将视频分为 101 个类别，例如皮划艇、漂流或击剑。但是，它将仅预测表示预测结果的向量。我们需要一种将 101 个类别转换为向量形式的方法。我们将使用第 1 章中介绍的称为"独热编码"的技术。由于有 101 个不同的标签，因此将返回一个大小为 101 的向量。对于皮划艇，除第一项（设置为 1）外，向量的其余项将全为 0。对于漂流，除第二个元素（设置为 1）外，其他将为 0。对于其他类别，以此类推。

加载数据

我们将加载 .npy 文件，它是使用生成器生成帧特征时产生的。该代码确保所有输入序列具有相同的长度，并在必要时用零填充：

```
def make_generator(file_list):
    def generator():
        np.random.shuffle(file_list)
        for path in file_list:
            full_path = os.path.join(BASE_PATH, path)
            full_path = full_path.replace('.avi', '.npy')

            label = os.path.basename(os.path.dirname(path))
            features = np.load(full_path)

            padded_sequence = np.zeros((SEQUENCE_LENGTH, 2048))
            padded_sequence[0:len(features)] = np.array(features)

            transformed_label = encoder.transform([label])
            yield padded_sequence, transformed_label[0]
    return generator
```

在前面的代码中，我们定义了 Python 闭包函数，它是一个返回另一个函数的函数。这项技术使我们可以仅使用一个生成器函数来创建 train_dataset，返回训练数据、validation_dataset 和验证数据：

```
train_dataset = tf.data.Dataset.from_generator(make_generator(train_list),
                output_types=(tf.float32, tf.int16),
                output_shapes=((SEQUENCE_LENGTH, 2048), (len(LABELS))))
train_dataset = train_dataset.batch(16)
train_dataset = train_dataset.prefetch(tf.data.experimental.AUTOTUNE)

valid_dataset = tf.data.Dataset.from_generator(make_generator(test_list),
                output_types=(tf.float32, tf.int16),
                output_shapes=((SEQUENCE_LENGTH, 2048), (len(LABELS))))
valid_dataset = valid_dataset.batch(16)
valid_dataset = valid_dataset.prefetch(tf.data.experimental.AUTOTUNE)
```

我们还根据第 7 章中介绍的最佳实践来批处理和预取数据。

训练模型

训练过程与本书中先前描述的非常相似，请读者参考本章随附的 notebook。使用前面描述的模型，在验证集上的精度达到了 72%。

这一结果可以与使用更先进技术所获得的 94% 的最新精度进行比较。通过改善帧采样、使用数据增强、使用不同的序列长度或优化层的大小，可以增强我们的简单模型。

8.4 本章小结

通过描述 RNN 的一般原理，我们拓展了有关神经网络的知识。在介绍了基本 RNN 的内部工作原理之后，我们扩展了反向传播，将其应用于循环网络。如本章所述，BPTT 在应用于 RNN 时会遭受梯度消失的影响。可以通过使用截断反向传播或通过使用其他类型的架构（长短期记忆网络）来解决这个问题。

我们将这些理论原理应用于实际问题——视频中的动作识别。通过组合 CNN 和 LSTM，我们成功地训练了一个网络，将视频分类为 101 个类别，并引入了帧采样和填充等视频特定技术。

下一章将通过覆盖新平台（移动设备和 Web 浏览器）来拓宽我们对神经网络应用的知识。

问题

1. 与简单 RNN 架构相比，LSTM 的主要优势是什么？
2. 在 LSTM 之前使用 CNN 有什么作用？
3. 什么是梯度消失，为什么会发生？为什么会有问题？
4. 梯度消失的一些解决方法是什么？

进一步阅读

❏ 由 Simeon Kostadinov 编写的 *RNNs with Python Quick Start Guide*（https://www.packtpub.com/big-data-and-business-intelligence/recurrent-neural-networks-python-quick-start-guide）：
本书详细介绍了 RNN 架构，并通过 TensorFlow 1 将其应用于示例。

❏ 由 Zachary C. Lipton 等发表的论文 "A Critical Review of RNNs for Sequence Learning"（https://arxiv.org/abs/1506.00019）：
这篇综述回顾并总结了三十年来的 RNN 架构。

❏ 由 Junyoung Chung 等发表的论文 "Empirical Evaluation of Gated RNNs on Sequence Modeling"（https://arxiv.org/abs/1412.3555）：
本文比较了不同 RNN 架构的性能。

第 9 章

优化模型并在移动设备上部署

计算机视觉的应用多种多样。虽然大多数训练步骤是在服务器或计算机上进行的,但深度学习模型却用于各种前端设备,如手机、自动驾驶汽车和物联网(Internet of Things,IoT)设备。在有限的计算能力下,性能优化变得至关重要。

在本章中,我们将介绍一些在保持良好预测质量的情况下,限制模型大小和提高推理速度的技术。作为一个实际的例子,我们将创建一个简单的移动应用程序来在 iOS 和 Android 设备以及浏览器上识别面部表情。

本章将涵盖以下主题:

❑ 如何在不影响准确率的情况下降低模型的大小并且加快速度。

❑ 深度分析模型计算性能。

❑ 在手机(iOS 和 Android)上运行模型。

❑ 如何在浏览器中使用 TensorFlow.js 运行模型。

9.1 技术要求

要获取本章的代码,请访问 https://github.com/PacktPublishing/Hands-On-Computer-Vision-with-TensorFlow-2/tree/master/Chapter09。

要开发手机应用,你需要具有 Swift(对于 iOS)和 Java(对于 Android)知识。对于浏览器中的计算机视觉开发,你需要 JavaScript 知识。本章中的例子很简单,解释得非常透彻,使更熟悉 Python 的开发人员容易理解。

此外,要运行 iOS 应用程序示例,你需要一台兼容的设备以及一台安装了 Xcode 的 Mac 电脑。要运行 Android 应用程序,你需要一台 Android 设备。

9.2 优化计算和占用的磁盘空间

使用计算机视觉模型时，一些特性至关重要。优化模型速度允许它实时运行，开启新的应用。即使仅将模型准确率提高几个百分点，前后的差距也将会是玩具模型和真实应用之间的差距。

另一个重要的特性是大小，这将影响模型所用的存储空间以及下载它所需要的时间。对于一些平台，如手机或者 Web 浏览器，模型的大小对终端用户很重要。

本节将介绍提高模型推理速度以及减小模型大小的技术。

9.2.1 测量推理速度

推理描述了使用深度学习模型获得预测的过程。它是以每秒的图像数或每幅图像的秒数来衡量的。模型的推理速度必须在每秒 5～30 幅图像之间才能被认为是实时的。在提高推理速度之前，我们需要对其进行适当的测量。

如果模型每秒可以处理 i 幅图像，为了提高性能需要同时运行 N 个推理流水线，那么模型需要能够每秒处理 $N \times i$ 幅图像。虽然并行化有利于许多应用程序，但它不适用于实时应用程序。

在实时场景中，例如自动驾驶汽车，无论并行处理多少张图像，重要的是延迟，即计算一幅图像的预测需要多长时间。因此，对于实时应用，我们只测量模型的延迟，也就是处理一幅图像所需的时间。

对于非实时应用，必要时可以并行执行多个推理。例如，对于视频，可以并行分析视频的 N 个块，在预测过程的最后将预测结果拼接在一起。这只对财务成本有些影响，因为需要更多的硬件来并行处理视频帧。

测量延迟

如前所述，为了测量模型的执行速度，我们需要计算处理单幅图像所需的时间。然而，为了减少测量误差，我们将实际测量几幅图像的处理时间。然后，将获得的时间除以图像的数量。

不用单幅图像来测量其计算时间有几个原因。首先，我们要消除测量误差。当第一次运行推理时，计算机可能很忙，GPU 可能还没有初始化，或者许多其他技术问题可能导致速度减慢。运行多次可以使误差最小化。

第二个原因是 TensorFlow 和 CUDA 需要热身。当第一次运行一个操作时，深度学习框架通常比较慢，它们必须初始化变量、分配内存、移动数据等。此外，当重复运行操作时，它们通常会自动进行优化。

基于以上原因，建议使用多幅图像来测量推理时间，以模拟真实环境。

 测量推理时间时，重要的是也要包括数据加载、数据预处理和后处理时间，因为它们可能比较长。

使用跟踪工具掌握计算性能

虽然测量模型的总推理时间可以告诉你应用程序的可行性，但有时也可能需要更详细的性能报告。为此，TensorFlow 提供了几种工具。本节将详细介绍跟踪工具，它是 TensorFlow summary 包的一部分。

> 在第 7 章中，我们介绍了如何分析输入流水线的性能。参阅这一章来监控预处理和数据获取性能。

为了使用它，调用 trace_on，并将 profiler 设置为 True。你可以运行 TensorFlow 或 Keras 操作，并将跟踪结果导出到文件夹。

```
logdir = './logs/model'
writer = tf.summary.create_file_writer(logdir)

tf.summary.trace_on(profiler=True)
model.predict(train_images)
with writer.as_default():
  tf.summary.trace_export('trace-model', profiler_outdir=logdir)
```

> 忽略 create_file_writer 和 with writer.as_default() 仍然会创建这些操作的跟踪。但是，不会将模型图表示写入磁盘。

一旦开启跟踪的模型开始运行，我们可以在命令行中使用下面的命令将 TensorBoard 指向这个文件夹：

```
$ tensorboard --logdir logs
```

在浏览器中打开 TensorBoard 并单击 Profile 标签页后，我们可以浏览这些操作，如图 9-1 所示。

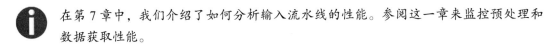

图 9-1　简单全连接模型在多个数据批上操作的跟踪情况

如前面的时间线所示，该模型由很多小的操作组成。单击一个操作就可以看到该操作的名称和执行时间。例如，图 9-2 所示是一个稠密矩阵乘法（全连接层）的细节展示。

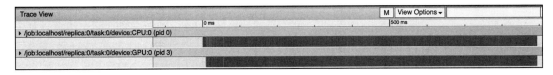

图 9-2　矩阵乘法运算的细节

TensorFlow 跟踪可能会占用大量的磁盘空间。因此，推荐只在一小部分数据批上运行希望跟踪的操作。

在 TPU 上，TensorBoard 中有一个专用的 Capture Profile 按钮。需要指定 TPU 名称、IP 以及跟踪记录时间。

在实际中，跟踪工具用于更大的模型以确定以下内容：

❑ 哪一层占用最多的计算时间。

❑ 网络架构改变后，模型为什么比通常花费更多的时间。

❑ TensorFlow 是否一直计算数值或者等待数据。如果预处理占用太长时间或者 CPU 之间有很多来回，就会发生这种情况。

我们鼓励你去跟踪你正在使用的模型，以更好地理解其计算性能。

9.2.2 提高模型推理速度

既然已经知道了如何恰当地测量模型的推理速度，那么就可以使用一些方法来提高速度。一些方法改变所使用的硬件，而另一些方法则改变模型自身架构。

硬件优化

如前所述，用于推理的硬件对速度非常重要。从最慢到最快，推荐使用以下硬件：

❑ CPU：较慢，但价格低。

❑ GPU：较快但昂贵一些。很多智能手机已经集成了支持实时应用的 GPU。

❑ 专用硬件：例如，谷歌的 TPU（用于服务器）、苹果的神经引擎（用于移动设备），或者英伟达的 Jetson（用于便携硬件）。它们是为运行深度学习操作专门设计的芯片。

如果速度对于应用非常关键，那么使用现有的最快的硬件并优化代码就很重要。

在 CPU 上优化

通过专门的指令，现代英特尔 CPU 可以更快速地计算矩阵运算。这是使用深度神经网络的数学内核库（Math Kernel Library for Deep Neural Network，MKL-DNN）实现的。开箱即用的 TensorFlow 不会使用这些指令。使用它们需要用正确的选项编译 TensorFlow 或者专门构建的名为 tensorflow-mkl 的 TensorFlow。

 想了解如何构建使用 MKL-DNN 的 TensorFlow，请访问 https://www.tensorflow.org/。注意，该工具箱现在仅支持 Linux。

在 GPU 上优化

在英伟达的 GPU 上运行模型，CUDA 和 cuDNN 这两个库是必需的。TensorFlow 直接利用这些库提供的加速功能。

为了正确地在 GPU 上执行操作，必须安装 tensorflow-gpu 包。而且，tensorflow-gpu 的 CUDA 版本必须与计算机安装的匹配。

一些现代 GPU 提供 FP16（Floating Point 16）指令。其思想是在对输出质量的影响不太大的情况下，使用降低精度的浮点数（即用 16 位替代常用的 32 位）来加速推理。并不是所有的 GPU 都兼容 FP16。

在专用硬件上优化

因为每个芯片都不相同，所以确保更快推理的技术因不同的厂商而有所不同。对于运行模型所需的步骤，制造商都提供了很好的文档。

一条经验法则是不要使用一些奇异的操作。如果其中一层要运行包含条件或分支的操作，则芯片很可能不支持它。这些操作不得不在 CPU 上运行，从而使整个过程变慢。因此，建议只使用标准操作，即卷积、池化和全连接层。

优化输入

计算机视觉模型的推理速度直接与输入图像的大小成正比。将输入图像的尺寸除以 2，意味着模型需要处理的像素数量变为了原来的四分之一。因此，使用较小的图像可以提高推理速度。

当使用较小的图像时，模型只需要处理较少的信息和细节。这通常影响结果的质量。有必要使用不同的图像大小进行试验，以找到速度和准确率的平衡。

优化后处理

正如在本书前面看到的，大多数模型都需要后处理操作。如果使用了错误的工具实现后处理，它可能会花费很多时间。虽然大多数后处理在 CPU 上进行，但有时一些操作也可能在 GPU 上运行。

使用跟踪工具，我们可以分析后处理所占的时间，进而优化它。**非极大值抑制（Non-Maximum Suppression，NMS）**是一个不正确实现会非常耗时的操作（请参阅第 5 章），如图 9-3 所示。

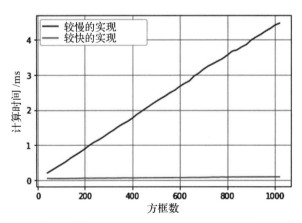

图 9-3　NMS 计算时间随方框数量的变化

注意，从图 9-3 可以看出，较慢的实现的计算时间呈线性变化，而较快的实现所使用的时间几乎不变。尽管 4 ms 可能看起来不是很长，但请记住，有些模型可能返回更多数量的方框，从而导致后续的后处理时间增加。

9.2.3　当模型依旧很慢时

模型针对速度进行了优化后，有时对于实时应用程序来说仍然很慢。有一些技术可以克服缓慢，保持用户的实时感觉。

插值和跟踪

众所周知，目标检测模型是计算密集型的。有时在视频的每一帧上运行模型是不切实际的。一种常见的技术是每隔几帧使用一次模型。在帧间，使用线性插值跟踪目标。

这种技术不适用于实时应用，还有另一种常用的方法，即**目标跟踪**。一旦使用深度学习模型检测到一个目标，就使用一个更简单的模型来跟踪目标的边界。

只要目标能很好地与背景区分开，并且其形状不会发生过大的变化，目标跟踪就几乎可以对任何类型的目标进行跟踪。有很多目标跟踪算法（其中一些在 OpenCV 的跟踪器模块中，相关文档的网址为 https://docs.opencv.org/master/d9/df8/group—tracking.html），其中很多可用于移动应用。

模型蒸馏

当其他技术都不起作用时，最后一个选择就是模型蒸馏。总体想法是训练一个小模型来学习大模型的输出。与其训练小模型学习原始标签（我们可以使用数据进行训练），不如训练它学习大模型的输出。

例如，我们训练了一个非常大的网络来从图片中预测动物的品种。输出如图 9-4 所示。

图 9-4　神经网络预测示例

由于模型太大因而不能在移动设备上运行，因此我们决定训练一个更小的模型。我们不再使用已有的标签训练模型，而是蒸馏大神经网络的知识。为此，我们使用大网络的输出作为目标。

对于第一张图片，我们将使用大网络的输出 [0.9，0.7，0.1] 作为目标，而不是使用 [1，0，0] 训练新模型。这个新目标叫作软目标。这样，小网络将被告知，虽然第一张图片中的动物不是哈士奇，但根据更高级模型它看起来确实很像，因为图片中哈士奇类的分数为 0.7。

大网络直接从原始标签（即 [1, 0, 0]）中学习，因为它有更多的计算和存储能力。在训练过程中，它能够推断出看起来很像，但属于不同品种的狗。小模型本身不具备学习数据中这种抽象关系的能力，但是另一个网络可以指导它。按照上述步骤，从第一个模型推断出的知识将传递给新模型，因此称为**知识蒸馏**。

9.2.4　减小模型大小

当在移动设备或者浏览器中使用深度学习模型时，模型需要下载到设备上。这需要尽可能地轻量化，原因如下：

❏ 用户经常使用手机的蜂窝连接，有时是按流量计费。

❏ 连接可能也很慢。

❏ 模型可能经常更新。

❏ 有时便携设备的磁盘空间非常有限。

深度学习模型拥有数亿个参数，以消耗磁盘空间而闻名。值得庆幸的是，一些技术可以缩小模型的大小。

量化

最常见的方法是降低参数的精度。我们可以将它们存储为 16 位或 8 位浮点数，而不是 32 位浮点数。已经有过使用二进制参数的实验，只需要存储 1 位。

当为了在设备上使用而转换模型时，通常在训练结束后进行量化。这种转换会影响模型的准确性。因此，量化后的模型评估就显得尤为重要。

在所有的压缩技术中，量化往往是对尺寸影响最大、对性能影响最小的一种。它也很容易实现。

通道剪枝和权重稀疏化

也存在其他一些更难实现的技术。因为它们主要依赖于反复试验，所以无法直接使用。

第一种是通道剪枝，它包括去除一些卷积滤波器或一些通道。卷积层通常有 16～512 个不同的滤波器。在训练阶段结束时，往往会发现其中有些是没有用的。我们可以删除它们，避免存储对模型性能无用的权重。

第二种是权重稀疏化。与存储整个矩阵的权重不同，我们只能存储被认为重要或不接近零的权重。

例如，不去存储像 [0.1, 0.9, 0.05, 0.01, 0.7, 0.001] 这样的权重向量，而是保留不接近 0 的权重。结果是一个（position，value）形式的元组列表。在本例中，它将是 [(1, 0.9), (4, 0.7)]。如果向量的很多值接近 0，那么预期存储的权重会大大减少。

9.3　基于终端设备的机器学习

由于其非常高的计算要求，深度学习算法最常在强大的服务器上运行。它们是为该任务专门设计的计算机。考虑到延迟、隐私或成本原因，有时在用户设备（智能手机、连接对象、汽车或者微型计算机）上运行推理更有意义。

以上设备的共同点是具有较低的计算能力和低功耗要求。因为它们处在数据生命周期的末端，所以基于终端设备的机器学习也称为**边缘计算**或者**边缘机器学习**。

对于常规机器学习，通常在数据中心进行计算。例如，当你上传照片到脸书时，在脸书数据中心运行的深度学习模型将检测到你朋友的脸孔，帮助你标记它们。

对于基于终端设备的机器学习，推理在终端设备上进行。一个常见的例子是 Snapchat 人脸滤波器——检测脸部位置的模型直接在终端设备上运行。然而，模型训练依旧在数据中心运行——终端设备使用从服务器获得的已经训练好的模型。两者的区别如图 9-5 所示。

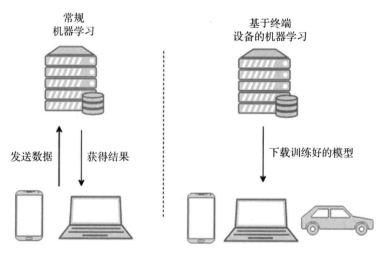

图 9-5　基于终端设备的机器学习与常规机器学习的比较图

> 大多数基于终端设备的机器学习用于推理。模型训练大多依旧在专用的服务器上进行。

9.3.1　考虑因素

使用基于终端设备的机器学习（on-device ML）一般受多个因素的驱动，但是也有其自身的局限性。

基于终端设备的机器学习的优势

下面列出了直接在用户设备上运行机器学习算法的主要优势。

延迟

最常见的动机是延迟。由于将数据送到服务器处理会耗费时间，实时应用程序不可能使用传统的机器学习。最引人注目的例子就是自动驾驶汽车。为了对环境做出快速反应，汽车必须具有尽可能低的延迟。因此，在汽车上运行模型至关重要。此外，还有些设备用在无法上网的地方。

隐私

随着消费者越来越关心自己的隐私，公司在尊重这一需求的同时，也在设计一些运行深度学习模型的技术。

我们来介绍一个来自苹果公司的涉及大规模用户的例子。在 iOS 设备上浏览照片时，你可能会注意到，可以搜索对象或事物——猫、瓶子、汽车，都会返回相应的图像。即使图片不是通过云端发送的，也是如此。对苹果公司来说，重要的是在尊重用户隐私的同时提供这一功能。未经用户同意，发送图片进行处理是不可能的。

因此，苹果公司决定在终端设备上使用机器学习。每天晚上，当手机充电时，iPhone手机上会运行一个计算机视觉模型来检测图像中的目标，并使这个功能可用。

成本

除了尊重用户隐私外，这项功能还降低了苹果公司的成本，因为不必为了处理客户生成的数亿张图片而支付服务器费用。

在更小的范围内，现在可以在浏览器中运行一些深度学习模型。这对演示特别有用，通过在用户的计算机上运行模型，你可以避免花钱购买支持 GPU 的服务器来大规模地运行推理。此外，不会有任何过载问题，因为访问页面的用户越多，可用的计算能力就越强。

基于终端设备的机器学习的局限性

尽管有很多优势，这一概念也有局限性。首先，终端设备计算能力的限制意味着无法使用一些最强大的模型。

此外，很多基于终端设备的深度学习框架与最新的或者最复杂的层不兼容。例如，TensorFlow Lite 与定制的 LSTM 层不兼容，很难使用此框架在移动设备上移植高级的循环神经网络。

最后，在终端设备上提供模型意味着与用户共享权重和网络架构。虽然存在一些加密和模糊处理方法，但它增加了逆向工程或模型被盗的风险。

9.3.2 实践

在详细介绍实用的基于终端设备的计算机视觉应用之前，我们来看一下在终端设备上运行深度学习模型的一般考虑。

基于终端设备的计算机视觉的特殊性

在终端设备上运行计算机视觉模型时，关注的重点从最初的性能指标转移到了用户体验上。在手机上时，这意味着电池和磁盘使用的最小化：我们不想几分钟就耗尽手机电池电量或者占满设备的所有可用空间。当在手机上运行时，推荐使用更小的模型。它们包含的参数越少，使用的空间就越小。而且，当它们需要的操作较少时，耗费的电量就会减少。

手机的另一个特殊性是方向。在训练数据集中，大多数图片都有正确的方向。虽然我们有时会在数据增强过程中改变这个方向，但很少有图像是倒置的或完全侧向的。然而，有很多方法来手持手机。因此，我们必须监视设备的方向，以确保为模型提供方向正确的图像。

生成 SavedModel

如前所述，基于终端设备的机器学习通常用于推理。因此，前提是有训练好的模型。幸运的是，本书将告诉你如何实现和准备神经网络。我们现在需要将模型转换成中间文件格式。然后，使用一个库对其进行转换以用于移动应用。

在 TensorFlow 2 中，所选择的中间格式是 SavedModel。SavedModel 中包含模型架构（图）以及权重。

大多数 TensorFlow 对象可以作为 SavedModel 导出。例如，下面的代码可以导出一个训练好的 Keras 模型：

```
tf.saved_model.save(model, export_dir='./saved_model')
```

生成 frozen graph

在使用 SavedModel API 之前，TensorFlow 主要使用 frozen graph 格式。实际上，SavedModel 是对 frozen graph 的包装器。前者包括更多元数据和模型需要的预处理函数。尽管 SavedModel 比较流行，但是一些库依然使用 frozen 模型。

下面的代码可用于将 SavedModel 转换为 frozen graph：

```
from tensorflow.python.tools import freeze_graph

output_node_names = ['dense/Softmax']
input_saved_model_dir = './saved_model_dir'
input_binary = False
input_saver_def_path = False
restore_op_name = None
filename_tensor_name = None
clear_devices = True
input_meta_graph = False
checkpoint_path = None
input_graph_filename = None
saved_model_tags = tag_constants.SERVING

freeze_graph.freeze_graph(input_graph_filename, input_saver_def_path,
                          input_binary, checkpoint_path, output_node_names,
                          restore_op_name, filename_tensor_name,
                          'frozen_model.pb', clear_devices, "", "", "",
                          input_meta_graph, input_saved_model_dir,
                          saved_model_tags)
```

除了指定输入和输出外，还需要指定 `output_node_names`。事实上，并不总是清楚模型的推理输出是什么。例如，图像检测模型有几个输出：方框坐标、分数和类。我们需要指定使用哪一个。

 注意很多参数是 `False` 或者 `None`，因为该函数可以接受很多不同的格式，SavedModel 只是其中之一。

预处理的重要性

如第 3 章所述，需要对输入图像进行预处理。最常用的预处理方法是每个通道除以 127（$127 \approx 255/2$，是图像像素的中间值），再减 1。这样，就可以使用 $-1\sim1$ 之间的数值表示图像，如图 9-6 所示。

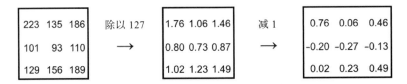

图 9-6 3×3 的单通道图像预处理示例

然而，有很多图像表示的方法，取决于以下因素：
- 通道的顺序：RGB 或者 BGR。
- 图像是否在 $0\sim1$ 之间、$-1\sim1$ 之间，或者 $0\sim255$ 之间。
- 图像维度的顺序：$[W, H, C]$ 或者 $[C, W, H]$。
- 图像的方向。

移植模型时，在设备上使用与训练期间完全相同的预处理至关重要。如果不这样做，将导致模型的推断能力很差，有时甚至完全失败，因为输入数据与训练数据差别太大。

所有移动深度学习框架都提供了一些选项来指定预处理设置。由你来设置正确的参数。

现在，我们已经得到了 SavedModel，也知道了预处理的重要性，已准备好在不同的终端设备上使用模型。

9.4 app 示例：识别面部表情

为了应用本章介绍的这些概念，我们将开发一个使用轻量级计算机视觉模型的 app，并在各种平台上部署它。

我们将建立一个面部表情分类 app。当指向一个人的脸时，该程序将输出此人的表情——高兴、悲伤、惊讶、厌恶、生气或者平和。我们将在面部表情识别（Facial Expression Recognition，FER）数据集训练模型，该数据集由 Pierre-Luc Carrier 和 Aaron Courville 收集，参见 https://www.kaggle.com/c/challenges-in-representation-learning-facial-expression-recognition-challenge。该数据集由 28 709 幅 48×48 大小的图像组成，示例见图 9-7。

图 9-7 源自 FER 数据集的图像

在 app 内部，原始的做法是使用照相机拍摄图像，直接将它们送入训练过的模型。然而，由于环境中的对象会影响预测质量，这会产生较差的结果。我们需要剪切图像中的面部，然后再送入模型，如图 9-8 所示。

图 9-8 面部表情分类 app 的两个步骤

第一步我们要建立模型（面部检测），使用开箱即用的 API 非常方便实现这一点。它们可以在 iOS 上直接使用，也可以通过库在 Android 和浏览器使用。第二步，表情分类，将使用自定义模型。

9.4.1 MobileNet 简介

我们用于分类的网络架构名为 MobileNet。它是用于移动平台的卷积模型。该模型由 Andrew G Howard 等人于 2017 年在论文 "MobileNets: Efficient Convolutional Neural Networks for Mobile Vision Applications" 中提出，该模型使用一种特殊的卷积来减少参数的数量，减少预测所需的计算量。

MobileNet 使用**深度可分离卷积**。实际上，这意味着网络架构由两种卷积交替组成。

1）Pointwise 卷积：它们与常规卷积类似，只是内核为 1×1。Pointwise 卷积的目的是将不同的输入通道组合在一起。在 RGB 图像上使用时，它们将计算各通道的加权和。

2）Depthwise 卷积：它们与常规卷积类似，但是没有将通道进行组合。Depthwise 卷积的任务是过滤输入的内容（检测一些线条或者模式）。在 RGB 图像上使用时，它们将计算每个通道的特征图。

这两种类型的卷积组合在一起性能与常规卷积类似。然而，由于它们的核尺寸很小，因此只需要较少的参数和计算能力，这使得该架构非常适合于移动设备。

9.4.2 在终端设备上部署模型

为了说明基于终端设备的机器学习，我们将模型移植到 iOS 和 Android 设备，以及浏览器。我们还将介绍可用的其他类型终端设备。

使用 Core ML 在 iOS 设备上运行

随着最新设备的发布，苹果公司关注了机器学习。该公司设计了定制芯片——**神经引擎**。它可以快速进行深度学习操作，同时保持较低的使用功率。为了充分发挥芯片的作用，开发者必须使用一组名为 Core ML 的官方 API（参见 https://developer.apple.com/documentation/coreml 处的文档）。

为了在 Core ML 上使用已有的模型，开发者需要将模型转换为 .mlmodel 格式。幸好，苹果公司提供了从 Keras 或者 TensorFlow 进行转换的 Python 工具。

除了速度和高能效外，Core ML 的一个优势就是它与其他 iOS API 的集成。有很多功能强大的原生函数可用于增强现实、面部检测、目标跟踪等应用。

虽然 TensorFlow Lite 支持 iOS，但到目前为止，我们仍然建议使用 Core ML。它有更快的推理速度和更广泛的功能兼容性。

从 TensorFlow 或 Keras 转换模型

从 Keras 或 TensorFlow 转换模型需要另一个工具——tf-coreml（https://github.com/tf-coreml/tf-coreml）。

编写本书时，tf-coreml 与 TensorFlow 2 并不兼容。我们已经提供了一个修改后的版本，开发人员正在更新该库。参阅本章的 notebook，可获得最新的安装说明。

然后，我们可以将模型转换为 .mlmodel：

```
import tfcoreml as tf_converter

tf_converter.convert('frozen_model.pb',
                     'mobilenet.mlmodel',
                     class_labels=EMOTIONS,
                     image_input_names=['input_0:0'],
                     output_feature_names=[output_node_name + ':0'],
                     red_bias=-1,
                     green_bias=-1,
```

```
blue_bias=-1,
image_scale=1/127.5,
is_bgr=False)
```

几个参数非常重要：

❑ class_labels：标签列表。没有这个列表，我们将使用类 ID 代替可读的文本。

❑ input_names：输入层名称。

❑ image_input_names：该参数用于向 Core ML 指定输入是一个图像。这将在以后很有用，因为该库将为我们处理所有预处理。

❑ output_feature_names：与 frozen 模型转换一样，需要指定模型中的目标输出。在这种情况下，它们不是操作而是输出。因此，必须在名称后附加一个 :0。

❑ image_scale：用于预处理的比例。

❑ bias：每种颜色的预处理偏差。

❑ is_bgr：如果通道按 BGR 顺序排列，则必须为 True；如果为 RGB，则必须为 False。

如前所述，scale、bias 和 is_bgr 必须与训练过程中的参数匹配。

将模型转换为 .mlmodel 文件后，可以使用 Xcode 打开它，如图 9-9 所示。

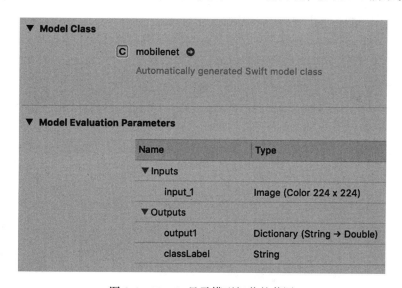

图 9-9 Xcode 显示模型细节的截图

注意，因为指定了 image_input_names，输入被识别为 Image。幸亏有它，Core ML 将为我们处理所有图像预处理。

加载模型

完整 app 见本章的存储库。构建和运行该程序需要一台 Mac 计算机和一台 iOS 终端设备。我们来简单说明一下从模型进行预测的步骤。注意，下面的代码是用 Swift 编写的。它与 Python 语法相似：

```
private lazy var model: VNCoreMLModel = try! VNCoreMLModel(for:
mobilenet().model)

private lazy var classificationRequest: VNCoreMLRequest = {
    let request = VNCoreMLRequest(model: model, completionHandler: { [weak
self] request, error in
        self?.processClassifications(for: request, error: error)
    })
    request.imageCropAndScaleOption = .centerCrop
    return request
}()
```

代码由三个主要的步骤组成：

1）加载模型。关于模型的所有信息都在 .mlmodel 文件中。

2）设置定制的回调函数。在本例中，图像分类后，将调用 processClassifications。

3）设置 imageCropAndScaleOption。模型设计成接收正方形的图像，但是输入的图像经常具有不同的比例。因此，我们设置 Core ML 为 centerCrop 来从图像的中心进行裁剪。

我们也使用原生的 VNDetectFaceRectanglesRequest 和 VNSequenceRequest-Handler 函数加载用于面部检测的模型：

```
private let faceDetectionRequest = VNDetectFaceRectanglesRequest()
private let faceDetectionHandler = VNSequenceRequestHandler()
```

使用模型

对于输入，我们访问 pixelBuffer，其中包含了来自终端设备摄像头的视频像素。执行面部检测模型，得到 faceObservations。它包括了检测结果。如果变量为空，则表示没有检测到面部，我们在函数中不需要继续执行。

```
try faceDetectionHandler.perform([faceDetectionRequest], on: pixelBuffer,
orientation: exifOrientation)

guard let faceObservations = faceDetectionRequest.results as?
[VNFaceObservation], faceObservations.isEmpty == false else {
    return
}
```

接着，对于 faceObservations 中的每个 faceObservation，我们对区域包含的面部进行分类：

```
let classificationHandler = VNImageRequestHandler(cvPixelBuffer:
pixelBuffer, orientation: .right, options: [:])

let box = faceObservation.boundingBox
let region = CGRect(x: box.minY, y: 1 - box.maxX, width: box.height,
height:box.width)
self.classificationRequest.regionOfInterest = region

try classificationHandler.perform([self.classificationRequest])
```

为此，我们指定请求的 `regionOfInterest`。这会通知 Core ML 框架输入的是图像的这个特定区域。这非常方便，因为我们不需要裁剪和调整图像的大小——Core ML 框架已经处理好了。最后，调用原生方法 `classificationHandler.perform`。

 注意，我们不得不调整坐标系统。人脸坐标返回时，原点位于图像左上角；而指定 `regionOfInterest` 时，原点必须在左下角。

生成预测之后，使用结果调用定制的回调函数 `processClassifications`。接着就可以向用户展示结果。本书 GitHub 存储库中的完整应用程序中包含了这一部分。

使用 TensorFlow Lite 在 Android 上运行

TensorFlow Lite 是一个允许在移动设备和嵌入式设备上运行 TensorFlow 模型的移动框架。它支持 Android、iOS 和树莓派。与用于 iOS 终端的 Core ML 相反，它并非原生库，而是一个必须添加到 app 中的外部依赖。

尽管 Core ML 对 iOS 终端硬件进行了优化，TensorFlow Lite 的性能可能因不同的终端而不同。在一些 Android 终端上，它可以使用 GPU 提高推理速度。

为了让示例 app 可以使用 TensorFlow Lite，首先使用 TensorFlow Lite 转换器将模型转换为库支持的格式。

从 TensorFlow 或 Keras 转换模型

TensorFlow 集成了一个函数，可以将 SavedModel 格式的模型转换成 TF Lite 格式。为此，首先创建 TensorFlow Lite 转换器对象：

```
# From a Keras model
converter = tf.lite.TFLiteConverter.from_keras_model(model)
## Or from a SavedModel
converter = tf.lite.TFLiteConverter('./saved_model')
```

然后，将模型存到磁盘：

```
tflite_model = converter.convert()
open("result.tflite", "wb").write(tflite_model)
```

 你可能注意到 TensorFlow Lite 函数提供的选项比苹果公司的 Core ML 的函数少。确实如此，TensorFlow Lite 没有预处理和自动调整图像大小。这需要开发者在 Android app 中自己处理。

加载模型

将模型转换成 `.tflite` 格式后，可以将它添加到 Android 应用程序的资源文件夹。然后，使用辅助函数 `loadModelFile` 加载模型：

```
tfliteModel = loadModelFile(activity);
```

因为模型在应用程序的资源文件夹中，所以我们需要传递当前活动。如果不熟悉 Android 应用程序开发，可以把活动看作应用程序的一个特定屏幕。

接着，创建 Interpreter。在 TensorFlow Lite 中，解释器是运行模型和返回预测结果所必需的。在本例中，我们传递默认的 Options。Options 的构造器可用于改变线程的数量或者模型的精度：

```
Interpreter.Options tfliteOptions = new Interpreter.Options();
tflite = new Interpreter(tfliteModel, tfliteOptions);
```

最后，创建一个 ByteBuffer。它是一个数据结构，包含了输入图像数据：

```
imgData =
    ByteBuffer.allocateDirect(
        DIM_BATCH_SIZE
            * getImageSizeX()
            * getImageSizeY()
            * DIM_PIXEL_SIZE
            * getNumBytesPerChannel());
```

ByteBuffer 是一个包含图像像素的数组。它的大小由以下因素决定：

❑ 批大小，本例中为 1。

❑ 输入图像尺寸。

❑ 通道数量（DIM_PIXEL_SIZE），RGB 是 3，灰度图是 1。

❑ 最后，每通道字节数。因为 1 字节等于 8 比特，32 比特输入需要 4 字节。如果使用量化，8 比特的输入需要 1 个字节。

为进行预测，我们将填充 imgData 缓冲器，并将它送入解释器。我们的面部表情检测模型已经准备就绪。在开始使用完整的流水线之前，只需要实例化面部检测器：

```
faceDetector = new FaceDetector.Builder(this.getContext())
        .setMode(FaceDetector.FAST_MODE)
        .setTrackingEnabled(false)
        .setLandmarkType(FaceDetector.NO_LANDMARKS)
        .build();
```

 注意，该 FaceDetector 来自谷歌视觉框架，与 TensorFlow Lite 无关。

使用模型

在示例 app 中，我们将处理位图格式的图像。位图可以看作原始像素的矩阵。它们与 Android 上面大多数的图像库兼容。我们可以从显示摄像头获得的视频的视图中获得该位图。

```
Bitmap bitmap = textureView.getBitmap(previewSize.getHeight() / 4,
previewSize.getWidth() / 4)
```

 我们不去捕获全分辨率的位图。反而会将图像的尺寸除以 4（该值通过反复试错得到）。选择的图像尺寸太大将会导致面部检测变慢，从而减慢流水线的推理速度。

接着，从位图中创建一个 `vision.Frame`。这一步是将图像送入 `faceDetector` 所需要的：

```
Frame frame = new Frame.Builder().setBitmap(bitmap).build();
faces = faceDetector.detect(frame);
```

然后，对于 `faces` 中的每个 `face`，裁剪位图中的面部。**GitHub** 存储库中提供的辅助函数 `cropFaceInBitmap` 可以精确地实现该操作——它接受面部的坐标，然后从位图中裁剪对应的区域：

```
Bitmap faceBitmap = cropFaceInBitmap(face, bitmap);
Bitmap resized = Bitmap.createScaledBitmap(faceBitmap,
classifier.getImageSizeX(), classifier.getImageSizeY(), true)
```

调整位图尺寸适应模型输入之后，我们填充 `imgData`，即 `Interpreter` 接受的 `ByteBuffer`：

```
imgData.rewind();
resized.getPixels(intValues, 0, resized.getWidth(), 0, 0,
resized.getWidth(), resized.getHeight());

int pixel = 0;
for (int i = 0; i < getImageSizeX(); ++i) {
  for (int j = 0; j < getImageSizeY(); ++j) {
    final int val = intValues[pixel++];
    addPixelValue(val);
  }
}
```

正如你所看到的，我们遍历位图像素，将它们添加到 `imgData`。为此，我们使用 `addPixelValue`。该函数对每个像素进行预处理。它因模型特征的不同而不同。本例中，模型使用灰度图像。因此，必须将每个像素从彩色变成灰度：

```
protected void addPixelValue(int pixelValue) {
  float mean =  (((pixelValue >> 16) & 0xFF) + ((pixelValue >> 8) & 0xFF) +
(pixelValue & 0xFF)) / 3.0f;
  imgData.putFloat(mean / 127.5f - 1.0f);
}
```

此函数使用逐位运算计算每个像素三个颜色的均值。然后将其除以 127.5，再减去 1，以此作为模型的预处理步骤。

这一过程结束后，`imgData` 包含了格式正确的输入信息。最后，执行推理：

```
float[][] labelProbArray = new float[1][getNumLabels()];
tflite.run(imgData, labelProbArray);
```

预测结果包含在 `labelProbArray` 之中。接着就可以处理和显示它们了。

使用 TensorFlow.js 在浏览器上运行

Web 浏览器每年都在包含越来越多的功能，它们能够运行深度学习模型只是时间问题。在浏览器中运行模型有许多优点：

- ❑ 用户不需要安装任何东西。
- ❑ 只在用户机器（移动终端或者计算机）上进行计算。
- ❑ 模型有时可以使用设备的 GPU。

要在浏览器上运行的库被称作 TensorFlow.js（参阅 https://github.com/tensorflow/tfjs 处的文档）。我们将使用这个库来实现面部表情分类应用程序。

 虽然 TensorFlow 无法使用非英伟达公司的 GPU，但是 TensorFlow.js 可以使用几乎任何设备上的 GPU。GPU 支持浏览器最初是为了使用 WebGL（一种用于 Web 应用程序的基于 OpenGL 的计算机图形 API）显示图形动画。因为它包含矩阵计算，所以被重新用于运行深度学习操作。

将模型转换为 TensorFlow.js 格式

要使用 TensorFlow.js，首先需使用 `tfjs-converter` 将模型转换为正确格式。它可以转换 Keras 模型、frozen 模型和 SavedModel。GitHub 存储库提供了它的安装说明。

然后，转换模型过程类似于应用 TensorFlow Lite 时的转换过程。不是在 Python 中进行，而是在命令行中进行：

```
$ tensorflowjs_converter ./saved_model --input_format=tf_saved_model my-
tfjs --output_format tfjs_graph_model
```

与 TensorFlow Lite 类似，我们需要指定输出节点的名称。

它的输出包括多个文件：

- ❑ `optimized_model.pb`：包含模型图。
- ❑ `weights_manifest.json`：包含权重列表的信息。
- ❑ `group1-shard1of5, group1-shard2of5, …, group1-shard5of5`：包含分成多个文件的模型的权重。

将模型分成多个文件并行下载通常速度更快。

使用模型

在我们的 JavaScript app 中，导入 TensorFlow.js 后，就可以下载模型。注意，下面的代码使用 JavaScript 编写。它具有与 Python 相似的语法。

```
import * as tf from '@tensorflow/tfjs';
const model = await tf.loadModel(MOBILENET_MODEL_PATH);
```

我们还将使用名为 `face-api.js` 的库提取面部区域：

```
import * as faceapi from 'face-api.js';
await faceapi.loadTinyFaceDetectorModel(DETECTION_MODEL_PATH)
```

一旦完成模型加载，就可以开始处理来自用户的图像了：

```
const video = document.getElementById('video');
const detection = await faceapi.detectSingleFace(video, new
faceapi.TinyFaceDetectorOptions())
```

```
if (detection) {
 const faceCanvases = await faceapi.extractFaces(video, [detection])
 const values = await predict(faceCanvases[0])
}
```

从显示用户 Web 摄像机的 video 元素中提取一帧。face-api.js 库将尝试在这一帧中检测人脸。如果检测到人脸，则提取图像中包含人脸的部分将其送入模型。

Predict 函数执行图像的预处理和分类。它的样子如下所示：

```
async function predict(imgElement) {
  let img = await tf.browser.fromPixels(imgElement, 3).toFloat();

  const logits = tf.tidy(() => {
    // tf.fromPixels() returns a Tensor from an image element.
    img = tf.image.resizeBilinear(img, [IMAGE_SIZE, IMAGE_SIZE]);
    img = img.mean(2);
    const offset = tf.scalar(127.5);
    // Normalize the image from [0, 255] to [-1, 1].
    const normalized = img.sub(offset).div(offset);
    const batched = normalized.reshape([1, IMAGE_SIZE, IMAGE_SIZE, 1]);

    return mobilenet.predict(batched);
  });

  return logits
}
```

首先，使用 resizeBilinear 调整图像的大小，并使用 mean 将图像从彩色图转换为灰度图。然后，对像素进行预处理，将它们归一化到 −1～1 之间。最后，使用数据执行 model.predict 获取预测结果。该流水线结束后，我们就得到了可以显示给用户的预测结果。

 注意 tf.tidy 的使用。TensorFlow.js 会创建可能永远不会从内存中删除的中间张量，因此 tf.tidy 的使用非常重要。把操作包装在 tf.tidy 中会自动清除内存中的中间元素。

在过去的几年里，技术的进步使得在浏览器中使用新的应用成为可能——现在任何人都可以使用图像分类、文本生成、风格迁移和姿态估计，而不用安装任何东西。

在其他终端设备上运行

为了在浏览器、iOS 和 Android 设备中运行，我们介绍了模型转换。TensorFlow Lite 也可以在树莓派（一台运行 Linux 的掌上电脑）上运行。

此外，几年来专为运行深度学习模型而设计的设备已经出现了。例如：

❑ 英伟达 Jetson TX2：手掌大小，通常用于机器人应用。

❑ 谷歌 Edge TPU：谷歌设计的用于 IoT 应用的芯片。它有指甲大小，并提供了一个开发工具包。

❑ 英特尔神经计算棒：它有 U 盘那么大，可以与任何计算机（包括树莓派）连接，提高其机器学习能力。

这些终端设备都聚焦在最大化计算能力，同时最小化功耗。随着每一代变得更加强大，基于终端设备的机器学习领域正在以极其快的速度进步，每年都有新的应用产生。

9.5　本章小结

本章介绍了几个关于性能的主题。首先，介绍了如何正确地度量模型的推理速度，讨论了一些减少推理时间的技巧：选择正确的硬件和库、优化输入大小和后处理。介绍了几个技巧，使较慢的模型对用户来说看起来是实时的，并降低模型的大小。

然后，介绍了基于终端设备的机器学习的优点和局限性。介绍了如何将 TensorFlow 和 Keras 模型转换成与终端设备深度学习框架兼容的格式。通过 iOS 设备、Android 设备和浏览器的例子，我们介绍了各种设备。也介绍了几个现有的嵌入式设备。

在本书中，我们详细介绍了 TensorFlow 2，并将其应用于多个计算机视觉任务。我们介绍了各种最先进的解决方案，提供了理论背景和实际实现。最后一章讨论了它们的部署，现在你可以利用 TensorFlow 2 的强大功能，开发自己的计算机视觉应用程序用例了！

问题

1. 当测量模型的推理速度时，应该使用一幅图像还是多幅图像？
2. float32 权重的模型比 float16 权重的模型大还是小？
3. 对于 iOS 设备，应优先选择 Core ML 还是 TensorFlow Lite ？ Android 设备呢？
4. 在浏览器中运行模型的优势和局限性有哪些？
5. 对于运行深度学习模型的嵌入式设备，最重要的要求是什么？

APPENDIX

附　录

从 TensorFlow 1.x 进行迁移

因为 TensorFlow 2 是最近刚刚发布的，大多数在线可以获得的项目还是基于 TensorFlow 1 构建的。虽然第一个版本已经包含了非常有用的功能，例如 AutoGraph 和 Keras API，但还是推荐迁移到 TensorFlow 最新的版本，以避免技术性负债。

幸运的是，TensorFlow 2 带有自动迁移工具，可以将大多数项目迁移到最新版本。只需要较少的力气就可以输出可以工作的代码。然而，迁移到符合 TensorFlow 2 的代码，需要付出些努力并同时了解两个版本的知识。本节将介绍迁移工具，并比较 TensorFlow 1 和 TensorFlow 2 对应的概念。

自动迁移

安装 TensorFlow 2 之后，就可以在命令行使用迁移工具了。执行下面的命令，可以对项目目录进行转换：

```
$ tf_upgrade_v2 --intree ./project_directory --outtree
./project_directory_updated
```

下面是在一个示例项目上执行命令得到的一部分日志：

```
INFO line 1111:10: Renamed 'tf.placeholder' to 'tf.compat.v1.placeholder'
 INFO line 1112:10: Renamed 'tf.layers.dense' to
'tf.compat.v1.layers.dense'
TensorFlow 2.0 Upgrade Script
-----------------------------
Converted 21 files
Detected 1 issues that require attention
--------------------------------------------------------------------------
--------------------------------------------------------------------------
File: project_directory/test_tf_converter.py
--------------------------------------------------------------------------
project_directory/test_tf_converter.py:806:10: WARNING:
tf.image.resize_bilinear called with align_corners argument requires manual
```

```
check: align_corners is not supported by tf.image.resize, the new default
transformation is close to what v1 provided. If you require exactly the
same transformation as before, use compat.v1.image.resize_bilinear.

Make sure to read the detailed log 'report.txt'
```

转换工具详细给出了它对文件所做的修改。在极少数情况下，它检测到代码需要手工修改时，会输出一个带有更新说明的告警。

大多数过时的调用都会被转移到 `tf.compat.v1`。事实上，尽管许多概念不再使用，但 TensorFlow 2 仍然可以通过这个模块访问旧的 API。但是，请注意调用 `tf.contrib` 将导致转换工具转换失败，并且产生错误：

```
ERROR: Using member tf.contrib.copy_graph.copy_op_to_graph in deprecated
module tf.contrib. tf.contrib.copy_graph.copy_op_to_graph cannot be
converted automatically. tf.contrib will not be distributed with TensorFlow
2.0, please consider an alternative in non-contrib TensorFlow, a community-
maintained repository, or fork the required code.
```

迁移 TensorFlow 1 代码

如果工具运行时没有任何错误，则可以按原样使用代码。但是迁移工具使用的 `tf.compat.v1` 模块被视为不再使用。调用此模块会输出弃用警告，社区不会进一步更新其内容。因此，建议重构代码，以使其更符合语言习惯。下面的小节将介绍 TensorFlow 1 的概念以及如何将它们迁移到 TensorFlow 2。在下面的例子中，将使用 `tf1` 代替 `tf` 来表示 TensorFlow 1.13 的用法。

会话

默认情况下，TensorFlow 1 不使用即时执行模式，无法直接获得操作结果。例如，将两个常量相加，输出的对象是一个操作：

```
import tensorflow as tf1 # TensorFlow 1.13

a = tf1.constant([1,2,3])
b = tf1.constant([1,2,3])
c = a + b
print(c) # Prints <tf.Tensor 'add:0' shape=(3,) dtype=int32
```

要计算结果，你需要手动创建 `tf1.Session`。会话将：

❑ 管理内存。

❑ 在 CPU 或者 GPU 上执行操作。

❑ 必要时在多个机器上运行。

在 Python 中，使用会话最常用的方式是通过 `with` 语句。与其他非托管资源一样，`with` 语句可以保证会话在使用后正确关闭。如果会话没有关闭，将继续占用内存。因此，在 TensorFlow 1 中的会话通常按如下方式实例化、使用：

```
with tf1.Session() as sess:
  result = sess.run(c)
print(result) # Prints array([2, 4, 6], dtype=int32)
```

当然也可以显式地关闭会话，但不建议这么做：

```
sess = tf1.Session()
result = sess.run(c)
sess.close()
```

在 TensorFlow 2 中，会话管理发生在后台。由于新版本使用即时执行模式，因此不需要多余的代码来计算结果。因此，可以删除对 tf1.Session() 的调用。

占位符

在上面的例子中，我们计算了两个向量之和。然而，这些向量的值在创建图时就已定义好。如果想使用变量，那么可以使用 tf1.placeholder：

```
a = tf1.placeholder(dtype=tf.int32, shape=(None,))
b = tf1.placeholder(dtype=tf.int32, shape=(None,))
c = a + b

with tf1.Session() as sess:
  result = sess.run(c, feed_dict={
      a: [1, 2, 3],
      b: [1, 1, 1]
    })
```

在 TensorFlow 1 中，占位符主要用来提供输入数据。必须定义它们的类型和形状。在我们的示例中，形状是（None,），因为我们可能要对任意大小的向量运行操作。当运行图的时候，我们必须为占位符提供特定的值。这就是为什么在 sess.run 中使用 feed_dict 参数，将变量的内容作为字典，占位符作为键进行传递。不为所有占位符提供值将导致异常。

在 TensorFlow 2 之前，占位符用于提供输入数据和层的参数。tf.keras.Input 可以替代前者，后者则通过使用 tf.keras.layers.Layer 参数来解决。

变量管理

在 TensorFlow 1 中，变量都是全局创建的。每个变量都有一个唯一的名称，创建变量的最佳实践是使用 tf1.get_variable()：

```
weights = tf1.get_variable(name='W', initializer=[3])
```

以上代码创建了名称为 W 的全局变量。删除 weights 这个变量（例如，使用 Python 命令 del weights）对 TensorFlow 内存没有影响。实际上，如果尝试再次创建同样的变量，会遇到报错而告终：

```
Variable W already exists, disallowed. Did you mean to set reuse=True or
reuse=tf.AUTO_REUSE in VarScope?
```

尽管 `tf1.get_variable()` 允许你重用变量，但如果变量的名称已经存在，它默认的动作是报错，防止你错误地覆盖变量。为了避免这个错误，我们可以使用 reuse 参数更新对 `tf1.variable_scope(...)` 的调用：

```
with tf1.variable_scope("conv1", reuse=True):
    weights = tf1.get_variable(name='W', initializer=[3])
```

 `variable_scope` 上下文管理器用于管理变量的创建。除了处理重用变量以外，它通过在变量名称前加前缀将变量分组。上面的例子中，变量名被改成了 conv1/W。

在本例中，设置 reuse 为 True 意味着如果 TensorFlow 遇到名为 conv1/W 的变量，它不会像以前一样抛出错误。相反，会重用已经存在的变量及其内容。然而，如果你尝试调用以前的代码，而且 conv1/W 还不存在，会遇到下面的报错：

```
Variable conv1/W does not exist
```

其实，reuse=True 只能指定是否重用一个已存在的变量。如果想在变量不存在时创建变量，在变量存在时重用变量，则可以通过 reuse=tf.AUTO_REUSE 来实现。

在 TensorFlow 2 中，其行为是不同的。虽然变量作用范围仍然存在，以便于命名和调试，但变量不再是全局的。它们在 Python 级别处理。只要可以访问 Python 引用（在示例中为变量 weights），就可以修改该变量。要删除变量，需要删除其引用，例如，通过运行以下命令：

```
del weights
```

以前，变量可以全局访问和修改，并且可能被其他代码段覆盖。不使用全局变量使 TensorFlow 代码更具可读性，更不容易出错。

层和模型

TensorFlow 模型最初使用 `tf1.layers` 定义。由于此模块在 TensorFlow 2 中不再使用，因此替换选择是 `tf.keras.layers`。

在 TensorFlow 1 中训练模型，必须使用优化器和损失来定义训练操作。例如，如果 y 是一个全连接层的输出，使用下面的命令可以定义训练操作：

```
cross_entropy =
tf.reduce_mean(tf.nn.softmax_cross_entropy_with_logits_v2(labels=output,
logits=y))
train_step = tf.train.AdamOptimizer(1e-3).minimize(cross_entropy)
```

每次调用该操作，一批图像被送入神经网络，并发生一步反向传播。接着执行循环来计算多个训练步骤：

```
num_steps = 10**7

with tf1.Session() as sess:
    sess.run(tf1.global_variables_initializer())
```

```
for i in range(num_steps):
    batch_x, batch_y = next(batch_generator)
    sess.run(train_step, feed_dict={x: batch_x, y: batch_y})
```

当启动会话时，为了给各层初始化正确的权重，需要调用 `tf1.global_variables_` `initializer()`。如果该操作失败，则抛出异常。而在 TensorFlow 2 中，会自动进行变量初始化。

其他概念

我们详细说明了新版本中不再使用的 TensorFlow 1 中的一些最常见的概念。在 TensorFlow 2 中，一些小的模块和范式也重新进行了设计。当迁移项目时，建议仔细查看两个版本的文档。为确保迁移顺利进行以及 TensorFlow 2 按预期工作，推荐记录推理指标（例如延迟、准确率或者平均精度）和训练指标（如收敛前的迭代次数），并比较新老两个版本的指标值。

由于 TensorFlow 是开源的，并且有活跃的社区支持，TensorFlow 正在不断发展——集成新功能，优化其他功能，改善开发人员体验，等等。虽然这有时需要一些额外的努力，但尽快升级到最新版本将为你开发更高性能的识别应用程序提供最佳环境。

REFERENCES

参考文献

以下列出了本书中提到的科技论文和其他网络资源。

第 1 章

- Angeli, A., Filliat, D., Doncieux, S., Meyer, J.-A., 2008. *A Fast and Incremental Method for Loop-closure Detection Using Bags of Visual Words. IEEE Transactions on Robotics 1027–1037.*
- Bradski, G., Kaehler, A., 2000. OpenCV. *Dr. Dobb's journal of software tools 3.*
- Cortes, C., Vapnik, V., 1995. *Support-Vector Networks. Machine Learning 20, 273–297.*
- Drucker, H., Burges, C.J., Kaufman, L., Smola, A.J., Vapnik, V., 1997. *Support Vector Regression Machines. In: Advances in Neural Information Processing Systems, pp. 155–161.*
- Krizhevsky, A., Sutskever, I., Hinton, G.E., 2012. *Imagenet Classification with Deep Convolutional Neural Networks. In: Advances in Neural Information Processing Systems, pp. 1097–1105.*
- Lawrence, S., Giles, C.L., Tsoi, A.C., Back, A.D., 1997. *Face recognition: A Convolutional Neural-Network Approach. IEEE transactions on neural networks 8, 98–113.*
- LeCun, Y., Boser, B.E., Denker, J.S., Henderson, D., Howard, R.E., Hubbard, W.E., Jackel, L.D., 1990. *Handwritten Digit Recognition with a Back Propagation Network. In: Advances in Neural Information Processing Systems, pp. 396–404.*
- LeCun, Y., Cortes, C., Burges, C., 2010. *MNIST Handwritten Digit Database. AT&T Labs [Online].* Available at `http://yann.lecun.com/exdb/mnist` 2, 18.
- Lowe, D.G., 2004. *Distinctive Image Features from Scale-Invariant Keypoints. International journal of computer vision 60, 91–110.*
- Minsky, M., 1961. *Steps toward artificial intelligence. Proceedings of the IRE 49, 8–30.*
- Minsky, M., Papert, S.A., 2017. *Perceptrons: An Introduction to Computational Geometry. MIT press.*
- Moravec, H., 1984. *Locomotion, Vision, and Intelligence.*
- Papert, S.A., 1966. *The Summer Vision Project.*

- Plaut, D.C., others, 1986. *Experiments on Learning by Back Propagation.*
- Rosenblatt, F., 1958. *The Perceptron: A Probabilistic Model for Information Storage and Organization in the Brain. Psychological review 65, 386.*
- Turk, M., Pentland, A., 1991. *Eigenfaces for Recognition. Journal of Cognitive Neuroscience 3, 71–86.*
- Wold, S., Esbensen, K., Geladi, P., 1987. *Principal Component Analysis. Chemometrics and Intelligent Laboratory Systems 2, 37–52.*

第 2 章

- Abadi, M., Agarwal, A., Barham, P., Brevdo, E., Chen, Z., Citro, C., Corrado, G.S., Davis, A., Dean, et al. *TensorFlow: Large-Scale Machine Learning on Heterogeneous Distributed Systems 19.*
- *API Documentation [WWW Document], n.d. TensorFlow.* URL `https://www.tensorflow.org/api_docs/` (accessed December 14, 2018).
- Chollet, F., 2018. TensorFlow is the platform of choice for deep learning in the research community. These are deep learning framework mentions on arXiv over the past three months, *pic.twitter.com/v6ZEi63hzP.* @fchollet.
- Goldsborough, P., 2016. *A Tour of TensorFlow. arXiv:1610.01178 [cs].*

第 3 章

- Abadi, M., Barham, P., Chen, J., Chen, Z., Davis, A., Dean, J., Devin, M., Ghemawat, S., Irving, G., Isard, M., et al., 2016. *Tensorflow: A System for Large-Scale Machine Learning. In: OSDI, pp. 265–283.*
- *API Documentation [WWW Document], n.d. TensorFlow.* URL `https://www.tensorflow.org/api_docs/` (accessed December 14, 2018).
- Bottou, L., 2010. *Large-Scale Machine Learning with Stochastic Gradient Descent. In: Proceedings of COMPSTAT'2010. Springer, pp. 177–186.*
- Bottou, L., Curtis, F.E., Nocedal, J., 2018. *Optimization Methods for Large-Scale Machine Learning. SIAM Review 60, 223–311.*
- Dozat, T., 2016. *Incorporating Nesterov Momentum into Adam.*
- Duchi, J., Hazan, E., Singer, Y., 2011. *Adaptive Subgradient Methods for Online Learning and Stochastic Optimization. Journal of Machine Learning Research 12, 2121–2159.*
- Gardner, W.A., 1984. *Learning characteristics of stochastic gradient descent algorithms: A general study, analysis, and critique. Signal processing 6, 113–133.*
- Girosi, F., Jones, M., Poggio, T., 1995. *Regularization Theory and Neural Networks Architectures. Neural Computation 7, 219–269.*
- Ioffe, S., Szegedy, C., 2015. *Batch Normalization: Accelerating Deep Network Training by Reducing Internal Covariate Shift. arXiv preprint arXiv:1502.03167.*
- Karpathy, A., n.d. *Stanford University CS231n: Convolutional Neural Networks for Visual Recognition [WWW Document].* URL `http://cs231n.stanford.edu/`

(accessed December 14, 2018).

- Kingma, D.P., Ba, J., 2014. *Adam: A Method for Stochastic Optimization. arXiv preprint arXiv:1412.6980.*

- Krizhevsky, A., Sutskever, I., Hinton, G.E., 2012. *Imagenet Classification with Deep Convolutional Neural Networks. In: Advances in Neural Information Processing Systems, pp. 1097–1105.*

- Lawrence, S., Giles, C.L., Tsoi, A.C., Back, A.D., 1997. *Face Recognition: A Convolutional Neural-Network Approach. IEEE transactions on neural networks 8, 98–113.*

- Le and Borji – 2017 – *What are the Receptive, Effective Receptive, and P.pdf, n.d.*

- Le, H., Borji, A., 2017. *What are the Receptive, Effective Receptive, and Projective Fields of Neurons in Convolutional Neural Networks? arXiv:1705.07049 [cs].*

- LeCun, Y., Cortes, C., Burges, C., 2010. *MNIST Handwritten Digit Database. AT&T Labs [Online].* Available at `http://yann.lecun.com/exdb/mnist` 2.

- LeCun, Y., et al., 2015. LeNet-5, *Convolutional Neural Networks.* URL: `http://yann.lecun.com/exdb/lenet` 20.

- Lenail, A., *n.d. NN SVG [WWW Document].* URL: `http://alexlenail.me/NN-SVG/` (accessed December 14, 2018).

- Luo, W., Li, Y., Urtasun, R., Zemel, R., n.d. *Understanding the Effective Receptive Field in Deep Convolutional Neural Networks 9.*

- Nesterov, Y., 1998. *Introductory Lectures on Convex Programming Volume I: Basic Course. Lecture notes.*

- Perkins, E.S., Davson, H., n.d. *Human Eye | Definition, Structure, & Function [WWW Document]. Encyclopedia Britannica.* URL `https://www.britannica.com/science/human-eye` (accessed December 14, 2018).

- Perone, C.S., n.d. *The effective receptive field on CNNs | Terra Incognita. Terra Incognita.*

- Polyak, B.T., 1964. *Some methods of speeding up the convergence of iteration methods. USSR Computational Mathematics and Mathematical Physics 4, 1–17.*

- Raj, D., 2018. *A Short Note on Gradient Descent Optimization Algorithms. Medium.*

- Simard, P.Y., Steinkraus, D., Platt, J.C., 2003. *Best Practices for Convolutional Neural Networks Applied to Visual Document Analysis. In: Null, p. 958.*

- Srivastava, N., Hinton, G., Krizhevsky, A., Sutskever, I., Salakhutdinov, R., 2014. *Dropout: A Simple Way to Prevent Neural Networks from Overfitting. The Journal of Machine Learning Research 15, 1929–1958.*

- Sutskever, I., Martens, J., Dahl, G., Hinton, G., 2013. *On the importance of initialization and momentum in deep learning. In: International Conference on Machine Learning, pp. 1139–1147.*

- Tieleman, T., Hinton, G., 2012. *Lecture 6.5-rmsprop: Divide the gradient by a running average of its recent magnitude. COURSERA: Neural Networks for Machine Learning 4, 26–31.*

- Walia, A.S., 2017. *Types of Optimization Algorithms used in Neural Networks and Ways to Optimize Gradient Descent [WWW Document]. Towards Data Science.* URL: `https://towardsdatascience.com/types-of-optimization-algorithms-used-in-neural-networks-and-ways-to-optimize-gradient-95ae5d39529f` (accessed December 14, 2018).

- Zeiler, M.D., 2012. *ADADELTA: An Adaptive Learning Rate Method. arXiv preprint arXiv:1212.5701.*
- Zhang, T., 2004. *Solving large scale linear prediction problems using stochastic gradient descent algorithms. In: Proceedings of the Twenty-First International Conference on Machine Learning, p. 116.*

第 4 章

- *API Documentation [WWW Document], n.d. TensorFlow.* URL: `https://www.tensorflow.org/api_docs/` (accessed 12.14.18).
- Goodfellow, I., Bengio, Y., Courville, A., 2016. *Deep Learning. MIT Press.*
- He, K., Zhang, X., Ren, S., Sun, J., 2015. *Deep Residual Learning for Image Recognition. arXiv:1512.03385 [cs].*
- Howard, A.G., Zhu, M., Chen, B., Kalenichenko, D., Wang, W., Weyand, T., Andreetto, M., Adam, H., 2017. *MobileNets: Efficient Convolutional Neural Networks for Mobile Vision Applications. arXiv:1704.04861 [cs].*
- Huang, G., Liu, Z., van der Maaten, L., Weinberger, K.Q., 2016. *Densely Connected Convolutional Networks. arXiv:1608.06993 [cs].*
- Karpathy, A., n.d. *Stanford University CS231n: Convolutional Neural Networks for Visual Recognition [WWW Document].* URL: `http://cs231n.stanford.edu/` (accessed 12.14.18).
- Karpathy, A. *What I learned from competing against a ConvNet on ImageNet [WWW Document], n.d.* URL `http://karpathy.github.io/2014/09/02/what-i-learned-from-competing-against-a-convnet-on-imagenet/` (accessed January 4, 2019).
- Lin, M., Chen, Q., Yan, S., 2013. *Network In Network. arXiv:1312.4400 [cs].*
- Pan, S.J., Yang, Q., 2010. *A Survey on Transfer Learning. IEEE Transactions on Knowledge and Data Engineering 22, 1345–1359.*
- Russakovsky, O., Deng, J., Su, H., Krause, J., Satheesh, S., Ma, S., Huang, Z., Karpathy, A., Khosla, A., Bernstein, M., Berg, A.C., Fei-Fei, L., 2014. *ImageNet Large Scale Visual Recognition Challenge. arXiv:1409.0575 [cs].*
- Sarkar, D. (DJ), 2018. *A Comprehensive Hands-on Guide to Transfer Learning with Real-World Applications in Deep Learning [WWW Document]. Towards Data Science.* URL: `https://towardsdatascience.com/a-comprehensive-hands-on-guide-to-transfer-learning-with-real-world-applications-in-deep-learning-212bf3b2f27a` (accessed January 15, 2019).
- shu-yusa, 2018. *Using Inception-v3 from TensorFlow Hub for Transfer Learning. Medium.*
- Simonyan, K., Zisserman, A., 2014. *Very Deep Convolutional Networks for Large-Scale Image Recognition. arXiv:1409.1556 [cs].*
- Srivastava, R.K., Greff, K., Schmidhuber, J., 2015. *Highway Networks. arXiv:1505.00387 [cs].*
- Szegedy, C., Ioffe, S., Vanhoucke, V., Alemi, A., 2016. *Inception-v4, Inception-ResNet and the Impact of Residual Connections on Learning. arXiv:1602.07261 [cs].*
- Szegedy, C., Liu, W., Jia, Y., Sermanet, P., Reed, S., Anguelov, D., Erhan, D., Vanhoucke, V., Rabinovich, A., 2014. *Going Deeper with Convolutions.*

arXiv:1409.4842 [cs].

- Szegedy, C., Vanhoucke, V., Ioffe, S., Shlens, J., Wojna, Z., 2015. *Rethinking the Inception Architecture for Computer Vision. arXiv:1512.00567 [cs].*
- Thrun, S., Pratt, L., 1998. *Learning to learn.*
- Zeiler, Matthew D., Fergus, R., 2014. *Visualizing and Understanding Convolutional Networks. In: Fleet, D., Pajdla, T., Schiele, B., Tuytelaars, T. (Eds.), Computer Vision – ECCV 2014. Springer International Publishing, Cham, pp. 818–833.*
- Zeiler, Matthew D, Fergus, R., 2014. *Visualizing and Understanding Convolutional Networks. In: European Conference on Computer Vision, pp. 818–833.*

第 5 章

- Everingham, M., Eslami, S.M.A., Van Gool, L., Williams, C.K.I., Winn, J., Zisserman, A., 2015. *The Pascal Visual Object Classes Challenge: A Retrospective. International Journal of Computer Vision 111, 98–136.*
- Girshick, R., 2015. *Fast R-CNN. arXiv:1504.08083 [cs].*
- Girshick, R., Donahue, J., Darrell, T., Malik, J., 2013. *Rich feature hierarchies for accurate object detection and semantic segmentation. arXiv:1311.2524 [cs].*
- Redmon, J., Divvala, S., Girshick, R., Farhadi, A., 2015. *You Only Look Once: Unified, Real-Time Object Detection. arXiv:1506.02640 [cs].*
- Redmon, J., Farhadi, A., 2016. YOLO9000: *Better, Faster, Stronger. arXiv:1612.08242 [cs].*
- Redmon, J., Farhadi, A., 2018. YOLOv3: *An Incremental Improvement. arXiv:1804.02767 [cs].*
- Ren, S., He, K., Girshick, R., Sun, J., 2015. *Faster R-CNN: Towards Real-Time Object Detection with Region Proposal Networks. arXiv:1506.01497 [cs].*

第 6 章

- Bai, M., Urtasun, R., 2016. *Deep Watershed Transform for Instance Segmentation. arXiv:1611.08303 [cs].*
- Beyer, L., 2019. *Python wrapper to Philipp Krähenbühl's dense (fully connected) CRFs with gaussian edge potentials: lucasb-eyer/pydensecrf.*
- *Building Autoencoders in Keras [WWW Document],* n.d. URL: `https://blog.keras.io/building-autoencoders-in-keras.html` (accessed 1.18.19).
- Cordts, M., Omran, M., Ramos, S., Rehfeld, T., Enzweiler, M., Benenson, R., Franke, U., Roth, S., Schiele, B., 2016. *The Cityscapes Dataset for Semantic Urban Scene Understanding. In: 2016 IEEE Conference on Computer Vision and Pattern Recognition (CVPR). Presented at the 2016 IEEE Conference on Computer Vision and Pattern Recognition (CVPR), IEEE, Las Vegas, NV, USA, pp. 3213–3223.*
- Dice, L.R., 1945. *Measures of the amount of ecologic association between species. Ecology 26, 297–302.*

- Drozdzal, M., Vorontsov, E., Chartrand, G., Kadoury, S., Pal, C., 2016. *The Importance of Skip Connections in Biomedical Image Segmentation. arXiv:1608.04117 [cs]*.

- Dumoulin, V., Visin, F., 2016. *A Guide to Convolution Arithmetic for Deep Learning. arXiv:1603.07285 [cs, stat]*.

- Guan, S., Khan, A., Sikdar, S., Chitnis, P.V., n.d. *Fully Dense UNet for 2D Sparse Photoacoustic Tomography Artifact Removal 8*.

- He, K., Gkioxari, G., Dollár, P., Girshick, R., 2017. *Mask R-CNN. arXiv:1703.06870 [cs]*.

- *Kaggle. 2018 Data Science Bowl [WWW Document]*, n.d. URL: `https://kaggle.com/c/data-science-bowl-2018` (accessed February 8, 2019).

- Krähenbühl, P., Koltun, V., n.d. *Efficient Inference in Fully Connected CRFs with Gaussian Edge Potentials 9*.

- Lan, T., Li, Y., Murugi, J.K., Ding, Y., Qin, Z., 2018. *RUN: Residual U-Net for Computer-Aided Detection of Pulmonary Nodules without Candidate Selection. arXiv:1805.11856 [cs]*.

- Li, X., Chen, H., Qi, X., Dou, Q., Fu, C.-W., Heng, P.A., 2017. *H-DenseUNet: Hybrid Densely Connected UNet for Liver and Tumor Segmentation from CT Volumes. arXiv:1709.07330 [cs]*.

- Lin, T.-Y., Goyal, P., Girshick, R., He, K., Dollár, P., 2017. *Focal Loss for Dense Object Detection. arXiv:1708.02002 [cs]*.

- Milletari, F., Navab, N., Ahmadi, S.-A., 2016. *V-Net: Fully Convolutional Neural Networks for Volumetric Medical Image Segmentation. In: 2016 Fourth International Conference on 3D Vision (3DV). Presented at the 2016 Fourth International Conference on 3D Vision (3DV), IEEE, Stanford, CA, USA, pp. 565–571*.

- Noh, H., Hong, S., Han, B., 2015. *Learning Deconvolution Network for Semantic Segmentation. In: 2015 IEEE International Conference on Computer Vision (ICCV). Presented at the 2015 ICCV, IEEE, Santiago, Chile, pp. 1520–1528*.

- Odena, A., Dumoulin, V., Olah, C., 2016. *Deconvolution and Checkerboard Artifacts. Distill 1, e3*.

- Ronneberger, O., Fischer, P., Brox, T., 2015. *U-Net: Convolutional Networks for Biomedical Image Segmentation. arXiv:1505.04597 [cs]*.

- Shelhamer, E., Long, J., Darrell, T., 2017. *Fully Convolutional Networks for Semantic Segmentation. IEEE Transactions on Pattern Analysis and Machine Intelligence 39, 640–651*.

- Sørensen, T., 1948. *A method of establishing groups of equal amplitude in plant sociology based on similarity of species and its application to analyses of the vegetation on Danish commons. Biol. Skr. 5, 1–34*.

- *Unsupervised Feature Learning and Deep Learning Tutorial [WWW Document]*, n.d. URL: `http://ufldl.stanford.edu/tutorial/unsupervised/Autoencoders/` (accessed January 17, 2019).

- Zeiler, M.D., Fergus, R., 2013. *Visualizing and Understanding Convolutional Networks. arXiv:1311.2901 [cs]*.

- Zhang, Z., Liu, Q., Wang, Y., 2018. *Road Extraction by Deep Residual U-Net. IEEE Geoscience and Remote Sensing Letters 15, 749–753*.

第 7 章

- Bousmalis, K., Silberman, N., Dohan, D., Erhan, D., Krishnan, D., 2017a. *Unsupervised Pixel-Level Domain Adaptation with Generative Adversarial Networks. In: 2017 IEEE Conference on Computer Vision and Pattern Recognition (CVPR). Presented at the 2017 IEEE Conference on Computer Vision and Pattern Recognition (CVPR), IEEE, Honolulu, HI, pp. 95–104.*

- Bousmalis, K., Silberman, N., Dohan, D., Erhan, D., Krishnan, D., 2017b. *Unsupervised pixel-level domain adaptation with generative adversarial networks. In: Proceedings of the IEEE Conference on Computer Vision and Pattern Recognition, pp. 3722–3731.*

- Brodeur, S., Perez, E., Anand, A., Golemo, F., Celotti, L., Strub, F., Rouat, J., Larochelle, H., Courville, A., 2017. *HoME: a Household Multimodal Environment. arXiv:1711.11017 [cs, eess].*

- Chang, A.X., Funkhouser, T., Guibas, L., Hanrahan, P., Huang, Q., Li, Z., Savarese, S., Savva, M., Song, S., Su, H., Xiao, J., Yi, L., Yu, F., 2015. ShapeNet: *An Information-Rich 3D Model Repository (No. arXiv:1512.03012 [cs.GR]). Stanford University – Princeton University – Toyota Technological Institute at Chicago.*

- Chen, Y., Li, W., Sakaridis, C., Dai, D., Van Gool, L., 2018. *Domain Adaptive Faster R-CNN for Object Detection in the Wild. In: 2018 IEEE/CVF Conference on Computer Vision and Pattern Recognition. Presented at the 2018 IEEE/CVF **Conference on Computer Vision and Pattern Recognition (CVPR)**, IEEE, Salt Lake City, UT, USA, pp. 3339–3348.*

- Cordts, M., Omran, M., Ramos, S., Rehfeld, T., Enzweiler, M., Benenson, R., Franke, U., Roth, S., Schiele, B., 2016. *The cityscapes dataset for semantic urban scene understanding. In: Proceedings of the IEEE Conference on Computer Vision and Pattern Recognition, pp. 3213–3223.*

- Ganin, Y., Ustinova, E., Ajakan, H., Germain, P., Larochelle, H., Laviolette, F., Marchand, M., Lempitsky, V., 2017. *Domain-Adversarial Training of Neural Networks. In: Csurka, G. (Ed.), Domain Adaptation in Computer Vision Applications. Springer International Publishing, Cham, pp. 189–209.*

- Goodfellow, I., Pouget-Abadie, J., Mirza, M., Xu, B., Warde-Farley, D., Ozair, S., Courville, A., Bengio, Y., 2014. *Generative adversarial nets. In: Advances in Neural Information Processing Systems, pp. 2672–2680.*

- Gschwandtner, M., Kwitt, R., Uhl, A., Pree, W., 2011. *BlenSor: Blender Sensor Simulation Toolbox. In: International Symposium on Visual Computing, pp. 199–208.*

- Hernandez-Juarez, D., Schneider, L., Espinosa, A., Vázquez, D., López, A.M., Franke, U., Pollefeys, M., Moure, J.C., 2017. *Slanted Stixels: Representing San Francisco's Steepest Streets. arXiv:1707.05397 [cs].*

- Hoffman, J., Tzeng, E., Park, T., Zhu, J.-Y., Isola, P., Saenko, K., Efros, A.A., Darrell, T., 2017. *CyCADA: Cycle-Consistent Adversarial Domain Adaptation. arXiv:1711.03213 [cs].*

- Isola, P., Zhu, J.-Y., Zhou, T., Efros, A.A., 2017. *Image-to-Image Translation with Conditional Adversarial Networks. In: Proceedings of the IEEE Conference on Computer Vision and Pattern Recognition, pp. 1125–1134.*

- Kingma, D.P., Welling, M., 2013. *Auto-encoding Variational Bayes. arXiv preprint arXiv:1312.6114.*

- Long, M., Cao, Y., Wang, J., Jordan, M.I., n.d. *Learning Transferable Features with Deep Adaptation Networks 9.*

- Planche, B., Wu, Z., Ma, K., Sun, S., Kluckner, S., Lehmann, O., Chen, T., Hutter, A., Zakharov, S., Kosch, H., others, 2017. *Depthsynth: Real-time Realistic Synthetic Data Generation from CAD Models for 2.5 d recognition. In: 2017 International Conference on 3D Vision (3DV), pp. 1–10.*

- Planche, B., Zakharov, S., Wu, Z., Hutter, A., Kosch, H., Ilic, S., 2018. *Seeing Beyond Appearance-Mapping Real Images into Geometrical Domains for Unsupervised CAD-based Recognition. arXiv preprint arXiv:1810.04158.*

- *Protocol Buffers [WWW Document], n.d. Google Developers.* URL: `https://developers.google.com/protocol-buffers/` (accessed February 23, 2019).

- Radford, A., Metz, L., Chintala, S., 2015. *Unsupervised Representation Learning with Deep Convolutional Generative Adversarial Networks. arXiv:1511.06434 [cs].*

- Richter, S.R., Vineet, V., Roth, S., Koltun, V., 2016. *Playing for data: Ground truth from computer games. In: European Conference on Computer Vision, pp. 102–118.*

- Ros, G., Sellart, L., Materzynska, J., Vazquez, D., Lopez, A.M., 2016. *The SYNTHIA Dataset: A Large Collection of Synthetic Images for Semantic Segmentation of Urban Scenes. In: 2016 IEEE Conference on Computer Vision and Pattern Recognition (CVPR). Presented at the 2016 IEEE Conference on **Computer Vision and Pattern Recognition (CVPR)**, IEEE, Las Vegas, NV, USA, pp. 3234–3243.*

- Rozantsev, A., Lepetit, V., Fua, P., 2015. *On Rendering Synthetic Images for Training an Object Detector. Computer Vision and Image Understanding 137, 24–37.*

- Tremblay, J., Prakash, A., Acuna, D., Brophy, M., Jampani, V., Anil, C., To, T., Cameracci, E., Boochoon, S., Birchfield, S., 2018. *Training Deep Networks with Synthetic Data: Bridging the Reality Gap by Domain Randomization. In: 2018 IEEE/CVF **Conference on Computer Vision and Pattern Recognition Workshops (CVPRW)**. Presented at the 2018 IEEE/CVF CVPRW, IEEE, Salt Lake City, UT, pp. 1082–10828.*

- Tzeng, E., Hoffman, J., Saenko, K., Darrell, T., 2017. *Adversarial Discriminative Domain Adaptation. In: 2017 IEEE **Conference on Computer Vision and Pattern Recognition (CVPR)**. Presented at the 2017 IEEE CVPR, IEEE, Honolulu, HI, pp. 2962–2971.*

- Zhu, J.-Y., Park, T., Isola, P., Efros, A.A., 2017. *Unpaired Image-to-Image Translation Using Cycle-Consistent Adversarial Networks. In: Proceedings of the IEEE International Conference on Computer Vision, pp. 2223–2232.*

第 8 章

- Britz, D., 2015. *Recurrent Neural Networks Tutorial, Part 3 – Backpropagation Through Time and Vanishing Gradients. WildML.*

- Brown, C., 2019. *repo for learning neural nets and related material: go2carter/nn-learn.*

- Chung, J., Gulcehre, C., Cho, K., Bengio, Y., 2014. *Empirical Evaluation of Gated Recurrent Neural Networks on Sequence Modeling. arXiv:1412.3555 [cs].*

- Hochreiter, S., Schmidhuber, J., 1997. *Long short-term memory. Neural Computation*

9, 1735–1780.

- Lipton, Z.C., Berkowitz, J., Elkan, C., 2015. *A Critical Review of Recurrent Neural Networks for Sequence Learning. arXiv:1506.00019 [cs].*
- Soomro, K., Zamir, A.R., Shah, M., 2012. *UCF101: A Dataset of 101 Human Actions Classes From Videos in The Wild. arXiv:1212.0402 [cs].*

第 9 章

- Goodfellow, I.J., Erhan, D., Carrier, P.L., Courville, A., Mirza, M., Hamner, B., Cukierski, W., Tang, Y., Thaler, D., Lee, D.-H., Zhou, Y., Ramaiah, C., Feng, F., Li, R., Wang, X., Athanasakis, D., Shawe-Taylor, J., Milakov, M., Park, J., Ionescu, R., Popescu, M., Grozea, C., Bergstra, J., Xie, J., Romaszko, L., Xu, B., Chuang, Z., Bengio, Y., 2013. *Challenges in Representation Learning: A Report on Three Machine Learning Contests. arXiv:1307.0414 [cs, stat].*
- Hinton, G., Vinyals, O., Dean, J., 2015. *Distilling the Knowledge in a Neural Network. arXiv:1503.02531 [cs, stat].*
- Hoff, T., n.d. *The Technology Behind Apple Photos and the Future of Deep Learning and Privacy - High Scalability.*
- *Tencent, n.d. Tencent/PocketFlow: An **Automatic Model Compression (AutoMC)** framework for developing smaller and faster AI applications.*

ANSWERS TO QUESTIONS

问题答案

下面分享了每章末尾问题的答案。

第1章

1. 下列哪项任务不属于计算机视觉？
❑ 类似于查询的网络搜索图像
❑ 从图像序列中重建三维场景
❑ 视频角色的动画

解析：

最后一项属于计算机图形学领域。但是请注意，越来越多的计算机视觉算法正在帮助艺术家更有效地生成或制作内容（例如，动作捕捉算法可以记录演员的某些动作并将动作转换为虚拟角色的动作）。

2. 最初的感知机使用的是哪个激活函数？

解析：

阶跃函数。

3. 假设要训练一种算法来检测手写数字是否是4，应该如何调整本章中的网络来完成这项任务？

解析：

在本章中，我们训练了一个分类网络，以识别从0到9的数字图片。该网络必须预测10个数字中的适当类别，因此，其输出向量为10有值（每个类别对应一个分数/概率）。

这个问题定义了一个不同的分类任务，希望网络识别图像中是否是数字4。它是二值分类任务，因此需要编辑该网络使其仅输出两个值。

第2章

1. 与TensorFlow相比，Keras是什么？它的目标是什么？

解析：

Keras 被设计为其他深度学习库的封装器，以使开发更容易。TensorFlow 通过 `tf.keras` 与 Keras 完全集成。它的最佳实践是使用此模块在 TensorFlow 2 中创建模型。

2. TensorFlow 为什么使用图？如何手动创建它们？

解析：

TensorFlow 依靠图来确保模型的性能和可移植性。在 TensorFlow 2 中，手动创建图的最佳方法是使用 `tf.function` 装饰器。

3. 即时执行模式和延迟执行模式有什么区别？

解析：

在延迟执行模式下，除非用户明确要求结果，否则不执行任何计算。在即时执行模式下，每个操作在定义时都会运行。由于图优化，前者可以更快，而后者更易于使用和调试。在 TensorFlow 2 中，延迟执行已被弃用，转而支持使用即时执行模式。

4. 如何在 TensorBoard 中记录信息，如何显示它？

解析：

使用 `tf.keras.callbacks.TensorBoard` 回调，并在训练模型时将其传递给 `.fit` 方法，就可以在 TensorBoard 中记录信息。要手动记录信息，可以使用 `tf.summary` 模块。要显示信息，请启动以下命令：

```
$ tensorboard --logdir ./model_logs
```

`model_logs` 是存储 TensorBoard 日志的目录。该命令将输出一个 URL。导航到该 URL 以监视训练。

5. TensorFlow 1 和 TensorFlow 2 之间的主要区别是什么？

解析：

TensorFlow 2 通过移除用户手中的图管理来关注简单性。默认情况下，它也使用即时执行模式，使模型更易于调试。尽管如此，由于有了 AutoGraph 和 `tf.function`，它仍然可以保持性能。它还与 Keras 深度集成，使模型创建比以往更加容易。

第3章

1. 除了填充外，为什么卷积层的输出比输入的宽度和高度更小？

解析：

卷积层输出的空间尺寸表示核在垂直和水平方向上滑过输入张量上时可以占据的有效位置数。由于核跨越 $k \times k$ 个像素（如果是正方形的话），它们在没有部分离开输入图像的情况下占据输入图像的位置数只能等于（如果 $k=1$）或者小于图像的尺寸。

这可以用本章中给出的方程来表示，根据层的超参数来计算输出维度。

2. 在图 3-6 中的输入矩阵上使用感受野为（2，2）且步长为 2 的最大池化层的输出是什么？

解析：

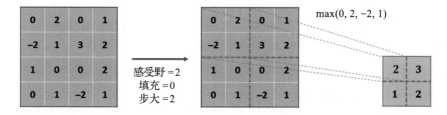

3. 如何使用 Keras 函数式 API 以非面向对象的方式实现 LeNet-5？

解析：

```
from tensorflow.keras import Model
from tensorflow.keras.layers import Inputs, Conv2D,
MaxPooling2D, Flatten, Dense

# "Layer" representing the network's inputs:
inputs = Input(shape=input_shape)
# First block (conv + max-pool):
conv1 = Conv2D(6, kernel_size=5, padding='same',
activation='relu')(inputs)
max_pool1 = MaxPooling2D(pool_size=(2, 2))(conv1)
# 2nd block:
conv2 = Conv2D(16, kernel_size=5, activation='relu')(max_pool1)
max_pool2 = MaxPooling2D(pool_size=(2, 2))(conv2)
# Dense layers:
flatten = Flatten()(max_pool2)
dense1 = Dense(120, activation='relu')(flatten)
dense2 = Dense(84, activation='relu')(dense1)
dense3 = Dense(num_classes, activation='softmax')(dense2)

lenet5_model = Model(inputs=inputs, outputs=dense3)
```

4. L1/L2 正则化如何影响神经网络？

解析：

L1 正则化强制层将连接到不太重要的特征的参数值归零（即忽略不太有意义的特征，例如与数据集噪声相关的特征）。

L2 正则化强制层保持其变量值较小，因此，分布更均匀。它可以防止网络训练出一小组值很大的参数，从而过度影响其预测结果。

第4章

1. 哪个 TensorFlow Hub 模块可以用来实例化 ImageNet 的初始分类器？

解析：

https://tfhub.dev/google/tf2-preview/inception_v3/classification/2 处的模型可以直接用来对类似 ImageNet 的图像进行分类，因为该分类模型已在此数据集中进行了预训练。

2. 如何冻结 Keras 应用中 ResNet-50 模型的前三个残差块？

解析：

```
freeze_num = 3
# Looking at `resnet50.summary()`, we could observe that the
1st layer of the 4th macro-block is named "res5[...]":
break_layer_name = 'res{}'.format(freeze_num + 2)
for layer in resnet50_finetune.layers:
    if break_layer_name in layer.name:
        break
    if isinstance(layer, tf.keras.layers.Conv2D):
        # If the layer is a convolution, and isn't after
        # the 1st layer not to train:
        layer.trainable = False
```

3. 什么时候不推荐使用迁移学习？

解析：

当所涉及的域非常不同，并且目标数据的结构与源数据的结构完全不同时，使用迁移学习并不会带来好处。如本章所述，虽然 CNN 可以应用于图像、文本和音频文件，但不鼓励将针对一种形式训练的权重转移到另一种形式。

第 5 章

1. 边界框、锚框和真值框之间的区别是什么？

解析：

边界框是包围对象的最小矩形。**锚框**是特定大小的边界框。对于图像网格中的每个位置，通常会有多个锚框，它们具有不同的纵横比——正方形、垂直矩形和水平矩形。通过优化锚框的大小和位置，目标检测模型将产生预测。**真值框**是与训练集中的特定目标相对应的边界框。如果对模型进行了完美的训练，它将产生非常接近于真值框的预测。

2. 特征提取器的作用是什么？

解析：

特征提取器是将图像转换为特征量的 CNN。特征量通常在维度上小于输入图像，并包含有意义的特征，这些特征可以传递给网络的其余部分以生成预测。

3. 在 YOLO 和 Faster R-CNN 之间，应该选择哪种模型？

解析：

如果优先考虑速度，则应选择 YOLO，因为它是最快的架构。如果精度至关重要，则应选择 Faster R-CNN，因为它可以产生最佳预测。

4. 锚框的用途是什么？

解析：

在锚框之前，使用网络的输出来生成框的预测尺寸。目标的大小会变化（人通常适合用垂直矩形，而汽车通常适合用水平矩形），因此引入了锚框。使用这种技术，每个锚框都可以专门针对一种目标比率，从而获得更精确的预测。

第 6 章

1. 自动编码器的特殊之处是什么？

解析：

自动编码器是输入和目标相同的编码器 - 解码器。尽管存在瓶颈（它们的隐空间维度更低），它们的目标是正确地对图像进行编码和解码，而不影响图像质量。

2. FCN 基于哪种分类架构？

解析：

FCN 使用 VGG-16 作为特征提取器。

3. 如何训练语义分割模型，使其不忽略数量较少的类别？

解析：

按类加权可以用于交叉熵损失，从而对被错误分类的较少类别的像素进行更严重的惩罚。也可以使用不受类别比例影响的损失，比如 Dice。

第 7 章

1. 给定张量 *a*=[1,2,3] 和张量 *b*=[4,5,6]，如何建立 `tf.data` 流水线，分别输出从 1 到 6 的每个值？

解析：

```
dataset_a = tf.data.Dataset.from_tensor_slices(a)
dataset_b = tf.data.Dataset.from_tensor_slices(b)
dataset_ab = dataset_a.concatenate(dataset_b)
for element in dataset_ab:
    print(element) # will print 1, then 2, ... until 6
```

2. 根据 `tf.data.Options` 的文档，如何确保每次运行，数据集总是以相同的顺序返回样本？

解析：

在传递给数据集之前，将 tf.data.Options 的 .experimental_deterministic 属性设置为 True。

3. 当没有目标标签可供训练时，我们介绍的哪些域适应方法可以使用？

解析：

应该考虑使用无监督的域适应方法，例如 Mingsheng Long 等人（来自中国清华大学）的 "Learning Transferable Features with Deep Adaptation Networks" 或 Yaroslav Ganin 等人（来自 Skoltech）的 "Domain-Adversarial Neural Networks"（DANN）。

4. 鉴别器在 GAN 中扮演什么角色？

解析：

它与生成器竞争，试图将伪造图像与真实图像区分开。鉴别器可被视为指导生成器的可训练损失函数——生成器试图使鉴别器的正确性最小化，随着训练的进行，两个网络的效果会越来越好。

第 8 章

1. 与简单 RNN 架构相比，LSTM 的主要优势是什么？

解析：

LSTM 受梯度消失的影响较小，并能够在循环数据中存储长时序关系。尽管它们需要更强的计算能力，但这通常会带来更好的预测。

2. 在 LSTM 之前使用 CNN 有什么作用？

解析：

CNN 用作特征提取器，可减少输入数据的维数。通过应用预训练的 CNN，我们可以从输入图像中提取有意义的特征。LSTM 训练速度更快，因为这些特征的维数比输入图像小得多。

3. 什么是梯度消失，为什么会发生？为什么会有问题？

解析：

当在 RNN 中反向传播误差时，我们需要通过时间步长来反向传播。如果有很多时间步长，则由于计算梯度的方式，信息会慢慢消失。这是一个问题，因为它使网络很难学习如何产生良好的预测。

4. 梯度消失的一些解决方法是什么？

解析：

一种解决方法是使用截断反向传播，这是本章中介绍的一种技术。另一种选择是使用 LSTM 代替简单的 RNN，因为它们受梯度消失的影响较小。

第 9 章

1. 当测量模型的推理速度时，应该使用一幅图像还是多幅图像？

解析：

需要使用多幅图像以避免测量偏差。

2. float32 权重的模型比 float16 权重的模型大还是小？

解析：

Float16 权重模型所占空间是 float32 权重模型所占空间的一半。在兼容设备上，它的速度也更快。

3. 对于 iOS 设备，应优先选择 Core ML 还是 TensorFlow Lite？ Android 设备呢？

解析：

在 iOS 设备上，推荐尽可能使用 Core ML，因为它原生可用并与硬件紧密集成。对于 Android 设备，应该使用 TensorFlow Lite，因为别无选择。

4. 在浏览器中运行模型的优势和局限性有哪些？

解析：

用户端不需要安装任何东西，服务器端不需要计算能力，因此应用程序具有无限的扩展性。

5. 对于运行深度学习模型的嵌入式设备，最重要的要求是什么？

解析：

除了计算能力，最重要的要求就是功耗，因为大多数嵌入式设备依靠电池运行。

推荐阅读

机器学习实战：基于Scikit-Learn、Keras和TensorFlow（原书第2版）

作者：Aurélien Géron ISBN：978-7-111-66597-7 定价：149.00元

机器学习畅销书全新升级，基于TensorFlow 2和Scikit-Learn新版本

Keara之父、TensorFlow移动端负责人鼎力推荐

"美亚"AI+神经网络+CV三大畅销榜冠军图书

从实践出发，手把手教你从零开始构建智能系统

这本畅销书的更新版通过具体的示例、非常少的理论和可用于生产环境的Python框架来帮助你直观地理解并掌握构建智能系统所需要的概念和工具。你会学到一系列可以快速使用的技术。每章的练习可以帮助你应用所学的知识，你只需要有一些编程经验。所有代码都可以在GitHub上获得。

机器学习算法（原书第2版）

作者：Giuseppe Bonaccorso ISBN：978-7-111-64578-8 定价：99.00元

本书是一本使机器学习算法通过Python实现真正"落地"的书，在简明扼要地阐明基本原理的基础上，侧重于介绍如何在Python环境下使用机器学习方法库，并通过大量实例清晰形象地展示了不同场景下机器学习方法的应用。